ABHANDLUNGEN DES METEOROLOGISCHEN DIENSTES
DER DEUTSCHEN DEMOKRATISCHEN REPUBLIK
Nr. 131 (Band XVIII)

GERTRAUD SCHULZE UND ANGELA LEHMANN

unter Mitarbeit von

FRANK HANDSCHAK, JOST JANETZKY und
VOLKMAR SCHÖNE

Verhältnisse der Lufttemperatur im Mittelgebirge der DDR

Mit 29 Abbildungen und 123 Tabellen

AKADEMIE-VERLAG · BERLIN
1984

ISSN 0138-5658

Erschienen im Akademie-Verlag, DDR-1086 Berlin, Leipziger Straße 3—4

Lizenznummer: 202 · 100/513/84
Printed in the German Democratic Republic
Gesamtherstellung: VEB Druckerei „Thomas Müntzer", 5820 Bad Langensalza
Lektor: Dipl.-Met. Heide Deutscher
LSV 1465
Bestellnummer: 763 196 9 (2023/131)
06400

Inhaltsverzeichnis

0. Abkürzungsverzeichnis

A-B	Annaberg-Buchholz
a	Parameter der Regression ($t = a + bh$)
α	Irrtumswahrscheinlichkeit
b	Regressionskoeffizient
Br	Brotterode
d	$= \bar{t}_{lok} - \bar{t}_{BZ}$; Differenz der Mittelwerte
Δ	$= t_{BZ} - t_{lok}$ (K) bzw. $= t_{lok} - t_{Regr}$ (K); Abweichung von der Regressionsgeraden
δh	$= h_{lok} - h_{Basis}$; Höhenunterschied
δt	$= t_{BZ} - t_{Basis}$; Höhendifferenz der Temperatur
E	Elgersburg
$\bar{E}$	mittlere Eintrittsdaten
F	Frühjahr
γ	$= b \cdot 10^2$; Temperaturgradient
h	Höhe über NN
H	Herbst
Hi	Hinterhermsdorf
HV	Häufigkeitsverteilung
K	Kaltennordheim
KUG	Klassenuntergrenze
m	meteorologische Jahreszeiten
MHS	Meteorologische Hauptstation
n	natürliche Jahreszeiten
N	Anzahl der Werte
P	Wahrscheinlichkeit
r	Korrelationskoeffizient
s	Streuung um die Regressionsgerade
σ	Streuung der Meßgröße (um den Mittelwert)
S	Sommer
So	Sonneberg
t	Lufttemperatur (°C)
$\bar{t}$	Tagesmittel der Lufttemperatur
t_{max}	Tagesmaximum der Lufttemperatur
t_{min}	Tagesminimum der Lufttemperatur
t_S	Tagesschwankung der Lufttemperatur
W	Winter
Indizes	
A	„Thüringische Mittelgebirge“
B	„Sächsische Mittelgebirge“
Basis	Basisstation (= Karl-Marx-Stadt)
BZ	fiktive Bezugsstation
lok	„lokale“ Station
Regr	Wert auf der Regressionsgeraden

1. Ziel- und Aufgabenstellung

Zur Befriedigung der Volkswirtschaft mit optimal nutzbaren meteorologischen Informationen sind neben zeitlichen auch Aussagen zur räumlichen Struktur meteorologischer Größen in unterschiedlichen Maßstäben (scales) erforderlich. Es müssen deshalb einmal Aussagen zum regional typischen Verhalten gemacht werden, zum anderen muß eine Analyse der lokalen Besonderheiten des Klimas erfolgen.

Das Ziel der Untersuchungen ist es, Informationen über das Verhalten der Lufttemperatur im Mittelgebirge zu erhalten und die allgemeinen Gesetzmäßigkeiten des insbesondere durch die Höhe über dem Meeresspiegel und die Topographie modifizierten Verhaltens meteorologischer Elemente abzuleiten. Dabei ist es die Aufgabe, „Normwerte" der Lufttemperatur für die einzelnen Höhenstufen zu berechnen, die lokal bedingten Abweichungen der Parameter der Lufttemperatur der einzelnen Stationen vom „Normwert" der entsprechenden Höhe festzustellen und zu interpretieren sowie die regionalen Unterschiede zwischen den Mittelgebirgen der DDR zu untersuchen.

Bei den Untersuchungen wurde ausschließlich auf vorliegendes Datenmaterial haupt- und nebenamtlicher meteorologischer Stationen zurückgegriffen. Sondermessungen wurden nicht durchgeführt. Unterschiedliche Verfügbarkeit der Datenmassive bedingte, daß für verschiedene Auswertungen unterschiedliche Stationskollektive verwendet werden mußten.

Bei der Zusammenstellung der Ergebnisse konnte eine Reihe von Auswertungen vor allem von Monats- und Jahreswerten genutzt werden, die schon zu einem früheren Zeitpunkt erarbeitet worden waren. Dadurch in den Auswertungen enthaltene Inhomogenitäten, auf die an gegebener Stelle hingewiesen wird, sind unerheblich und für das Gesamtergebnis zu vernachlässigen.

Die Ergebnisse der Untersuchungen sind in umfangreichen Tabellen zusammengestellt.

Bei der Interpretation wurde nur auf wesentliche Unterschiede eingegangen. Die vorliegenden Ergebnisse sollen die Grundlage für eine anzustrebende Übertragung auf ähnliche Geländekonfigurationen sein.

2. Allgemeine Bemerkungen

Jedes Lokal- und Mikroklima ist in das jeweils herrschende Makroklima eingebettet. Lokal- und Mikroklimate bilden sich am besten bei Ein- und Ausstrahlungswetter mit geringer Windgeschwindigkeit aus.

Die Ausbildung der Lokalklimate ist in starkem Maße von der Strahlung abhängig, die die Erdoberfläche erreicht. Sowohl Ein- als auch Ausstrahlung werden mehr oder weniger durch die Topographie (Relief [Form, Exposition], Bebauung, Strahlungseigenschaften der aufnehmenden Medien an der Erdoberfläche) modifiziert. Hinzu kommt nicht selten der gelände- oder stadtbedingte Bewölkungsgrad (Luv- und Lee-Effekte).

Im Mittelgebirgsvorland und im Mittelgebirge ist die räumliche Veränderlichkeit der Parameter aller meteorologischen Elemente besonders groß. Neben deren Veränderung mit der Seehöhe, die das charakteristischste Merkmal für das Mittelgebirge ist, sind die Parameter durch die topographischen Bedingungen, insbesondere durch das Relief, besonders geprägt.

Auf Grund der im Gebirge vorhandenen Gegebenheiten müssen deshalb zunächst die Höhenabhängigkeiten untersucht und die Faktoren analysiert werden, die sie beeinflussen. Erst danach können die Abweichungen der einzelnen Stationen von den mittleren Verhältnissen der entsprechenden Bezugshöhe untersucht werden.

Da die lokalen Unterschiede der Lufttemperatur einmal einen großen Einfluß auf die räumliche Verteilung anderer Klimaelemente bzw. Phänomene haben können (Luftfeuchtigkeit, Luftbewegung, Schneedecke, Kaltluftseen, Pflanzenwachstum) und zum anderen oft von großer praktischer Bedeutung sind (Frostgefährdung landwirtschaftlicher Kulturen, Wärmestau in Städten), sind sie von besonderem Interesse und wurden deshalb auch zunächst untersucht.

3. Untersuchung der Höhenabhängigkeit von Mittel- und Extremwerten der Lufttemperatur

3.1. Stationsauswahl

Die Untersuchung der Höhenabhängigkeit verschiedener Parameter der Lufttemperatur wurde unter Einbeziehung aller verfügbaren Stationen (Meteorologische Haupt-, Neben- und Ergänzungsstationen) durchgeführt. Dabei gehört der größte Teil der verwendeten Stationen zu den Ergänzungsstationen, die, mit ehrenamtlichen Beobachtern besetzt, nur eingeschränkte Beobachtungen (3-terminig) durchführen, deren Reihen vielfach lückenhaft und von verminderter Qualität sind.

Die bearbeiteten Stationen sind getrennt für die „Thüringischen Mittelgebirge" (Thüringer Wald, Rhön, Mittelgebirgsvorland) und die „Sächsischen Mittelgebirge" (Erzgebirge, Elbsandsteingebirge, Lausitzer Bergland, Zittauer Gebirge und Mittelgebirgsvorländer) in den Tabellen 1.1. und 1.2. aufgeführt (vgl. auch Abb. 1).

In den „Thüringischen Mittelgebirgen" wurden für die Untersuchungen grundsätzlich nur Stationen über 200 m NN verwendet. Da z. T. auch auf bereits vorliegende Auswertungen in den Ämtern für Meteorologie zurückgegriffen wurde, stützen sich die für die „Sächsischen Mittelgebirge" durchgeführten Untersuchungen auch auf Stationen unter 200 m NN. Dabei scheint die Berücksichtigung der Stationen Diesbar-Seusslitz, Dresden-Pillnitz und Dresden-Strehlen wegen ihrer Lage gerechtfertigt. Die Stationen Leipzig, Torgau und Döbeln gehören jedoch nicht mehr zum Mittelgebirge. Der auf Grund der Berücksichtigung dieser Stationen bei der Berechnung der Höhenabhängigkeit für die „Sächsischen Mittelgebirge" gemachte Fehler ist jedoch sehr klein. Bei den weiteren Untersuchungen wurden diese 3 Stationen nicht mehr berücksichtigt.

3.2. Material

Bei den Untersuchungen zur Höhenabhängigkeit wurde der Zeitraum 1951/75 verwendet. Es wurden folgende Parameter der Lufttemperatur untersucht:
- mittleres Monats- und Jahresmittel
- mittleres Monats- und Jahresmaximum
- mittleres Monats- und Jahresminimum
- höchstes Monats- und Jahresmaximum
- tiefstes Monats- und Jahresminimum
- mittlere Zahl der Tage mit
  - $t_{max} \geqq 30$ °C (heiße Tage)
  - $t_{max} \geqq 25$ °C (Sommertage)
  - $t_{min} < 0$ °C (Frosttage)
  - $t_{max} < 0$ °C (Eistage)
- mittlere Eintrittsdaten und Andauer
  - letztes Eintrittsdatum $t_{min} < 0$ °C (letzter Frost)
  - erstes Eintrittsdatum $t_{min} < 0$ °C (erster Frost)
  - Andauer $t_{min} \geqq 0$ °C (frostfreie Zeit)
  - Eintrittsdatum $\bar{t} \geqq 5$ °C
  - Eintrittsdatum $\bar{t} < 5$ °C
  - Andauer $\bar{t} \geqq 5$ °C
  - Eintrittsdatum $\bar{t} \geqq 10$ °C
  - Eintrittsdatum $\bar{t} < 10$ °C
  - Andauer $\bar{t} \geqq 10$ °C

Die mittlere Zahl der Tage mit bestimmten Schwellenwerten der Lufttemperatur (heiße Tage, Sommertage usw.) ist oft von besonderem praktischem Interesse. Die Anbaumöglichkeit landwirtschaftlicher Kulturpflanzen, die Ertragsmenge und ihre Qualität hängen oft in viel stärkerem Maße von der Häufigkeit des Über- oder Unterschreitens bestimmter Schwellenwerte der Lufttemperatur ab als von Mittelwerten.

Die Andauer der Überschreitung eines Tagesmittels der Lufttemperatur von 5 °C dient als Maßstab für die Länge der gesamten Vegetationsperiode, die auch als landwirtschaftlich nutzbare Zeit angesehen wird.

Zur Abgrenzung des Zeitraumes, in dem von der Landwirtschaft höhere Forderungen an die Temperatur gestellt werden müssen (für mehr Wärme liebende Pflanzen), wird meistens das Überschreiten eines Tagesmittels von 10 °C benutzt.

3.3. Bearbeitungsmethodik

Die Untersuchungen zur Höhenabhängigkeit wurden getrennt für die „Thüringischen Mittelgebirge" und die „Sächsischen Mittelgebirge" durchgeführt. Dabei wurden die Daten aller Stationen ohne Wichtung verwendet. Da jedoch die einzelnen Höhenbereiche unterschiedlich dicht besetzt sind, ergeben sich hieraus Fehlerquellen für die Berechnung der Regressionen.

Außerdem wurden die Stationen unterschiedlicher Kategorie gemeinsam unter der Annahme bearbeitet, daß der Wechsel von 3- zu 4-terminigen Beobachtungen für das Monats- und Jahresmittel der Lufttemperatur keine nennenswerten Auswirkungen hat. Der Einfluß auf die Extremwerte, die Ereignistage und die Eintrittsdaten wurde vernachlässigt.

Der Grad und die Art des Zusammenhanges zwischen den in Kapitel 3.2. angegebenen Parametern der Lufttemperatur und der Höhe wurden mit Hilfe von Korrelations- und Regressionsrechnungen untersucht. (Taubenheim 1969, Weber 1967)

Für den Korrelationskoeffizienten

$$r = \frac{\sigma_{t,h}}{\sigma_t \cdot \sigma_h}, \qquad (1)$$

$\sigma_{t,h}$ — Stichprobenkovarianz,
erhält man mit

$$\sigma_{t,h} = \frac{1}{N-1} \sum_{i=1}^{N} (t_i - \bar{t})(h_i - \bar{h}) \qquad (2)$$

$$r = \frac{\sum_{i=1}^{N} (t_i - \bar{t})(h_i - \bar{h})}{(N-1)\,\sigma_t \cdot \sigma_h}. \qquad (3)$$

Die Regressionsgleichungen wurden in der Form

$$t = a + bh \qquad (4)$$

berechnet. Dabei ist

$$a = \bar{t} - b\bar{h} = \frac{1}{N} \sum_{i=1}^{N} t_i - b\left(\frac{1}{N} \sum_{i=1}^{N} h_i\right) \qquad (5)$$

und

$$b = \frac{\sum_{i=1}^{N} t_i h_i - N\left(\frac{1}{N} \sum_{i=1}^{N} t_i\right)\left(\frac{1}{N} \sum_{i=1}^{N} h_i\right)}{\sum_{i=1}^{N} h_i^2 - N\left(\frac{1}{N} \sum_{i=1}^{N} h_i\right)^2}. \qquad (6)$$

Die Streuung der Werte der Temperaturparameter um die Regressionsgerade wurde nach folgender Formel berechnet:

$$S^2_{t(h)} = \frac{1}{N-2} \sum_{i=1}^{N} (t_i - T_i)^2, \qquad (7)$$

T — Temperaturwert auf der Regressionsgeraden.

Um zu prüfen, ob zwischen den Parametern der Lufttemperatur und der Höhe eine von Null verschiedene Korrelation vorhanden ist, wurde der F-Test durchgeführt:

$$F = \frac{r^2}{1 - r^2}(N - 2) \qquad (8)$$

mit den Freiheitsgeraden $f_1 = 1$ und $f_2 = N - 2$.

Unter Benutzung der F-Verteilung können unmittelbar Signifikanzschwellen angegeben werden, deren Überschreiten die statistische Sicherung der Korrelation bedeutet.

Um festzustellen, ob sich die für die „Thüringischen

Mittelgebirge“ und die „Sächsischen Mittelgebirge“ berechneten Regressionskoeffizienten statistisch signifikant voneinander unterscheiden, wurde der t-Test durchgeführt.

$$t = \frac{|b_A - b_B|}{\sigma_d} \qquad (9)$$

mit

$$\sigma_d^2 = \frac{(N_A - 1)(\sigma_t^2 - b^2\sigma_h^2)_A + (N_B - 1)(\sigma_t^2 - b^2\sigma_h^2)_B}{N_A + N_B} \times \left[\frac{1}{(N_A - 1)\,\sigma_{hA}^2} + \frac{1}{(N_B - 1)\,\sigma_{hB}^2}\right] \qquad (10)$$

und dem Freiheitsgrad $N_A + N_B - 4$.

Um die lokalen Verhältnisse der einzelnen Stationen untersuchen zu können, wurden die Abweichungen von den in der entsprechenden Höhenlage zu erwartenden Werten (Werte auf der Regressionsgeraden) errechnet.

3.4. Ergebnisse

3.4.1. Höhenabhängigkeit verschiedener Parameter der Lufttemperatur

3.4.1.1. Grad des Zusammenhanges (Tab. 3.1. und 3.2.)

Bei den für das „Thüringische“ und „Sächsische Mittelgebirge“ getrennt durchgeführten Untersuchungen zur Höhenabhängigkeit der ausgewählten Parameter der Lufttemperatur ergibt sich für die meisten Parameter ein statistisch gesicherter Zusammenhang mit der Höhe.

Bei einer Reihe von Parametern, die aus den Tagesminima der Lufttemperatur abgeleitet wurden (mittleres und tiefstes Monats- und Jahresminimum, Eintrittsdaten des letzten und ersten Frostes, Andauer der frostfreien Zeit), sind die Korrelationskoeffizienten in der Regel relativ gering bzw. ist der Zusammenhang mit der Höhe in einzelnen Monaten statistisch nicht nachweisbar (besonders beim tiefsten Monatsminimum). Die Ursache dafür ist auf die besonders starke lokale Beeinflussung des Minimums zurückzuführen. Auf Grund des im allgemeinen nachgewiesenen Zusammenhanges zwischen den Parametern und der Höhe können die Temperaturgradienten berechnet werden.

3.4.1.2. Art des Zusammenhanges (Temperaturgradient) (Tab. 4.1., 4.2. und 4.3. sowie Abb. 1—29)

3.4.1.2.1. Jahresgang der Temperaturgradienten

Sowohl für die „Thüringischen“ als auch für die „Sächsischen Mittelgebirge“ ergibt sich für das *mittlere Monatsmittel* und das *mittlere Monatsmaximum* und *-minimum* ein deutlicher Jahresgang der Temperaturgradienten. Dabei ist die Abnahme der Lufttemperatur mit der Höhe in der warmen Jahreszeit größer als in der kalten. Am geringsten ist die Temperaturabnahme in der Regel im Januar. Dabei ist sogar im „Thüringischen Mittelgebirge“ beim mittleren Monatsminimum eine geringe vertikale Temperaturzunahme von 0,23 K/100 m vorhanden. Auffallend ist, daß beim mittleren Monatsmittel der Oktober und beim mittleren Monatsminimum die Monate September und Oktober winterlichen Charakter haben.

Die höchsten Beträge der Temperaturabnahme sind dagegen beim mittleren Monatsmittel in beiden Gebieten im Juni vorhanden. Während man in den „Thüringischen Mittelgebirgen“ die größte Temperaturabnahme bei den mittleren Monatsextremwerten im April findet, liegt sie in den „Sächsischen Mittelgebirgen“ im Juni bzw. Juli. Eine nahezu gleich große Temperaturabnahme findet man aber auch im April.

Auch das höchste Monatsmaximum zeigt einen ausgeprägten jahreszeitlichen Gang der Temperaturgradienten. Die Verhältnisse sind jedoch nicht mehr so eindeutig. Beim tiefsten Monatsminimum ist kein Gang mehr vorhanden; die Gradienten sind von Monat zu Monat sehr unterschiedlich. Grund dafür ist der stark zufällige Charakter dieser Extremwerte.

Die Jahresschwankung der Temperaturgradienten ist beim mittleren Monatsmittel besonders klein, bei den mittleren Monatsextremwerten etwas größer:

	Thüringische	Sächsische
	Mittelgebirge	
mittl. Monatsmittel	0,17 K	0,19 K
mittl. Monatsmaximum	0,34 K	0,38 K
mittl. Monatsminimum	0,59 K	0,32 K

Die Ursache für die niedrigen Temperaturgradienten in der kalten Jahreszeit liegt in der verstärkten Häufigkeit von Inversionen. Im Frühjahr nimmt diese Häufigkeit ab. Außerdem geht die Erwärmung der Luft in höheren Schichten der Atmosphäre im Frühjahr langsamer vor sich als am Erdboden, so daß die Temperaturgradienten größer werden.

3.4.1.2.2. Unterschiede der Temperaturgradienten zwischen den Parametern der Lufttemperatur

Zwischen dem mittleren Monatsmittel sowie dem mittleren und höchsten Monats- und Jahresmaximum und dem mittleren und tiefsten Monats- und Jahresminimum gibt es in beiden untersuchten Gebieten in bezug auf die Stärke der Temperaturabnahme mit der Höhe z. T. erhebliche Unterschiede.

Beim mittleren und tiefsten Monatsminimum ist die Temperaturabnahme mit der Höhe in der Regel in allen Monaten geringer (besonders stark im „Thüringischen Mittelgebirge“) als beim mittleren und höchsten Monatsmaximum und auch beim mittleren Monatsmittel. Dabei ist die Temperaturabnahme beim mittleren und höchsten Monatsmaximum im allgemeinen (außer im Winter, speziell in den „Sächsischen Mittelgebirgen“) größer als beim mittleren Monatsmittel, so daß die Unterschiede der Temperaturgradienten zwischen Monatsmaximum und Monatsminimum besonders groß sind.

Bei den mittleren Monatsextremwerten ist die Temperaturabnahme des Minimums z. B. um folgende Beträge kleiner als der des Maximums:

„Thüringische Mittelgebirge“	I	II	III	IV	V	VI	
	−0,80	−0,63	−0,72	−0,55	−0,54	−0,61	K/100 m
	VII	VIII	IX	X	XI	XII	
	−0,59	−0,69	−0,89	−0,72	−0,46	−0,60	
„Sächsische Mittelgebirge“	I	II	III	IV	V	VI	
	−0,20	−0,16	−0,19	−0,26	−0,26	−0,30	
	VII	VIII	IX	X	XI	XII	
	−0,21	−0,36	−0,42	−0,24	−0,07	−0,06	

Die Unterschiede sind in den „Thüringischen Mittelgebirgen“ wesentlich größer als in den „Sächsischen Mittelgebirgen“. Die Unterschiede der Gradienten zwischen Maximum und Minimum lassen sich durch die Strahlungsverhältnisse erklären (stärkste Erwärmung und Abkühlung an der als Umsatzfläche wirkenden Erdoberfläche). Infolge der tagsüber überwiegenden Einstrahlung wird die Abnahme des Maximums mit der Höhe relativ groß (großer Temperaturgradient). Dagegen bewirkt die nachts überwiegende Ausstrahlung eine Verringerung des Temperaturgradienten beim Minimum.

Je stärker die Einstrahlung, um so stärker ist die Temperaturabnahme mit der Höhe beim Maximum.

Je stärker die Ausstrahlung, um so schwächer ist der Gradient beim Minimum. Die im Januar besonders geringe Abnahme (bzw. sogar Zunahme) des Minimums mit der Höhe (siehe Kap. 3.4.1.2.1.) dürfte auf die in diesem Monat verstärkte Häufigkeit von Hochdruckwetterlagen und das Vorhandensein einer Schneedecke (besonders starke Ausstrahlung) zurückzuführen sein.

Betrachtet man die *Ereignistage/Jahr*, so wird deutlich, daß die Zunahme der Frost- und Eistage je 100 m Höhenzunahme in beiden Gebieten wesentlich größer ist als die Abnahme der heißen und der Sommertage:

	„Thüringische“	„Sächsische“
	Mittelgebirge	
$t_{max} \geqq 30$ °C	−0,9 Tage/100 m	−0,9 Tage/100 m
$t_{max} \geqq 25$ °C	−4,4 Tage/100 m	−4,0 Tage/100 m
$t_{min} \leqq 0$ °C	8,2 Tage/100 m	8,6 Tage/100 m
$t_{max} \leqq 0$ °C	7,5 Tage/100 m	6,8 Tage/100 m

Oberhalb folgender Höhen sind keine heißen bzw. Sommertage mehr zu beobachten (aus der Regressionsgleichung):

	„Thüringische“	„Sächsische“
	Mittelgebirge	
$t_{max} \geqq 30$ °C	765 m	870 m
$t_{max} \geqq 25$ °C	910 m	1060 m

Auch für die *mittleren Eintrittsdaten* konnte die Höhenabhängigkeit nachgewiesen und berechnet werden. Die Verspätung der mittleren Eintrittsdaten des letzten Frostes ($t_{min} < 0$ °C) und eines Tagesmittels der Lufttemperatur $\bar{t} \geqq 5$ °C bzw. $\geqq 10$ °C mit zunehmender Höhe ist größer als die Verfrühung der mittleren Eintrittsdaten des ersten Frostes ($t_{min} < 0$ °C) und eines Tagesmittels $\bar{t} < 5$ °C bzw. < 10 °C (Tab. 4.1.2. und 4.2.2.).

Die *Andauer* der Überschreitung einer Tagesmitteltemperatur von 5 °C und 10 °C ($\bar{t} \geqq 5$ °C bzw. $\geqq 10$ °C) nimmt mit zunehmender Höhe stärker ab als die Andauer der frostfreien Zeit.

3.4.1.2.3. Unterschiede der Gradienten zwischen den „Thüringischen“ und „Sächsischen Mittelgebirgen“ (Tab. 4.3.)

Die Unterschiede der Gradienten zwischen den „Thüringischen Mittelgebirgen“ und den „Sächsischen Mittelgebirgen“ sind beim *mittleren Monatsmittel* sehr gering und lassen sich statistisch nicht sichern. In bezug auf die Höhenabhängigkeit des mittleren Monatsmittels ist es also nicht erforderlich, eine regionale Differenzierung zwischen beiden Gebieten vorzunehmen.

Ganz anders sieht es dagegen beim mittleren und höchsten Monatsmaximum und mittleren und tiefsten Monatsminimum aus. Beim *mittleren und höchsten Monats- und Jahresmaximum* sind die Gradienten im „Thüringischen Mittelgebirge“ deutlich größer als im „Sächsischen Mittelgebirge“. Die Unterschiede konnten im Jahr und in einer Vielzahl von Monaten auch statistisch gesichert werden. Beim *mittleren (und tiefsten) Monats- und Jahresminimum* ist es dagegen genau umgekehrt. Hier sind in der Regel die Gradienten in den „Sächsischen Mittelgebirgen“ größer als in den „Thüringischen Mittelgebirgen“. Die Unterschiede sind jedoch etwas geringer und weniger häufig statistisch zu sichern.

Es muß also festgestellt werden, daß die regionalen Unterschiede der Höhenabhängigkeit bei den Monats- und Jahresextremwerten nicht vernachlässigt werden dürfen. Es könnte vermutet werden, daß die unterschiedliche Streichrichtung der Gebirge eine wesentliche Ursache für die unterschiedliche Temperaturabnahme beim Monats- und Jahresmaximum sowie Monats- und Jahresminimum ist. Bei der vorherrschenden Hauptwindrichtung SW liegt der überwiegende Teil der aus dem „Thüringischen Mittelgebirge“ verwendeten Stationen im Lee des Thüringer Waldes und dürfte damit im Vergleich zu den bei den vorherrschenden Hauptwindrichtungen vorwiegend im Luv liegenden Stationen der „Sächsischen Mittelgebirge“ strahlungsbegünstigt sein (geringerer Bedeckungsgrad). Je stärker jedoch tagsüber die Einstrahlung, um so größer ist der Gradient des Maximums. Die in den „Thüringischen Mittelgebirgen“ auch stärkere nächtliche Ausstrahlung ist die Ursache dafür, daß hier der Gradient des Minimums niedriger ist als in den „Sächsischen Mittelgebirgen“. Das für die Tageswerte Gesagte gilt analog auch für die Monatsextremwerte.

Bei den *Ereignistagen* je Monat bzw. Jahr (mittlere Zahl der Tage mit $t_{max} \geqq 30$ °C und $\geqq 25$ °C, $t_{min} < 0$ °C sowie $t_{max} < 0$ °C) gibt es zwischen den „Thüringischen Mittelgebirgen“ und den „Sächsischen Mittelgebirgen“ in bezug auf die Höhenabhängigkeit in der Regel nur geringe, nicht signifikante Unterschiede.

Auch die zwischen beiden Gebieten vorhandenen Unterschiede der Gradienten bei den *mittleren Eintrittsdaten* sind in der Regel nicht statistisch gesichert.

Nur die Verringerung der Andauer der frostfreien Zeit mit der Höhe ist in den „Sächsischen Mittelgebirgen“ mit 5,2 Tagen/100 m im Vergleich zu den „Thüringischen Mittelgebirgen“ (2,1 Tage/100 m) relativ groß.

3.4.2. Lokale Abweichungen der untersuchten Stationen von den zu erwartenden Werten in der Bezugshöhe (Regressionsgerade)

3.4.2.1. Allgemeines

Nachdem die Höhenabhängigkeit für die Mehrzahl der untersuchten Parameter der Lufttemperatur und Zeitabschnitte nachgewiesen und quantifiziert werden konnte, sollen die lokalen Verhältnisse der einzelnen Stationen näher untersucht werden.

Die Temperaturverhältnisse der einzelnen Stationen werden durch die Besonderheiten ihrer Lage insbesondere im Maximum (Exposition) und bzw. oder im Minimum (Form des Reliefs) mehr oder weniger günstig oder ungünstig beeinflußt. Betrachtet man die Abweichungen der Werte der einzelnen untersuchten Parameter der Lufttemperatur an den Stationen von den zu erwartenden Werten in gleicher Höhenlage (Werte auf der Regressionsgeraden), so werden — z. T. sogar markante — Abweichungen einzelner Stationen von den in dieser Höhenlage zu erwartenden Werten deutlich.

Im folgenden soll nun versucht werden, das typische Temperaturverhalten jeder Station (im wesentlichen bezogen auf die mittleren Monatsextremwerte) zu analysieren, die lokalklimatischen Abweichungen der verschiedenen Stationen zu systematisieren und einen Zusammenhang zwischen den Abweichungen von den in der entsprechenden Höhe zu erwartenden Werten und der Topographie (besonders dem Relief) herzustellen.

3.4.2.2. „Thüringische Mittelgebirge“

3.4.2.2.1. Streuung um die Regressionsgerade (Tab. 5.1.1. bis 5.1.11.)

Die Streuung der Werte der Parameter um die Regressionsgerade ist in allen Monaten erwartungsgemäß beim Monatsmittel mit Werten zwischen 0,27 K und 0,43 K am geringsten, beim höchsten Monatsmaximum (zwischen 0,68 K und 1,84 K) und tiefsten Monatsminimum (zwischen 1,00 K und 2,40 K) in der Regel größer als bei den entsprechenden mittleren Monatsextremwerten. Außerdem sind die Streuungen auf Grund der besonders starken lokalen Beeinflussung des Minimums beim mittleren Monatsminimum größer als beim mittleren Monatsmaximum. Dasselbe gilt in der Regel auch für die extremen Werte. Eine vergleichsweise hohe Streuung haben auch die mittlere Zahl der Frosttage sowie die Eintrittsdaten des ersten und letzten Frostes und insbesondere die Andauer der frostfreien Zeit (12,4 Tage). Beim mittleren und höchsten Monatsmaximum ist ein ausgeprägter Jahresgang der Streuung um die Regressionsgerade mit niedrigen Werten im Sommer und hohen im Winter vorhanden.

3.4.2.2.2. Charakteristik der betrachteten Stationen (Tab. 5.1.1. bis 5.1.11.)

Da der Kamm des Thüringer Waldes von Nordwest nach Südost verläuft, also genau senkrecht zur Hauptwindrichtung (SW) steht, muß man hier bei niedrigerem Kondensationsniveau mit Stau- und Föhneffekten rechnen. Sie spielen im Thüringer Wald keine unbedeutende Rolle.

Durch die spezielle lokale Lage der Stationen werden die Temperaturverhältnisse jedoch mehr oder weniger modifiziert.

Die Untersuchung der Stationen des „Thüringischen Mittelgebirges“ ergab folgendes:

1. Die Talstationen sind in bezug auf das mittlere Monatsminimum besonders benachteiligt. Die Abweichungen von den in der Bezugshöhe zu erwartenden Werten sind in der Regel negativ. Demgegenüber zeigt das mittlere Monatsmaximum ein differenzierteres Verhalten. Die südlich des Kammes des Thüringer Waldes gelegenen Tal- bzw. Kesselstationen

6 Schmiedefeld	19 Meiningen
8 Brotterode	24 Schmalkalden und
12 Kaltennordheim	28 Merkers
15 Schleusingen	

sind insgesamt zu kalt.

Die mittleren Jahresmittel weichen an den Stationen zwischen —0,1 und —0,4 K von den Normalverhältnissen ab. Dabei sind die Abweichungen mit —0,1 K in Schmalkalden und Merkers am geringsten. Besonders erniedrigt wird das mittlere Monatsminimum an den Stationen

Brotterode (zwischen —1,5 und —2,7 K) und
Schleusingen (zwischen —0,5 und —1,6 K).

Hier erhöht sich auch die Zahl der Frosttage/Jahr um 12 bzw. 13 Tage — die stärkste Zunahme, die im Vergleich zu den anderen Stationen überhaupt vorkommt. Gleichzeitig haben diese beiden Stationen auch die stärkste Verkürzung der frostfreien Zeit zu verzeichnen. In Brotterode verkürzt sie sich um 31, in Schleusingen um 21 Tage. Alle anderen Ereignistage und Eintrittsdaten werden durch die lokale Lage der Stationen weit weniger markant beeinflußt.

Dagegen ist das mittlere Monatsminimum in Schmalkalden und Merkers, gelegen in gut durchlüfteten W-E-Tälern mit Kaltluftabfluß, im Sommer und Herbst nur noch relativ wenig erniedrigt:

Schmalkalden (zwischen —0,1 und —0,7 K) und
Merkers (zwischen —0,0 und —0,7 K).

Im Winter und Frühjahr ist es sogar im Vergleich zu den in dieser Höhenlage zu erwartenden Werten erhöht:

Schmalkalden (zwischen +0,3 und +0,9 K) und
Merkers (zwischen +0,4 und +1,4 K).

Das mittlere Monatsmaximum zeigt in der Regel bei allen Stationen ein ganz ähnliches Verhalten. Abgesehen vom Frühjahr (vorwiegend März), wird auch das mittlere Monatsmaximum in allen anderen Jahreszeiten — besonders in Kaltennordheim, Schleusingen und Schmalkalden — erniedrigt. Im Frühjahr deutet sich eine schwache Erhöhung des Maximums an. Die drei am Nordabhang des Thüringer Waldes gelegenen Talstationen

16 Stadtilm
25 Greiz-Dölau und
29 Bad Blankenburg

liegen in relativ breiten Tälern. Im Gegensatz zu den am Südabhang (Luv) des Thüringer Waldes gelegenen Talstationen zeigen sie in bezug auf das mittlere Jahresmittel keine Abweichung von den zu erwartenden Werten. Für sie ist eine z. T. merkliche Erhöhung des mittleren Monatsmaximums typisch:

Stadtilm (zwischen +0,1 und +1,4 K)
Greiz-Dölau (zwischen +0,1 und +0,7 K)
Bad Blankenburg (zwischen +0,5 und +1,0 K).

Der Wert von +1,4 K im Januar in Stadtilm ist ein „Ausreißer"; in der Regel übersteigen die positiven Abweichungen nicht +0,5 K. Das mittlere Monatsminimum wird dagegen in Stadtilm sehr stark erniedrigt. Wie in Schleusingen liegen die Werte zwischen —0,5 und —1,6 K. Die Ereignistage und Eintrittsdaten erfahren durch die spezielle lokale Lage der Station nur eine unwesentliche Modifizierung.

In Greiz-Dölau und besonders in Bad Blankenburg erfährt das mittlere Monatsmaximum gegenüber den Normalverhältnissen der Bezugshöhe eine wesentliche Erhöhung. Hierbei spielen sicher die Leewirkung des Thüringer Waldes und die sehr windgeschützte Lage beider Stationen eine besondere Rolle. Dadurch kommen die Strahlungsvorgänge besser zur Geltung.

In Bad Blankenburg werden 3 heiße Tage und sogar 9 Sommertage mehr beobachtet als zu erwarten wären. Das ist die vergleichsweise stärkste Erhöhung, die an einer Station beobachtet wird. Sehr stark werden die heißen Tage (+2) und die Sommertage (+6) auch in Greiz-Dölau erhöht.

Das mittlere Monatsminimum wird an beiden Stationen weit weniger beeinflußt. Es wird teils schwach erniedrigt, teils erhöht, wobei besonders in Bad Blankenburg die Erniedrigung überwiegt. Dies kommt auch in einer starken Erhöhung der Zahl der Frosttage (+9) und in einer Verkürzung der frostfreien Zeit um 9 Tage zum Ausdruck. Außerdem verkürzt sich an dieser Station auch die Andauer der Zeit mit einer Tagesmitteltemperatur ≧ 10 °C um 6 Tage.

2. Die Hochflächenlagen (bzw. eine Station mit ebenem Gelände) des Thüringer Beckens (Vorland zum Mittelgebirge)

21 Erfurt-Bindersleben	26 Weimar und
22 Hohlstedt-Kötschau	27 Rohrbach (eben)
23 Gera	

zeigen ein ganz ähnliches Verhalten. Das mittlere Jahresmittel weicht gar nicht bzw. um +0,1 K von den in der entsprechenden Höhe zu erwartenden Werten ab.

Charakteristisch für diese sogenannten offenen Lagen ist in der Regel die in einer Reihe von Monaten deutliche Erhöhung des mittleren Monatsminimums. Sie liegt bei den einzelnen Stationen zwischen folgenden Werten:

Erfurt-Bindersleben	(+0,0 und +1,5 K)
Hohlstedt-Kötschau	(+0,2 und +0,8 K)
Gera	(+0,2 und +1,2 K)
Weimar	(+0,1 und +0,8 K)
Rohrbach	(+0,1 und +1,2 K).

Das Monatsmaximum erfährt dagegen nur im Winter bzw. im Herbst und Winter eine — vergleichsweise geringe — Erhöhung, in den anderen Jahreszeiten in der Regel eine schwache Erniedrigung.

Durch die lokale Lage dieser Stationen bedingt, verringert sich die Zahl der Frosttage bei den einzelnen Stationen um 2 bis 7 Tage. Ganz besonders stark beeinflußt wird die Andauer der frostfreien Zeit. Sie verlängert sich in

Rohrbach	um 17 Tage, in
Erfurt-Bindersleben und Gera	um 14 Tage und in
Hohlstedt-Kötschau und Weimar	um 7 Tage.

Alle anderen Eintrittsdaten und Ereignistage werden im allgemeinen nur wenig beeinflußt. Auffallend ist allerdings die starke Erhöhung der Eistage (+5 Tage) in Rohrbach (relativ starke Erniedrigung des mittleren Monatsmaximums im März (—0,4 K)).

Auch die Hochflächenlage

7 Sonneberg,

gelegen am Südabhang des Thüringer Waldes, hat beim mittleren Jahresmittel eine Abweichung von +0,1 K und ist damit mit den anderen Hochflächenlagen vergleichbar. In Sonneberg sind jedoch — im Gegensatz zu den anderen Hochflächenlagen und auch zu allen anderen bearbeiteten Stationen — beim mittleren Monatsmittel sehr starke jahreszeitliche Unterschiede der Abweichungen von den in dieser Höhenlage zu erwartenden Werten vorhanden. Sie sind im Winter negativ, in den anderen Jahreszeiten positiv und liegen zwischen —0,5 K im Dezember und Januar und +0,4 K im April sowie Juni bis September. Das mittlere Monatsminimum ist in Sonneberg noch deutlicher als bei den anderen Hochflächenlagen erhöht. Die Abweichungen liegen zwischen

+0,8 und +1,6 K

und sind damit in allen Monaten sehr hoch.

Das mittlere Monatsmaximum zeigt jedoch in Sonneberg im Vergleich zu den Hochflächenlagen des Thüringer Beckens ein völlig anderes Verhalten. Hier sind die Abweichungen im Winter (Herbst) stark negativ (Januar —1,3 K) und in den anderen Jahreszeiten positiv (Juni +0,5 K). Die jahreszeitlichen Unterschiede der Abweichungen des mittleren Monatsmittels korrespondieren mit den Abweichungen des mittleren Monatsmaximums. Sie sind durch ein entsprechendes jahreszeitliches Verhalten der Abweichungen des mittleren Tagesmaximums von den in dieser Höhe zu erwartenden Werten zu erklären (siehe Kap. 5.5.5.). Die gleichen Ergebnisse wurden auch bei dem Vergleich der Tageswerte (Mittel, Maximum und Minimum) von Sonneberg mit denen der fiktiven Bezugsstation erhalten (Kap. 5.5.5.).

Die durch die lokale Lage der Station verursachten Temperaturverhältnisse bedingen sowohl eine starke Erhöhung der frostfreien Zeit (+19 Tage), wie es auch an den anderen Hochflächenstationen der Fall ist, als auch eine Erhöhung der Zahl der Eistage (+5). In Sonneberg wird aber auch die mittlere Ausdauer eines Tagesmittels der Lufttemperatur von ≧ 10 °C deutlich erhöht (+8 Tage).

In

4 Frankenheim,

gelegen auf einer hügeligen Hochfläche (leichte Mulde) der Hohen Rhön, findet man nicht die sonst für Hochflächenlagen typischen Verhältnisse. Die Abweichungen von den Normalverhältnissen dieser Höhenlage sind jedoch in der Regel insgesamt gering. Sie sind beim mittleren Monatsminimum im Gegensatz zu den anderen Hochflächenlagen (außer April und Mai) negativ und liegen zwischen —0,2 und —0,7 K, was wahrscheinlich auf die leichte Muldenlage zurückzuführen ist. Relativ stark wird auch die Andauer einer Tagesmitteltemperatur ≧ 10 °C beeinflußt (ähnlich wie bei einer Reihe konkaver Lagen). Sie wird um 7 Tage verringert.

3. Die Gipfel- bzw. Kammlagen

1 Großer Inselsberg
2 Neuhaus
3 Oberhof
5 Kleiner Inselsberg

zeigen kein so einheitliches Verhalten wie die Tal- und Hochflächenlagen. Das mittlere Monatsminimum ist bei allen Stationen in den meisten Monaten erhöht:

Großer Inselsberg	zwischen +0,1 und +0,5 K
Neuhaus	zwischen +0,0 und +0,5 K
Oberhof	zwischen +0,1 und +0,8 K
Kleiner Inselsberg	zwischen +0,4 und +1,1 K.

Das mittlere Monatsmaximum zeigt dagegen in Abhängigkeit von der speziellen lokalen Lage stärkere jahreszeitliche Unterschiede der Abweichungen von der entsprechenden Bezugshöhe.

Charakteristisch für den Großen Inselsberg ist die starke Erniedrigung des Monatsmaximums in den Monaten Mai bis Oktober (zwischen —0,4 und —0,6 K) und die starke Erhöhung (+0,6 K) in den Monaten Dezember und Januar. Die Zahl der Eistage wird wie in Rohrbach und Sonneberg um +5 Tage erhöht — die stärkste überhaupt beobachtete Erhöhung —, und die Andauer der Zeit mit einem Tagesmittel der Lufttemperatur ≧ 5 °C wird ebenfalls stärker erniedrigt (—6 Tage).

Typisch für Oberhof, gelegen auf einer windgeschützten Kuppe, sind die insgesamt im Vergleich zur Bezugshöhe stärker erhöhten Temperaturen. Diese Erhöhung macht sich sogar beim mittleren Jahresmittel mit +0,2 K bemerkbar. Beim mittleren Monatsmaximum ist die Erhöhung mit +0,6 K — ähnlich wie auf dem Großen Inselsberg — im November und Januar besonders groß, in den anderen Monaten ist sie in der Regel schwach positiv, in einzelnen Monaten auch schwach negativ (bis —0,2 K).

Die Andauer der frostfreien Zeit erhöht sich um 8 Tage.

Für den Kleinen Inselsberg ist dagegen die besonders starke Erhöhung des mittleren Monatsminimums charakteristisch. Das mittlere Monatsmaximum wird praktisch nicht beeinflußt.

4. Insgesamt sehr warm sind die Stationen

9 Elgersburg
13 Ilmenau
20 Weimar-Schöndorf.

Die starke Temperaturbegünstigung dieser Stationen hat verschiedene Ursachen. Elgersburg und Ilmenau liegen im Lee des Kammgebietes des hohen Thüringer Waldes, was bei niedrigem Kondensationsniveau zu Föhneffekten führt. Außerdem wirken die Südhanglage von Elgersburg und die Stadtlage von Ilmenau temperaturbegünstigend. Weimar-Schöndorf ist ebenfalls eine Südosthanglage.

Die Abweichungen des mittleren Monatsmittels von den in der entsprechenden Höhenlage zu erwartenden Werten liegen in den einzelnen Monaten zwischen

Elgersburg	+0,3 und +0,8 K
Ilmenau	+0,6 und +1,1 K
Weimar-Schöndorf	+0,2 und +0,8 K.

Auch das mittlere Jahresmittel ist deutlich erhöht, in Elgersburg um +0,6 K, in Ilmenau um +0,9 K und in Weimar-Schöndorf um +0,4 K. In Elgersburg und Ilmenau wird besonders das mittlere Monatsmaximum in einer Reihe von Monaten sehr deutlich erhöht. Die Abweichungen liegen insgesamt zwischen

+0,4 und +1,7 K in Elgerburg und
+0,0 und +1,3 K in Ilmenau.

Beim mittleren Monatsminimum sind die positiven Abweichungen etwas kleiner; sie liegen in

Elgersburg zwischen +0,1 und +1,5 K und in Ilmenau im allgemeinen zwischen +0,0 und +0,6 K (Januar +1,2 K).

Charakteristisch für Weimar-Schöndorf ist dagegen die in allen Monaten außergewöhnlich starke Erhöhung des mittleren Monatsminimums mit Werten zwischen

+1,0 und +2,0 K

(siehe auch tiefstes Monatsminimum).

Trotz der allgemeinen Temperaturbegünstigung wird die Zahl der heißen Tage und der Sommertage an den genannten drei Stationen praktisch nicht lokal beeinflußt. Dagegen werden die Zahl der Frost- und Eistage sowie die Eintrittsdaten sehr stark lokal beeinflußt. Die vorhandenen Abweichungen sind in der Tabelle angegeben:

	mittlere Zahl der Tage			
	$t_{max} \geqq 30$ °C	$t_{max} \geqq 25$ °C	$t_{min} < 0$ °C	$t_{max} < 0$ °C
Elgersburg	0	+1	−12*	−9*
Ilmenau	−1	0	−8	−9*
Weimar-Schöndorf	0	−4	−11*	+1

	Andauer (Tage)		
	$t_{min} \geqq 0$ °C	$t \geqq 5$ °C	$t \geqq 10$ °C
Elgersburg	+6	+9*	+15*
Ilmenau	+1	+12*	+16*
Weimar-Schöndorf	+19*	+5	+5

* stärkste Abweichungen der angegebenen Richtung (+ bzw. —) im Vergleich mit allen anderen Stationen.

5. Die beiden Stationen
17 Hohenkirchen
18 Waltershausen,

gelegen im leicht hügeligen Vorland des Thüringer Waldes, lassen sich keiner Gruppe von Stationen eindeutig zuordnen. Besonders auffallend ist jedoch die starke Erniedrigung des mittleren Monatsminimums gegenüber den ungestörten Verhältnissen gleicher Höhenlage, wie sie für konkave Lagen typisch sind. Die Abweichungen liegen zwischen —0,5 und —1,7 K (gleiche Größenordnung wie in Stadtilm und Schleusingen) und gehören damit zu den stärksten überhaupt.

Auch bei der Station
10 Finsterbergen

gelingt keine eindeutige Zuordnung. Hier steht einer starken Erhöhung des mittleren Monatsminimums (zwischen +0,3 und +1,5 K) eine in den Monaten März bis Oktober starke Erniedrigung des mittleren Monatsmaximums gegenüber. Auffallend ist hier auch die Erhöhung der Andauer einer Tagesmitteltemperatur ≧ 10 °C um 9 Tage.

6. Die Stationen
11 Lobenstein
14 Unterreichenau

sind auf Grund der im Bearbeitungszeitraum vorgenommenen Verlagerungen nicht interpretierbar.

3.4.2.3. „Sächsische Mittelgebirge"

3.4.2.3.1. Streuung um die Regressionsgerade (Tab. 5.2.1. bis 5.2.11.)

Bei der Streuung findet man in den „Sächsischen Mittelgebirgen" ganz ähnliche Verhältnisse wie in den „Thüringischen Mittelgebirgen". Im allgemeinen gibt es auch in bezug auf die Größe der Streuung um die Regressionsgerade zwischen beiden Gebieten keine wesentlichen Unterschiede. Eine Ausnahme macht jedoch das mittlere Monatsmaximum. Hier ist die Streuung in allen Monaten in den „Sächsischen Mittelgebirgen" größer als in den „Thüringischen Mittelgebirgen".

3.4.2.3.2. Charakteristik der betrachteten Stationen

Für die untersuchten Stationen der „Sächsischen Mittelgebirge" ist eine Systematisierung der Abweichungen aller untersuchten Parameter der Lufttemperatur schwieriger als für die „Thüringischen Mittelgebirge", da es speziell in bezug auf das Maximum große Unterschiede zwischen den Stationen gibt. Eine grobe Systematisierung gelingt im wesentlichen nur auf der Grundlage des mittleren Monatsminimums.

1. Die Untersuchung hat auch hier ergeben, daß das mittlere Monatsminimum in konkaven Lagen (Täler, Mulden, Niederungen) im Vergleich zu einer ungestörten Lage gleicher Höhe erniedrigt wird.

Besonders stark ist diese Erniedrigung bei den Stationen

16 Bad Elster (zwischen —1,6 und —2,7 K)
14 Hinterhermsdorf (zwischen —0,5 und —2,3 K)
9 Nossen (zwischen —0,3 und —1,2 K).

Diese starke thermische Benachteiligung kommt auch beim mittleren Jahresmittel zum Ausdruck. Es ist in

Bad Elster um 0,4 K
Hinterhermsdorf um 0,7 K und in
Nossen um 0,2 K

niedriger als zu erwarten. Die Ereignistage und Eintrittsdaten zeigen ein entsprechendes Verhalten. In der Tabelle sind die Abweichungen angegeben

	mittlere Zahl der Tage			
	$t_{max} \geqq 30$ °C	$t_{max} \geqq 25$ °C	$t_{min} < 0$ °C	$t_{max} < 0$ °C
Bad Elster	−1	−1	+17*	−7
Hinterhermsdorf	−2	−6*	+24*	+5
Nossen	−1	−5*	+7	0

	Andauer (Tage)		
	$t_{min} \geqq 0$ °C	$\bar{t} \geqq 5$ °C	$\bar{t} \geqq 10$ °C
Bad Elster	−30*	−5*	−2
Hinterhermsdorf	−26*	−6*	−7*
Nossen	−19*	−1	−6

* die stärksten Abweichungen der angegebenen Richtung (+ bzw. —) im Vergleich zu allen anderen Stationen.

Das mittlere Monatsmaximum zeigt dagegen an allen drei Stationen ein unterschiedliches Verhalten. Markant ist in Bad Elster der ausgeprägte Jahresgang der Abweichungen mit hohen negativen Werten von November bis Januar (—1,1, —1,3 und —1,9 K) und positiven Werten von März bis September — besonders hoch im März (+0,8 K), April (+0,6 K) und Mai (+0,7 K).

In Hinterhermsdorf ist dagegen auch das mittlere Monatsmaximum in allen Monaten stark erniedrigt. Die Abweichungen liegen zwischen —0,4 und —2,0 K und sind im Winter am größten. Ursache für die insgesamt starke thermische Benachteiligung von Hinterhermsdorf dürften einmal die Hochmuldenrandlagen, zum anderen aber auch der durch die paßähnliche Lage verstärkte Wind (böhmischer Wind) sein.

Nossen hat wieder einen stärkeren Jahresgang der Abweichungen des mittleren Monatsmaximums, jedoch mit positiven Werten von Oktober bis Februar und negativen — besonders stark von März bis Juni — in den anderen Monaten.

Bei den Stationen

15 Plauen
13 Freiberg

erreichen die negativen Abweichungen des mittleren Monatsminimums nicht mehr so hohe Werte. Sie liegen in

Plauen zwischen —0,4 und —1,0 K und in
Freiberg zwischen —0,1 und —1,0 K.

Im Gegensatz zu den zuerst genannten drei Stationen ist jedoch das mittlere Jahresmittel etwas erhöht (Plauen +0,0 K, Freiberg +0,3 K). Auch bei diesen beiden Stationen verhalten sich die mittleren Monatsmaxima völlig unterschiedlich. Während sie in Plauen vom Februar bis Oktober z. T. stark erhöht und in den anderen Monaten erniedrigt sind, sind sie in Freiberg (außer Februar) immer erniedrigt, besonders in den Sommermonaten (siehe Tab. 5.2.2.). Auch die Ereignistage und Eintrittsdaten werden an beiden Stationen z. T. sehr unterschiedlich beeinflußt:

	mittlere Zahl der Tage			
	$t_{max} \geqq 30$ °C	$t_{max} \geqq 25$ °C	$t_{min} < 0$ °C	$t_{max} < 0$ °C
Plauen	—0	+6	—2	—5
Freiberg	—1	—2	—11	—5

	Andauer (Tage)		
	$t_{min} \geqq 0$ °C	$\bar{t} \geqq 5$ °C	$\bar{t} \geqq 10$ °C
Plauen	—13	+1	+3
Freiberg	+9	+4	+4

Die Stationen der Elbniederung bzw. Elbtalweitung (weites Tal)

2 Diesbar-Seusslitz
3 Dresden-Pillnitz
4 Dresden-Strehlen

zeigen in bezug auf das mittlere Monatsminimum kein einheitliches Verhalten. Während das mittlere Monatsminimum in Diesbar-Seusslitz in der Regel — wenn auch schwächer als bei den anderen betrachteten Stationen — erniedrigt ist, wird es in Dresden-Pillnitz vom November bis März deutlich erhöht (zwischen 0,6 und 1,1 K), in Dresden-Strehlen sogar in allen Monaten (zwischen 0,1 und 0,9 K), besonders aber auch im Winter. Bei diesen beiden Stationen wirkt sicher der Stadteinfluß modifizierend. In Pillnitz und Strehlen wird auch das mittlere Monatsmaximum in der Regel erhöht. Bei allen drei Stationen ist das mittlere Jahresmittel etwas erhöht (+0,1, +0,2 bzw. +0,1 K).

Das Charakteristischste der drei Niederungsstationen aber ist eine starke Erhöhung der Zahl der heißen Tage und der Sommertage, wie sie an keiner anderen Station der „Sächsischen Mittelgebirge“ zu beobachten ist:

	mittlere Zahl der Tage				Andauer (Tage)
	$t_{max} \geqq 30$ °C	$t_{max} \geqq 25$ °C	$t_{min} < 0$ °C	$t_{max} < 0$ °C	$t_{min} \geqq 0$ °C
Diesbar-Seusslitz	+2	+4	+5	+3	—2
Dresden-Pillnitz	+2	+7	—3	—0	—1
Dresden-Strehlen	+3	+9	—4	+0	+5

Ein ähnliches Verhalten findet man auch im Thüringer Raum in Greiz-Dölau und Bad Blankenburg.

2. Am stärksten erhöht wird das mittlere Monatsminimum an den Kuppenlagen

8 Wahnsdorf
19 Geisingberg.

Die Abweichungen liegen in den einzelnen Monaten in
Wahnsdorf zwischen +1,0 und +1,8 K, auf dem Geisingberg zwischen +0,6 und +1,5 K.

Zu dieser Erhöhung der mittleren Monatsminima kommt auf dem Geisingberg noch eine in den meisten Monaten markante Erniedrigung des mittleren Monatsmaximums (zwischen —0,2 und —1,4 K).

An diesen beiden Stationen wird auch die frostfreie Zeit am stärksten verlängert:

	mittlere Zahl der Tage			
	$t_{max} \geqq 30$ °C	$t_{max} \geqq 25$ °C	$t_{min} < 0$ °C	$t_{max} < 0$ °C
Wahnsdorf	+0	+1	—10	+2
Geisingberg	—0	—5	—2	+10

	Andauer (Tage)		
	$t_{min} \geqq 0$ °C	$\bar{t} \geqq 5$ °C	$\bar{t} \geqq 10$ °C
Wahnsdorf	+20	—	—
Geisingberg	+22	+3	+0

Auch in

17 Annaberg-Buchholz,

einer typischen Stadtlage, wird das mittlere Monatsminimum in der Regel erhöht (zwischen 0,0 und +1,3 K). Wesentlich stärker ist jedoch in den einzelnen Monaten noch die Erhöhung des mittleren Monatsmaximums. Die Zahl der Frosttage ist um 9 verringert, die Andauer der frostfreien Zeit um 10 Tage gegenüber den in dieser Höhe zu erwartenden Werten verlängert.

An den Stationen

7 Görlitz

10 Herrnhut

wird das mittlere Monatsminimum nur noch schwach erhöht bzw. in einzelnen Monaten sogar erniedrigt. Auffallend ist die sehr starke Erniedrigung des Monatsmaximums in Görlitz. Die Abweichungen liegen hier zwischen —0,5 und —1,6 K. Die Ereignistage und Eintrittsdaten werden nur wenig beeinflußt.

Die auf einem Höhenrücken gelegene Station

11 Karl-Marx-Stadt

verhält sich in bezug auf das mittlere Monatsminimum ähnlich wie Görlitz. Das Maximum ist dagegen fast in allen Monaten erhöht. Charakteristisch für alle drei Stationen ist eine Verlängerung der frostfreien Zeit um 2 bis 8 Tage.

3. Die Kamm- bzw. Gipfellagen

18 Schnarrtanne-Vogelsgrün

20 Fichtelberg

zeigen in der Regel nur eine geringe Beeinflussung des mittleren Monatsminimums. Das mittlere Monatsmaximum ist in Schnarrtanne-Vogelsgrün relativ stark erhöht, auf dem Fichtelberg in der Regel weniger, bzw. sogar erniedrigt. In bezug auf die Zahl der Eistage zeigen beide Stationen ein sehr unterschiedliches Verhalten. In Schnarrtanne-Vogelsgrün wird die Zahl der Eistage um 8 verringert, auf dem Fichtelberg dagegen um 6 erhöht.

3.4.2.4. Zusammenfassung der Ergebnisse

Bei den Untersuchungen hat sich gezeigt, daß die Mehrzahl der betrachteten Stationen mehr oder weniger lokal beeinflußt ist. Die Streuung der Werte der einzelnen Stationen um die Regressionsgerade (Normalverhältnisse der Bezugshöhe) ist beim Monatsmittel erwartungsgemäß am geringsten, bei den absoluten Extremwerten in der Regel größer als bei den mittleren Monatsextremwerten. Auf Grund der besonders starken lokalen Beeinflussung des Minimums ist die Streuung bei diesem Parameter größer als beim Maximum. Stark lokal beeinflußt werden außerdem die mittlere Zahl der Frosttage, sowie die Eintrittsdaten des ersten und letzten Frostes und insbesondere die Andauer der frostfreien Zeit. Die genannten Parameter sind also besonders geeignet, um eine lokalklimatische Differenzierung von Stationen vorzunehmen.

Ausgehend von den Abweichungen der einzelnen Stationen — insbesondere des Minimums — von den Normalverhältnissen der entsprechenden Bezugshöhe und unter Berücksichtigung der Streuung der Werte der Stationen um die berechnete Regressionsgerade konnte im allgemeinen festgestellt werden, daß Stationen mit ähnlicher lokaler Lage (Großformen des Reliefs) auch ein ähnliches Temperaturverhalten zeigen. Eine eindeutige Zuordnung gelang jedoch nicht für alle Stationen.

Es hat sich bestätigt, daß Hang- und Kuppenlagen sowie ebene, offene Lagen (Hochflächen usw.) und auch Stadtlagen in bezug auf die Temperaturminima und damit im Zusammenhang stehende Parameter begünstigt sind, während die Lagen in Tälern, Mulden und Niederungen stärker benachteiligt sind.

Während jedoch das mittlere Monatsmaximum in den „Thüringischen Mittelgebirgen" für eine weitere lokalklimatische Differenzierung — insbesondere der konkaven Lagen — bzw. eine einheitliche Charakterisierung bestimmter Reliefformen (Hochflächenlagen) verwendet werden konnte, war dies in den „Sächsischen Mittelgebirgen" in der Regel nicht möglich. Hier streut das mittlere Monatsmaximum wesentlich stärker als in den „Thüringischen Mittelgebirgen", und Stationen mit ähnlichem Verhalten in bezug auf das mittlere Monatsminimum (ähnliche Reliefformen) verhalten sich in bezug auf das mittlere Monatsmaximum oft sehr unterschiedlich.

Die Stärke der Abweichungen von den in der entsprechenden Bezugshöhe zu erwartenden Werten ist bei den einzelnen Stationen sehr unterschiedlich. Z. T. gibt es auch markante jahreszeitliche Unterschiede der Abweichungen (Sonneberg, Bad Elster beim Maximum). Als ganz besonders kalt haben sich die Stationen Brotterode, Bad Elster und Hinterhermsdorf erwiesen. Sehr warm sind dagegen Elgersburg, Ilmenau und auch Weimar-Schöndorf.

4. Untersuchung der Höhenabhängigkeit der Häufigkeitsverteilungen verschiedener Parameter der Lufttemperatur

4.1. Allgemeines

Für viele Fragestellungen der Praxis reichen Informationen über Monats- und Jahresmittelwerte nicht aus. Es wurde deshalb geprüft, ob sich die bei Mittelwerten sehr klare Höhenabhängigkeit auch für Häufigkeitsverteilungen von Tageswerten nachweisen läßt.

4.2. Stationsauswahl

Für die Untersuchung der Höhenabhängigkeit der Häufigkeitsverteilungen verschiedener Parameter der Lufttemperatur wurden die im Datenspeicher des Meteorologischen Dienstes der DDR auf Magnetband vorhandenen Reihen von insgesamt 23 Stationen (Tab. 1.3.) verwendet. Davon sind 13 hauptamtliche Stationen und 10 Ergänzungsstationen. Die Stationen sind über alle Mittelgebirge verteilt, liegen in Höhen zwischen 210 und 1214 m und repräsentieren unterschiedliche Relief-formen (vgl. Abb. 1 und 8.3. Stationsübersicht nach Stationsnummern).

4.3. Material

Der Auswertung wurde der Zeitraum 1951/65 zugrunde gelegt, für den Einheitlichkeit, Homogenität und Vollständigkeit der verwendeten Datenreihen gesichert sind. Es wurden folgende Parameter der Lufttemperatur untersucht:
Tagesmittel,
ausgewählte Stundenwerte (7, 14, 21 Uhr),
Tagesmaximum,
Tagesminimum,
Tagesschwankung.

4.4. Bearbeitungsmethodik

Ausgehend von Summenhäufigkeitsverteilungen der o. a. Parameter der Lufttemperatur, die mit einer Klassenbreite von 1 K ausgewertet vorlagen, wurden für ausgewählte Quantile (Unterschreitungshäufigkeiten) die zugehörigen Temperaturwerte durch lineare Interpolation zwischen den Klassengrenzen ermittelt. Als Häufigkeitsschwellenwerte wurden vorgegeben
3, 5, 10, 20, ... , 90, 95, 97%.
Auf die Berechnung der Regressionsgeraden für 0 und 100% wurde verzichtet, weil die Streuung dieser extremen Werte lokal bedingt sehr groß ist (Reststreuung bis zu mehreren K).

Für jeden dieser Schwellenwerte einzeln wurde dann die Höhenabhängigkeit der Temperaturwerte durch lineare Regression bestimmt. Für die Berechnung der Regressions- und Korrelationskoeffizienten wurden die in Kap. 3.3. angegebenen Beziehungen verwendet. Die Berechnungen erfolgten für natürliche Jahreszeiten und das Jahr. Die natürlichen Jahreszeiten umfassen im Gegensatz zu den sonst in der Praxis meist verwendeten meteorologischen Jahreszeiten ungleich lange Jahresabschnitte. Sie sind wie folgt definiert
Frühjahr: März/April
Sommer: Mai—September
Herbst: Oktober
Winter: November—Februar
Diese Einteilung des Jahres wurde gewählt, um innerhalb der untersuchten Datenkollektive im statistischen Sinne einheitliches Verhalten zu haben, speziell um weitestgehend Normalverteilung der Daten voraussetzen zu können.

Analog zur Untersuchung der Mittel- und Extremwerte (Kap. 3) wurden auch für die Häufigkeitsverteilungen der einzelnen Stationen die Abweichungen von den in entsprechender Höhenlage zu erwartenden Verteilungen (Werte auf der Regressionsgeraden) bestimmt.

Unter der Annahme, daß die berechneten Regressionsbeziehungen gegenüber einer Vergrößerung des Beobachtungszeitraumes invariant sind, wurden die Häufigkeitsverteilungen unter Verwendung der Reihe 1951/75 der Station Karl-Marx-Stadt auf den Zeitraum 1951/75 umgerechnet.

4.5. Ergebnisse

4.5.1. Höhenabhängigkeit der Häufigkeitsverteilungen verschiedener Parameter der Lufttemperatur

4.5.1.1. Grad des Zusammenhanges (Tab. 7.)

Die Korrelationskoeffizienten für die Abhängigkeit der Häufigkeitsverteilungen des Tagesmittels, ausgewählter Stundenwerte und des Tagesmaximums der Lufttemperatur von der Höhe sind sehr hoch. Der Zusammenhang ist statistisch gesichert.

Erwartungsgemäß sind die Korrelationskoeffizienten für den Zusammenhang zwischen der Häufigkeitsverteilung des Tagesminimums der Lufttemperatur und der Höhe auf Grund der stärkeren lokalen Beeinflussung dieses Parameters etwas geringer — in der Regel jedoch auch statistisch gesichert.

Nur im unteren Bereich der Häufigkeitsverteilung (für die Quantilwerte 3, 5 und 10% der relativen Summenhäufigkeitsverteilung) konnte die Höhenabhängigkeit — besonders im Herbst, Winter und Jahr — nicht statistisch nachgewiesen werden.

Die Tagesschwankung wird offensichtlich in noch stärkerem Maße als das Tagesminimum der Lufttemperatur lokal beeinflußt. Die lokal bedingten Unterschiede zwischen den Stationen sind so groß, daß eine Höhenabhängigkeit der Quantilwerte der relativen Summenhäufigkeit nicht nachgewiesen werden konnte.

4.5.1.2. Art des Zusammenhanges (Regressionskoeffizienten) (Tab. 8.1. bis 8.4., 9.1. bis 9.4.)

Die Untersuchungen haben gezeigt, daß eine Rekonstruktion der Häufigkeitsverteilungen des Tagesmittels, der ausgewählten Stundenwerte, des Tagesmaximums und -minimums für jede beliebige Höhe auf Grund der für ausgewählte Quantilwerte abgeleiteten Regressionsbeziehungen möglich ist.

Die Berechnung der Höhenabhängigkeit der Lufttemperatur für verschiedene Quantilwerte der relativen Summenhäufigkeitsverteilung hat ergeben, daß die Gradienten beim Tagesminimum in allen Jahreszeiten und im Jahresdurchschnitt niedriger sind als bei den anderen drei untersuchten Parametern. Die größten Gradienten hat dagegen in der Regel das Tagesmaximum, so daß sich hier die Häufigkeitsverteilungen mit zunehmender Höhe besonders stark nach der kalten Seite verschieben. Die Gradienten des Tagesmittels und der ausgewählten Stundenwerte liegen dazwischen. Während jedoch im unteren Bereich der Häufigkeitsverteilung (bis 50%

relativer Summenhäufigkeit) die Gradienten des Tagesmittels größer sind als die der ausgewählten Stundenwerte, ist es im oberen Bereich der relativen Summenhäufigkeitsverteilung (≧70%) genau umgekehrt.

Beim Tagesmittel, den ausgewählten Stundenwerten und dem Tagesmaximum sind die Temperaturgradienten der Quantilwerte im Sommer am größten und im Winter am kleinsten. Beim Tagesminimum ist dagegen der Jahresgang der Gradienten nicht für alle Quantilwerte gleich.

Betrachtet man die Unterschiede der Gradienten zwischen den Quantilen im Jahresdurchschnitt (s. auch Abb. 2—5), so erkennt man, daß sie beim Tagesmittel am geringsten, beim Tagesminimum etwas größer und am größten beim Tagesmaximum und den ausgewählten Stundenwerten sind. Im unteren Bereich der Häufigkeitsverteilung (Quantile 3 und 5%) sind die Gradienten in der Regel relativ gering. Außer bei den Stundenwerten, bei denen die Gradienten mit zunehmendem Quantil größer werden, sind sie auch im obersten Bereich der Häufigkeitsverteilung wieder etwas geringer. Auf Grund der unterschiedlichen Gradienten bei den einzelnen Quantilen erfährt der Charakter der Häufigkeitsverteilung mit zunehmender Höhe auch eine zunehmende Veränderung.

Besonders auffallend ist außerdem, daß die Regressionsgeraden der Quantilwerte beim Tagesminimum dicht beieinander liegen, die Häufigkeitsverteilungen im Vergleich zu den anderen Parametern also besonders steil sind.

Die Streuung um die Regressionsgerade ist im Jahresdurchschnitt bei den Tagesextremwerten am größten, beim Tagesminimum größer als beim Tagesmaximum. Sie ist außerdem an den Rändern der Häufigkeitsverteilungen besonders groß.

4.5.2. Lokale Abweichungen der Häufigkeitsverteilungen der untersuchten Stationen von den zu erwartenden Werten in der Bezugshöhe (Tab. 9.1. bis 9.4.)

Auf Grund der für jede beliebige Höhe ableitbaren Häufigkeitsverteilungen des Tagesmittels, der ausgewählten Stundenwerte und der Tagesextremwerte, die als „normal" anzusehen sind, ist es möglich, auch die lokalklimatische Beeinflussung der gesamten Häufigkeitsverteilung dieser Parameter der Lufttemperatur an den einzelnen Stationen abzuschätzen.

Ohne die betrachteten Mittelgebirgsstationen nochmals im einzelnen zu analysieren, kann gesagt werden, daß auch der Vergleich der Häufigkeitsverteilungen der Tageswerte zwischen Station und Bezugshöhe grundsätzlich die bisher erhaltenen Ergebnisse (siehe Kap. 3) bestätigt. Im einzelnen sind natürlich Abweichungen vorhanden. Auch hier fallen z. B. Brotterode und Hinterhermsdorf beim Tagesminimum und Tagesmittel durch eine besonders starke Verschiebung der Häufigkeitsverteilungen nach der kalten Seite auf, ebenso aber auch die Harzstationen Schierke und Harzgerode. Dagegen sind die Häufigkeitsverteilungen von Elgersburg — wie nicht anders zu erwarten — stark nach der positiven Seite verschoben. Die Form der Häufigkeitsverteilung kann dabei ganz unterschiedlich modifiziert werden.

5. Spezielle Untersuchung stärker lokal geprägter Stationen

5.1. Allgemeines

Nach den bisherigen Untersuchungen schien es interessant, für einige ausgewählte Stationen, die sich als besonders stark lokal beeinflußt erwiesen hatten, genauere Untersuchungen durchzuführen, um die Abweichungen dieser Stationen von den in dieser Höhenlage zu erwartenden „normalen" Verhältnissen festzustellen. Dabei kam es besonders darauf an, nicht nur die Häufigkeitsverteilungen der untersuchten Parameter der Stationen mit den in dieser Höhe zu erwartenden Häufigkeitsverteilungen zu vergleichen, sondern einen direkten Vergleich von Tageswerten (Tagesmaximum, Tagesminimum, Tagesschwankung) durchzuführen.

Da jedoch im Gebirge alle Stationen mehr oder weniger lokal beeinflußt sind und somit kein „Vergleichsnormal" vorhanden ist, mußte es geschaffen werden (fiktive Bezugsstation). Damit ist es einmal möglich, die Zusammenhänge genauer zu untersuchen, und zum anderen, auf Grund der Untersuchungen der Häufigkeitsverteilungen der Differenzen zwischen Station und fiktiver Bezugsstation, quantitative Aussagen über die insbesondere durch das Relief modifizierten Temperaturverhältnisse an den Stationen zu machen. Neben Angaben über die mittleren und extremen Abweichungen der lokal beeinflußten Stationen von den unbeeinflußten Verhältnissen gleicher Höhenlage, können auch Angaben über die Wahrscheinlichkeit des Auftretens bestimmter Abweichungen gemacht werden.

5.2. Stationsauswahl

Für die detaillierte Untersuchung stark lokal beeinflußter Stationen wurden die Stationen

Annaberg-Buchholz und
Hinterhermsdorf

aus dem Bereich der „Sächsischen Mittelgebirge" (Tab. 1.2.), sowie

Brotterode
Elgersburg
Kaltennordheim und
Sonneberg-Neufang

aus dem Bereich der „Thüringischen Mittelgebirge" ausgewählt (Tab. 1.1.).

5.3. Material

Für die Untersuchungen der 6 Stationen wurde der Zeitraum 1951/65 verwendet. Es wurden folgende Temperaturparameter untersucht:

Tagesmittel der Lufttemperatur,
Tagesmaximum der Lufttemperatur,
Tagesminimum der Lufttemperatur,
Tagesschwankung der Lufttemperatur.

5.4. Bearbeitungsmethodik

5.4.1. Allgemeines

Um die durch die spezielle lokale Lage der einzelnen Stationen modifizierten Tageswerte der Lufttemperatur untersuchen zu können, wurden die Stationen mit einer lokal unbeeinflußten fiktiven Bezugsstation gleicher Höhenlage verglichen, deren Tageswerte — ausgehend von einer repräsentativen Basisstation und unter Zugrundelegung der allgemeinen Höhenabhängigkeit der untersuchten Parameter der Lufttemperatur — berechnet wurden.

Für die jeweilige fiktive Bezugsstation der einzelnen zu untersuchenden Stationen wurden die Tageswerte t_{BZ} (außer für die Tagesschwankung) nach der Formel

$$t_{BZ} = t_{Basis} + \delta t \tag{11}$$

mit

$$\delta t = \frac{\gamma \cdot \delta h}{100}, \tag{12}$$

$$\delta h = h_{BZ} - h_{Basis},$$

$$h_{BZ} = h_{lok},$$

berechnet. Die Gradienten γ wurden jedoch nicht für Tageswerte, sondern auf der Grundlage des

— mittleren Monats- und Jahresmittels der Lufttemperatur,
— mittleren Monats- und Jahresmittels des Tagesmaximums der Lufttemperatur und des
— mittleren Monats- und Jahresmittels des Tagesminimums der Lufttemperatur

unter Berücksichtigung von Stationen aus allen Mittelgebirgen — wie bei den Untersuchungen der Höhenabhängigkeit der Häufigkeitsverteilungen (Tab. 1.3.) — für jeden Monat und das Jahr berechnet. Als Basisstation wurde die repräsentative Station Karl-Marx-Stadt verwendet.

Für die Tagesschwankung der Lufttemperatur ergaben sich die Zuschläge δt_S aus der Differenz der Zuschläge des Tagesmaximums und Tagesminimums

$$\delta t_S = \delta t_{max} - \delta t_{min}. \tag{13}$$

5.4.2. Durchgeführte statistische Untersuchungen

Der Vergleich der 6 lokal beeinflußten Stationen mit den entsprechenden fiktiven Bezugsstationen erfolgte getrennt für Monate, meteorologische und natürliche Jahreszeiten (siehe Kap. 4.4.). Die Bearbeitung erfolgte auch für meteorologische Jahreszeiten, da diese in der Praxis in der Regel betrachtet werden. Bei den Untersuchungen ergeben sich jedoch keine wesentlichen Unterschiede zwischen meteorologischen und natürlichen Jahreszeiten.

Alle statistischen Untersuchungen wurden auf der Grundlage von Häufigkeitsverteilungen durchgeführt. Dabei wurden folgende Klasseneinteilungen verwendet:

	Klassenbreite	KUG
Häufigkeitsverteilungen		
		.
Tagesmittel der Lufttemperatur		−1,0
Tagesmaximum der Lufttemperatur	1,0 K	0,0
Tagesminimum der Lufttemperatur		1,0
		.
Tagesschwankung der Lufttemperatur	0,5 K	0,0
		0,5
		1,0
		.
Häufigkeitsverteilungen der Differenzen ($\Delta = t_{BZ} - t_{lok}$)		
		.
		−0,5
alle Lufttemperaturparameter	0,5 K	0,0
		0,5
		.
		.

Zum Nachweis der lokalen Besonderheiten der ausgewählten Stationen wurden folgende Auswertungen vorgenommen:

1. Untersuchung des Grades und der Art des Zusammenhanges zwischen der zu untersuchenden Station und der fiktiven Bezugsstation gleicher Höhenlage:

Es wurden die Regressionsbeziehungen der Art

$$t_{Station} = a + b t_{BZ} \tag{14}$$

sowie die Korrelationskoeffizienten r bestimmt. Zur Prüfung, ob zwischen Station und fiktiver Bezugsstation eine signifikant von Null verschiedene Korrelation vorhanden ist, wurde der F-Test für den Korrelationskoeffizienten (J. TAUBENHEIM, 1969)

$$F = \frac{r^2}{1 - r^2}(N - 2)$$

mit den Freiheitsgraden $n_1 = 1$ und $n_2 = N - 2$ verwendet (siehe Kap. 3.3.). Dabei wurde die Erhaltungsneigung ε der untersuchten Temperaturparameter berücksichtigt.

2. Untersuchung der Unterschiede der Häufigkeitsverteilungen der zu untersuchenden Station und der fiktiven Bezugsstation (χ^2-Test, Mittelwerte, Streuungen, Wahrscheinlichkeiten):

Der Vergleich der Häufigkeitsverteilungen mit dem χ^2-Test erfolgte in der allgemeinen Form (J. TAUBENHEIM, 1969)

$$\chi^2 = \sum_{i=1}^{l} \frac{\left(Z_i^{(1)} - Z_i^{(2)} \frac{N^{(1)}}{N^{(2)}}\right)^2}{\frac{N^{(1)}}{N^{(2)}} \left(Z_i^{(1)} + Z_i^{(2)}\right)} \tag{15}$$

$i = 1 \ldots l$ Klassen, Z_i Häufigkeit, N Anzahl der Werte, Stichprobe,
Freiheitsgrad $n = l - 1$.

3. Untersuchung der Häufigkeitsverteilungen der Differenzen:
$\Delta = t_{BZ} - t_{lok}$ zwischen fiktiver Bezugsstation und zu untersuchender Station (Bestimmung von Wahrscheinlichkeiten, maximale Unterschiede).

5.5. Ergebnisse

5.5.1. Kaltennordheim (Tab. 10.5.1. bis 10.5.4.)

5.5.1.1. Zusammenhang zwischen Station und fiktiver Bezugsstation

Der Zusammenhang zwischen Kaltennordheim und der fiktiven Bezugsstation ist sowohl beim Tagesmittel als auch bei den Tagesextremwerten und der Tagesschwankung statistisch signifikant ($r \neq 0$). Dabei sind die Korrelationskoeffizienten beim Tagesmittel am größten (zwischen 0,91 und 0,98), bei der Tagesschwankung nur relativ klein (zwischen 0,46 und 0,80).

Die Regressionskoeffizienten sind positiv und liegen unter 1. Unter Zugrundelegung der Regressionsbeziehungen zwischen Kaltennordheim und der fiktiven Bezugsstation kann man im allgemeinen erwarten, daß die Temperaturwerte im unteren Definitionsbereich in Kaltennordheim höher, im oberen Bereich niedriger als an der fiktiven Bezugsstation sind. Nur im Sommer und Herbst ist nahezu immer bzw. immer zu erwarten, daß das Tagesminimum in Kaltennordheim niedriger ist, als es der Höhenlage entspricht — eine Folge der Kaltluftseebildung im Talkessel.

Besonders auffallend sind die sehr kleinen Werte von b in den Wintermonaten bzw. dem meteorologischen und natürlichen Winter bei der Tagesschwankung der Lufttemperatur (0,40 im November). Damit ergibt sich aus der Regressionsbeziehung, daß zu erwarten ist, daß Kaltennordheim im oberen Definitionsbereich eine bis zu 6,7 K niedrigere Tagesschwankung hat als die fiktive Bezugsstation. Dies ist hauptsächlich auf eine Dämpfung der Tageshöchsttemperaturen zurückzuführen.

5.5.1.2. Häufigkeitsstatistische Untersuchungen

Die für das Tagesmittel, die Tagesextremwerte und die Tagesschwankung durchgeführten Untersuchungen haben gezeigt, daß die Station Kaltennordheim (Tab. 1.1.), gelegen in einem Talkessel, stärker lokal beeinflußt ist. Besonders groß sind die Unterschiede zwischen Kaltennordheim und der fiktiven Bezugsstation beim Tagesminimum, das neben anderen Faktoren (Boden, Bewuchs) im Gebirge besonders stark durch die Form des Reliefs beeinflußt wird. Die Temperaturunterschiede zwischen der Kessellage und der fiktiven Bezugsstation gleicher Höhenlage bilden sich bei antizyklonaler Witterung, wie sie im Spätsommer und Herbst häufig vorherrscht (strahlungsreich, windschwach), besonders gut aus. Bei überwiegend zyklonaler Witterung (Winter und Frühjahr) sind die Unterschiede in der Regel geringer und können sich sogar umkehren. Unter Zugrundelegung aller durchgeführten statistischen Untersuchungen hat sich ergeben, daß das *Tagesmittel* in Kaltennordheim im Jahresdurchschnitt etwas niedriger ist (0,4 K), als es seiner Höhenlage entspricht. Der Unterschied in den Häufigkeitsverteilungen konnte jedoch nicht statistisch gesichert werden.

Im Jahresverlauf zeigt sich ein bemerkenswerter Gang der lokalen Abweichungen der Station Kaltennordheim von den in dieser Höhenlage zu erwartenden Verhältnissen. Während Kaltennordheim im Sommer, Herbst und Winter kälter ist, als es der Höhenlage entspricht (im Herbst im Mittel um 0,8 K), ist es im Frühjahr sogar etwas wärmer (0,1 K, März 0,3 K). Die Kessellage genießt also im Frühjahr, bei der in dieser Jahreszeit vorherrschenden zyklonalen Witterung mit häufigen Einbrüchen frischer Kaltluft, einen gewissen Schutz (BÖER, 1952). Im Herbst dagegen begünstigen die Neigung zu antizyklonaler Witterung und die bereits deutlich verlängerte Zeit der überwiegenden Ausstrahlung die Bildung eines Kaltluftsees im Talkessel von Kaltennordheim. Die Ergebnisse werden prinzipiell auch durch die Untersuchungen in Kap. 3 bestätigt.

Das *Tagesmaximum* zeigt im allgemeinen ein ganz ähnliches Verhalten wie das Tagesmittel. Es ist im Frühjahr in Kaltennordheim im Vergleich zur Bezugshöhe etwas erhöht (0,3 K), in den anderen Jahreszeiten erniedrigt. Die Erniedrigung ist auch hier mit 1,0 K im Mittel im Herbst besonders deutlich. Dies gilt auch für den natürlichen Winter (0,8 K). Tatsächlich kann das Tagesmaximum im Herbst (n) bis zu 11,4 K und im Winter bis zu 12,9 K niedriger sein, als es der Höhenlage entspricht. Die Unterschiede der Häufigkeitsverteilungen zwischen der Kessellage und der fiktiven Bezugsstation konnten in den beiden Jahreszeiten statistisch gesichert werden.

Erwartungsgemäß ist das *Tagesminimum* im Talkessel von Kaltennordheim in allen Jahreszeiten niedriger, als es der Bezugshöhe entspricht. Im Jahresdurchschnitt sind es 0,7 K. Besonders deutlich wird die Kaltluftseebildung im Sommer und Herbst. Im natürlichen Sommer und Herbst ist Kaltennordheim im Mittel um 1,1 K kälter, als es der Bezugshöhe entspricht. Auch die Wahrscheinlichkeit dafür, daß das Tagesminimum in Kaltennordheim unter dem der Bezugshöhe liegt, ist mit 72,0% bzw. 71,6% sehr hoch. Auch die Häufigkeitsverteilungen unterscheiden sich in den genannten Jahreszeiten statistisch signifikant voneinander. Es hat sich also bestätigt, daß das Tagesminimum der Lufttemperatur besonders stark durch die Kessellage der Station beeinflußt wird.

Die *Tagesschwankung* ist in Kaltennordheim im Jahresdurchschnitt zwar nur wenig höher (0,3 K) als an der fiktiven Bezugsstation, es ist jedoch ein ausgeprägter jährlicher Gang der mittleren Differenzen zwischen Kaltennordheim und der entsprechenden fiktiven Bezugsstation vorhanden, der sich aus dem jahreszeitlichen Verhalten der Abweichungen der Tagesextremwerte in Kaltennordheim von denen der Bezugsstation ergibt.

Während die Tagesschwankung im Winter in Kaltennordheim im Mittel um 0,5 K niedriger ist, als es der Bezugshöhe entspricht — verursacht durch die im Vergleich zum Tagesminimum relativ stärkere Erniedrigung des Tagesmaximums —, ist die Tagesschwankung im Mittel in den anderen Jahreszeiten in Kaltennordheim größer, als es der Bezugshöhe entspricht — im Frühjahr (n) und Sommer (n) im Mittel um 0,7 K. Im Frühjahr sind sowohl die Erhöhung des Tagesmaximums als auch die Erniedrigung des Tagesminimums, im Sommer dagegen die im Vergleich zum Tagesmaximum relativ stärkere Erniedrigung des Tagesminimums in Kaltennordheim gegenüber der fiktiven Bezugsstation die Ursache. Die Schwankungsbreite der Differenzen zwischen Kaltennordheim und der Bezugsstation gleicher Höhenlage ist bei der Tagesschwankung besonders groß. Die Häufigkeitsverteilungen der Tagesschwankung von Kaltennordheim und der fiktiven Bezugsstation unterscheiden sich praktisch in allen Jahreszeiten signifikant voneinander.

5.5.2. Brotterode (Tab. 10.3.1. bis 10.3.4.)

5.5.2.1. Zusammenhang zwischen Station und fiktiver Bezugsstation

Brotterode hat wie Kaltennordheim eine ausgesprochene Kessellage. Für den Zusammenhang zwischen Station und Bezugsstation gilt prinzipiell dasselbe wie für Kaltennordheim. Die konkreten Werte können den Tabellen entnommen werden.

5.5.2.2. Häufigkeitsstatistische Untersuchungen

Bei der Station Brotterode (Tab. 1.1.) wird die lokale Beeinflussung durch die Kessellage noch deutlicher als bei der Station Kaltennordheim.

In Brotterode ist das *Tagesmittel* in allen Jahreszeiten im Durchschnitt niedriger, als es der Bezugshöhe entspricht — im Jahresdurchschnitt um 0,6 K. Im Herbst (n) sind die Unterschiede — wie auch in Kaltennordheim — besonders groß. Sie betragen —1,0 K. Im Frühjahr sind sie am geringsten. Ein entsprechendes Verhalten zeigt auch die Wahrscheinlichkeit dafür, daß das Tagesmittel in Brotterode unter dem der Bezugsstation liegt. Sie beträgt im Herbst (n) 75,5%. Die Häufigkeitsverteilungen des Tagesmittels von Brotterode und der fiktiven Bezugsstation unterscheiden sich deutlich voneinander; die Unterschiede konnten im Sommer und Herbst und im Jahresdurchschnitt statistisch gesichert werden. Insgesamt hat sich gezeigt, daß die beiden Kessellagen Kaltennordheim und Brotterode in bezug auf das Tagesmittel ein sehr ähnliches Verhalten zeigen, daß jedoch die lokal bedingte Beeinflussung (Erniedrigung) des Tagesmittels in Brotterode stärker ist, was insbesondere auf die ausgeprägte nächtliche Kaltluftseebildung (Tagesminimum) zurückzuführen ist.

In bezug auf die lokale Beeinflussung des *Tagesmaximums* gibt es zwischen Brotterode und Kaltennordheim praktisch keine Unterschiede — weder im jahreszeitlichen Verhalten der Abweichungen von der Bezugsstation, noch in ihrer Größenordnung. Auch hier ist das Tagesmaximum im Frühjahr gegenüber der Bezugsstation etwas erhöht, in den anderen Jahreszeiten jedoch erniedrigt, besonders im Herbst und Winter. Die lokalen Abweichungen sind im Mittel relativ gering.

Wie zu erwarten, erfährt auch in Brotterode das *Tagesminimum* die stärkste lokale Beeinflussung. Es liegt im Mittel in allen Jahreszeiten unter dem der fiktiven Bezugsstation. Die Häufigkeitsverteilungen von Brotterode und der fiktiven Bezugsstation unterscheiden sich sowohl im Jahresdurchschnitt und den Jahreszeiten als auch in den Monaten April bis November statistisch signifikant voneinander. Im Jahresdurchschnitt ist das Tagesminimum in Brotterode um 1,4 K niedriger als an der Bezugsstation (in Kaltennordheim um 0,7 K), im Sommer im Mittel sogar um 1,9 K, im natürlichen Herbst um 1,8 K. Die Wahrscheinlichkeit einer Kaltluftseebildung im Talkessel von Brotterode ($t_B < t_{BZ}$) beträgt im natürlichen Sommer 83,5%, im Herbst 79,1%. Sie ist damit in diesen Jahreszeiten sehr hoch. Nur im Winter sind die Abweichungen von der Bezugsstation im Mittel relativ gering (—0,7 K). Damit steht fest, daß das Tagesminimum lokal bedingt in Brotterode weit stärker erniedrigt wird als in Kaltennordheim. Ebenso ist die Wahrscheinlichkeit dafür, daß das Tagesminimum an der Station niedriger ist als an der Bezugsstation, in Brotterode größer als in Kaltennordheim.

Die *Tagesschwankung* ist in Brotterode im Vergleich zur Bezugsstation gleicher Höhenlage in allen Jahreszeiten größer. Im Jahresdurchschnitt sind es 1,0 K, im natürlichen Frühjahr 1,3 K, im Sommer 1,5 K und im Herbst 1,0 K. Im Winter sind es dagegen nur 0,1 K. Die Unterschiede der Häufigkeitsverteilungen zwischen Brotterode und der entsprechenden fiktiven Bezugsstation sind wie beim Tagesminimum in der Regel signifikant. Zurückzuführen ist diese lokal bedingte Erhöhung der Tagesschwankung in Brotterode in erster Linie auf die besonders starke Erniedrigung des Tagesminimums infolge Kaltluftseebildung im Kessel von Brotterode. Während im Sommer und Herbst die Erniedrigung des Tagesminimums stärker ist als die Erniedrigung des Tagesmaximums, kommt im Frühjahr zu der Erniedrigung des Tagesminimums noch eine schwache Erhöhung des Tagesmaximums. Verglichen mit Kaltennordheim ist die Tagesschwankung der Lufttemperatur in Brotterode deutlich höher.

5.5.3. Hinterhermsdorf (Tab. 10.1.1. bis 10.1.4.)

5.5.3.1. Zusammenhang zwischen Station und fiktiver Bezugsstation

Wie in Kaltennordheim und Brotterode ist auch in Hinterhermsdorf der Zusammenhang zwischen der Station und der fiktiven Bezugsstation gleicher Höhenlage statistisch gesichert. Auch hier sind die Korrelationskoeffizienten bei der Tagesschwankung am geringsten, besonders klein im Winter. Die Regressionskoeffizienten liegen in der Regel ebenfalls unter 1. Wie in Kaltennordheim fallen die besonders kleinen Werte bei der Tagesschwankung im Winter auf. Aus der Regressionsbeziehung ergibt sich damit auch für Hinterhermsdorf, daß die Station im oberen Definitionsbereich eine wesentlich niedrigere Temperaturschwankung hat, als es die fiktive Bezugsstation hat (—6,5 K). Bei der Betrachtung der Regressionsbeziehungen wird die besonders extreme Lage von Hinterhermsdorf hinsichtlich der Temperatur bereits deutlich sichtbar. Danach ist zu erwarten, daß Tagesmittel und Tagesmaximum im Frühjahr (n) und Jahresdurchschnitt in Hinterhermsdorf im gesamten definierten Temperaturbereich niedriger sind als an der fiktiven Bezugsstation. Dabei ist das Tagesmittel im Jahresdurchschnitt im gesamten Definitionsbereich in Hinterhermsdorf um 1,0 K niedriger als an der Bezugsstation, das Tagesmaximum um 0,9 K ($b = 1,0$). Weiter ist zu erwarten, daß auch das Tagesminimum sowohl im natürlichen Sommer und Herbst (wie in Kaltennordheim und Brotterode) als auch im Jahresdurchschnitt im gesamten Definitionsbereich niedriger ist als an der Bezugsstation.

5.5.3.2. Häufigkeitsstatistische Untersuchungen

Die Station Hinterhermsdorf (Tab. 1.2.), gelegen in einer Hochmuldenrandlage im Elbsandsteingebirge, ist für ihre starke thermische Benachteiligung hinlänglich bekannt. Bedingt durch die konkave Reliefform ist die Mulde sowohl ein Kaltluftentstehungs- als auch -sammelgebiet. Hinzu kommt, daß der Südhang, an dem die Station liegt, Wiesen trägt, was die Bildung kalter Luft begünstigt. Auch Ursachen advektiver Art (böhmischer Wind) sind für die starke Herabsetzung der Temperatur nicht auszuschließen. Die durchgeführten häufigkeitsstatistischen Untersuchungen haben die starke Herabsetzung der Temperatur in Hinterhermsdorf bestätigt. Sie ist in der Regel stärker als an den Stationen Kaltennordheim und Brotterode.

Das *Tagesmittel* ist im Durchschnitt in allen Jahreszeiten und im Jahresdurchschnitt in Hinterhermsdorf niedriger, als es der Höhenlage entspricht. Besonders groß sind die Abweichungen im Herbst (n) und Winter (n) mit —1,2 K bzw. —1,3 K. Im Jahresdurchschnitt ist Hinterhermsdorf immer noch um 1,1 K kälter als die fiktive Bezugsstation. Auch die Häufigkeitsverteilungen des Tagesmittels von Station und fiktiver Bezugsstation unterscheiden sich in allen Jahreszeiten statistisch signifikant voneinander. Eine derartige starke lokale Beeinflussung des Tagesmittels ist an keiner anderen der untersuchten Stationen zu beobachten. Besonders hoch sind auch die Wahrscheinlichkeiten dafür, daß das Tagesmittel in Hinterhermsdorf unter dem der lokal unbeeinflußten fiktiven Bezugsstation liegt.

Im Gegensatz zu Kaltennordheim und Brotterode wird das *Tagesmaximum* in Hinterhermsdorf in allen Jahreszeiten erniedrigt — besonders aber auch im Herbst (n Herbst im Mittel 1,3 K) und im Winter (n Winter im Mittel 1,5 K). Auch die Häufigkeitsverteilungen unterscheiden sich in diesen Jahreszeiten statistisch signifikant. Im natürlichen Winter kann das Tagesmaximum in Hinterhermsdorf bis zu 14,4 K kälter sein, als es der Bezugshöhe entspricht.

Das *Tagesminimum* erfährt — bezogen auf die Bezugsstation — die stärkste Erniedrigung. Dies kommt sowohl beim Vergleich der mittleren Werte als auch der Häufigkeitsverteilungen (Unterschiede in allen Jahreszeiten statistisch signifikant) zum Ausdruck. Besonders stark ist die Erniedrigung des Tagesminimums im Mittel im Frühjahr (nF: —1,6 K) und im Herbst (nH: —1,5 K).

Die *Tagesschwankung* ist in Hinterhermsdorf im Frühjahr und Sommer lokal bedingt erhöht, was darauf zurückzuführen ist, daß das Tagesminimum stärker als das Tagesmaximum erniedrigt wird; im Winter ist dagegen die Tagesschwankung infolge der im Vergleich zum Minimum stärkeren Erniedrigung des Maximums verringert. Die Unterschiede in den Häufigkeitsverteilungen sind in diesen Jahreszeiten ebenfalls statistisch signifikant. Die Tagesschwankung zeigt in Hinterhermsdorf sowohl im Jahresgang als auch in der Größenordnung der mittleren Abweichungen von der fiktiven Bezugsstation dasselbe Verhalten wie in Kaltennordheim.

5.5.4. Annaberg-Buchholz (Tab. 10.2.1. bis 10.2.4.)

5.5.4.1. Zusammenhang zwischen Station und fiktiver Bezugsstation

Der Zusammenhang zwischen der Station Annaberg-Buchholz und der fiktiven Bezugsstation ist im Vergleich zu den anderen 5 Stationen bei allen untersuchten Parametern besonders hoch (statistisch signifikant). Verglichen mit den anderen Parametern sind die Korrelationskoeffizienten bei der Tagesschwankung relativ gering — besonders im Winter. Die Regressionskoeffizienten schwanken beim Tagesmittel und den Tagesextremwerten um 1,0; sie liegen nur bei der Tagesschwankung deutlich unter 1,0.

Unter Zugrundelegung der Regressionsbeziehungen zwischen Annaberg-Buchholz und der fiktiven Bezugsstation gleicher Höhenlage kann man somit im allgemeinen erwarten, daß das Tagesmittel und die Tagesextremwerte in Annaberg-Buchholz im Frühjahr (n) und Sommer (n) im gesamten Definitionsbereich höher sind als an der fiktiven Bezugsstation — das Tagesmaximum auch im Herbst. Diese lokal bedingte Erhöhung der Temperatur ist beim Tagesminimum und -mittel nur geringfügig, beim Tagesmaximum relativ groß. In den anderen Jahreszeiten ist Annaberg-Buchholz — in Abhängigkeit von der Temperatur an der Bezugsstation — teils wärmer (im unteren Definitionsbereich), teils kälter (im oberen Definitionsbereich). Die Tagesschwankung ist ebenfalls im unteren Bereich größer, im oberen kleiner als an der Bezugsstation.

5.5.4.2. Häufigkeitsstatistische Untersuchungen

Auch die häufigkeitsstatistischen Untersuchungen haben gezeigt, daß Annaberg-Buchholz (Tab. 1.2.), bedingt durch seine lokale Lage, thermisch geringfügig begünstigt ist.

Gegenüber der fiktiven Bezugsstation sind das *Tagesmittel* und das *Tagesminimum* im Durchschnitt in Annaberg-Buchholz nur etwas höher; die geringen Unterschiede in den Häufigkeitsverteilungen konnten in der Regel nicht statistisch gesichert werden. Eine wesentlich deutlichere Erhöhung erfährt dagegen das *Tagesmaximum* — besonders im Sommer (0,8 K). In dieser Jahreszeit konnten auch die Unterschiede der Häufigkeitsverteilungen statistisch gesichert werden. Bei allen 3 Parametern der Lufttemperatur ist die Wahrscheinlichkeit, daß die Temperatur in Annaberg-Buchholz höher ist als an der Bezugsstation, im Sommer (n) besonders groß. Sie beträgt beim Tagesmaximum 80,3%. Die maximal vorkommenden Überwärmungen gegenüber der Bezugsstation sind dagegen bei allen 3 Parametern im Sommer im Vergleich zu den anderen Jahreszeiten besonders gering. So wird z. B. das Tagesmaximum um bis zu 6,5 K im Sommer erhöht, im Frühjahr (n) und Herbst (n) dagegen um bis zu 10,0 K und im Winter um bis zu 11,5 K. Ähnliche Verhältnisse findet man auch beim Tagesminimum und Tagesmittel. Die beim Tagesmaximum in Annaberg-Buchholz in Einzelfällen möglichen besonders starken Überhitzungen gegenüber der lokal unbeeinflußten fiktiven Bezugsstation gleicher Höhenlage (Randklassen der Häufigkeitsverteilungen der Differenzen Δ) erklären auch die besonders starke positive Abweichung der Station von den in dieser Höhe zu erwartenden Verhältnissen (Regressionsgerade) in bezug auf das mittlere Monatsmaximum (Tab. 5.2.1.).

Infolge der deutlichen Erhöhung des Tagesmaximums (außer Winter) ist auch die *Tagesschwankung* in Annaberg-Buchholz vom Frühjahr bis zum Herbst im Vergleich zur Bezugsstation erhöht. Die Häufigkeitsverteilungen der Station und der fiktiven Bezugsstation unterscheiden sich im Frühjahr und Sommer statistisch signifikant. Im Gegensatz zu den anderen 3 Parametern ist die maximale Erhöhung der Tagesschwankung in Annaberg-Buchholz gegenüber der Bezugsstation im Sommer vorhanden. Die Tagesschwankung kann z. B. im natürlichen Sommer in Annaberg-Buchholz um bis zu 12,0 K größer sein als an der Bezugsstation.

5.5.5. Sonneberg-Neufang (Tab. 10.6.1. bis 10.6.4.)

5.5.5.1. Zusammenhang zwischen Station und fiktiver Bezugsstation

Die Korrelationskoeffizienten (statistisch signifikant) zeigen ein ganz ähnliches Verhalten wie bei den anderen untersuchten Stationen. Sie sind bei der Tagesschwankung besonders gering, speziell im Winter. Die Regressionskoeffizienten liegen in der Regel unter 1,00 (ausgenommen beim Tagesmittel). Auch sie sind bei der Tagesschwankung — speziell im Winter — besonders klein. Die Tagesschwankung hat in Sonneberg im Vergleich zu den anderen untersuchten Stationen die geringsten Regressionskoeffizienten, im Jahresdurchschnitt ist $b = 0{,}68$.

Damit ergibt sich unter Zugrundelegung der Regressionsbeziehungen, daß die Tendenz (und Stärke) der Abweichungen zwischen Sonneberg und der fiktiven Bezugsstation von der Höhe der Temperatur bzw. Tagesschwankung abhängt, die normalerweise in dieser Höhe zu erwarten ist (Bezugsstation).

In der Regel ist zu erwarten, daß Sonneberg im unteren definierten Temperaturbereich wärmer, im oberen kälter als die Bezugsstation ist. Auf Grund der besonders kleinen Regressionskoeffizienten bei der Tagesschwankung sind die zu erwartenden Unterschiede der Tagesschwankung zwischen Sonneberg und der fiktiven Bezugsstation an der oberen Grenze des Definitionsbereiches (KUG)

nF	nS	nH	nW
18,0 °C	20,5 °C	19,5 °C	19,5 °C

besonders groß. Hier ist zu erwarten, daß die Tagesschwankung in Sonneberg in den natürlichen Jahreszeiten um folgende Werte kleiner ist als an der Bezugsstation:

nF	nS	nH	nW
—3,6 K	—4,9 K	—6,4 K	—8,2 K.

5.5.5.2. Häufigkeitsstatistische Untersuchungen

Für die Station Sonneberg-Neufang (Tab. 1.1.) ergaben die häufigkeitsstatistischen Untersuchungen eine in allen Jahreszeiten durch die lokale Lage bedingte Erhöhung des *Tagesminimums* im Vergleich zur fiktiven Bezugsstation. Mit 0,5 K im Mittel ist sie im Frühjahr und Sommer größer als in den beiden anderen Jahreszeiten. Wie in Annaberg-Buchholz beim mittleren Monatsmaximum, lassen sich auch in Sonneberg, beim mittleren Monatsminimum, die starken positiven Abweichungen (Tab. 5.1.2.) von den zu erwartenden Werten (Regressionsgerade) dadurch erklären, daß das Tagesminimum besonders im Frühjahr und Winter in Einzelfällen wesentlich höher sein kann, als es der Bezugshöhe (fiktive Bezugsstation) entspricht — im Winter bis zu 13,0 K. Die Unterschiede der Häufigkeitsverteilungen des Tagesminimums zwischen Sonneberg und der fiktiven Bezugsstation konnten im Sommer und Winter statistisch gesichert werden.

Besonders charakteristisch für Sonneberg ist das jahreszeitlich sehr unterschiedliche Verhalten des *Tagesmaximums*. Während es im Frühjahr und Sommer in Sonneberg gegenüber der fiktiven Bezugsstation im Mittel geringfügig erhöht ist, ist es im Herbst und Winter im Vergleich zur Bezugsstation deutlich erniedrigt — im Mittel im Winter (n) um 1,1 K, im Einzelfall bis zu 12,5 K. Im Herbst und Winter unterscheiden sich auch die Häufigkeitsverteilungen des Tagesmaximums von Sonneberg und der fiktiven Bezugsstation voneinander. Außerdem sind auch die Wahrscheinlichkeiten dafür, daß das Tagesmaximum in diesen beiden Jahreszeiten in Sonneberg niedriger ist als an der fiktiven Bezugsstation, sehr groß

(Winter > 70%). Die Ursache für die starke Erniedrigung des Tagesmaximums in Sonneberg im Winter und Herbst dürfte in der größeren Häufigkeit von Inversionslagen (Nebel) liegen.

Der ausgeprägte Jahresgang der Abweichungen des Tagesmaximums in Sonneberg von der Bezugshöhe wirkt sich auch in entsprechender Weise auf das *Tagesmittel* aus. Im Mittel ist Sonneberg im Winter immer noch um 0,6 K kälter als die fiktive Bezugsstation.

Die *Tagesschwankung* ist im Mittel in Sonneberg in allen Jahreszeiten kleiner als an der fiktiven Bezugsstation gleicher Höhenlage — besonders im natürlichen Herbst und Winter (—1,0 K bzw. —1,2 K). Während jedoch im Frühjahr und Sommer die relativ stärkere Erhöhung des Minimums im Vergleich zum Tagesmaximum die Ursache ist, kommt im Herbst und Winter zu der sehr starken Erniedrigung des Tagenmaximums noch eine schwache Erhöhung des Tagenminimums. Die Häufigkeitsverteilungen der Tagesschwankung in Sonneberg und der fiktiven Bezugsstation unterscheiden sich sowohl in allen Jahreszeiten als auch in den einzelnen Monaten (außer April) statistisch signifikant voneinander. Die Tagesschwankung erfährt also in Sonneberg eine besonders starke Beeinflussung durch die spezielle lokale Lage der Station.

5.5.6. Elgersburg (Tab. 10.4.1. bis 10.4.4.)

5.5.6.1. Zusammenhang zwischen Station und fiktiver Bezugsstation

Für den Zusammenhang zwischen der Station Elgersburg und der fiktiven Bezugsstation gleicher Höhenlage gilt prinzipiell dasselbe wie für Sonneberg. Die Regressionskoeffizienten sind jedoch in Elgersburg bei der Tagesschwankung nicht so niedrig wie in Sonneberg. In Abweichung von den Verhältnissen in Sonneberg ist außerdem zu erwarten, daß das Tagesmittel im Frühjahr (n) und Herbst (n) und das Tagesmaximum im Frühjahr in Elgersburg im gesamten Definitionsbereich der Temperatur höher sind, als es der Bezugshöhe entspricht.

5.5.6.2. Häufigkeitsstatistische Untersuchungen

Es ist zu vermuten, daß neben der speziellen Lage der Station Elgersburg (Tab. 1.1.) auch die Lage der Station im Lee des Kammgebietes des hohen Thüringer Waldes (Föhn) einen großen Einfluß auf die Temperaturverhältnisse hat. Die Betrachtung der mittleren Monatsmittel, Monatsmaxima und -minima hat bereits die thermische Begünstigung von Elgersburg ergeben (Tab. 5.1.1. bis 5.1.3.). Die durchgeführten häufigkeitsstatistischen Untersuchungen des Tagesmittels, der Tagesextremwerte und der Tagesschwankung bestätigen dieses Ergebnis; die thermische Begünstigung kommt jedoch hier beim Tagesmaximum und auch beim Tagesminimum weit weniger deutlich zum Ausdruck als bei dem mittleren Monatsmaxima und -minima.

Sowohl die *Tagesextremwerte* als auch das *Tagesmittel* sind in Elgersburg in allen Jahreszeiten im Mittel höher als an der fiktiven Bezugsstation. Die Unterschiede zwischen den Häufigkeitsverteilungen sind in den betrachteten Zeitabschnitten in der Regel relativ gering und statistisch nicht signifikant.

Während die *Tagesschwankung* in Elgersburg lokal bedingt im Frühjahr und Sommer im Mittel praktisch nicht beeinflußt wird, da Tagesmaximum und Tagesminimum gleichermaßen stark erhöht werden, ist sie im Herbst und Winter niedriger, da das Tagesminimum stärker als das Tagesmaximum erhöht wird. Statistisch zu sichern sind die Unterschiede der Häufigkeitsverteilungen der Tagesschwankung zwischen Elgersburg und der fiktiven Bezugsstation nicht.

5.6. Zusammenfassung der Ergebnisse

Die Untersuchungen der 6 stärker lokal geprägten Stationen hat ergeben, daß sich das angewendete Verfahren der „fiktiven Bezugsstation" prinzipiell dazu eignet,

— die höhenlagenbedingten Unterschiede der Temperatur zu eliminieren und
— die, im Gebirge insbesondere durch das Relief bedingten, lokalen Temperaturverhältnisse einer Station herauszuarbeiten.

Dabei ist jedoch zu beachten, daß die mit Hilfe monatlicher Gradienten, ausgehend von der Basisstation Karl-Marx-Stadt, berechneten Tageswerte der fiktiven Bezugsstation mit einem gewissen Fehler behaftet sind.

Das angewendete Verfahren gestattet einen Vergleich von Stationen, und es kann der Versuch unternommen werden, das lokal bedingte unterschiedliche Temperaturverhalten der einzelnen Stationen auf die unterschiedliche Topographie, insbesondere das Relief, zurückzuführen. Auf der Grundlage des angewendeten Verfahrens ist es möglich, die Zusammenhänge zwischen Station und Bezugsstation zu untersuchen und Aussagen über die durch die spezielle lokale Lage modifizierten Häufigkeitsverteilungen der Parameter der Lufttemperatur sowie auch über die Häufigkeitsverteilungen der täglichen Differenzen zwischen der Station und einer lokal unbeeinflußten Station gleicher Höhenlage (Art der Verteilung, mittlere Differenzen, extreme Abweichungen, Wahrscheinlichkeiten für das Auftreten bestimmter Differenzen) zu machen.

6. Zusammenfassung

Die auf der Grundlage aller verfügbaren Daten des regulären meteorologischen Netzes durchgeführten Untersuchungen der Lufttemperatur liefern umfangreiche Informationen über das Verhalten der Lufttemperatur in den „Thüringischen" und „Sächsischen Mittelgebirgen".

Für beide Gebiete konnte im allgemeinen die Höhenabhängigkeit des mittleren Monats- und Jahresmittels, des mittleren und höchsten Monats- und Jahresmaximums, des mittleren und tiefsten Monats- und Jahresminimums sowie der Zahl der mittleren Ereignistage (heiße Tage, Sommertage usw.) und der mittleren Eintrittsdaten ausgewählter Schwellenwerte der Lufttemperatur nachgewiesen und quantifiziert werden. Dabei wurden die jahreszeitlichen Unterschiede der Gradienten der Lufttemperatur, die Unterschiede zwischen den Parametern der Lufttemperatur und die Unterschiede der Gradienten der Lufttemperatur zwischen beiden Gebieten betrachtet.

Außerdem wurden die lokal bedingten Abweichungen der Parameter der Lufttemperatur der einzelnen Stationen vom „Normwert" der entsprechenden Höhe untersucht. Die für Mittelwerte sehr klare Höhenabhängigkeit konnte auch für die Häufigkeitsverteilungen des Tagesmittels, der ausgewählten Stundenwerte (7, 14, 21 Uhr) sowie der Tagesextremwerte der Lufttemperatur nachgewiesen werden. Damit ist es möglich, die Häufigkeitsverteilungen für jede beliebige Höhe zu rekonstruieren.

Die ausführliche Untersuchung von 6 stark lokal beeinflußten Stationen hat ergeben, daß sich das angewendete Verfahren der „fiktiven Bezugsstation" prinzipiell dazu eignet, die höhenlagenbedingten Unterschiede der Temperatur (Tageswerte) zu eliminieren und die lokalen Temperaturverhältnisse einer Station herauszuarbeiten.

Summary

The investigations of the air temperature on the basis of all data available from the meteorological station network provide comprehensive information on the behaviour of the air temperature in the Thuringian and Saxonian German Mittelgebirge (central mountain ranges). In general, evidence and quantification was obtained of the height dependence of the monthly and annual averages, of the average and highest maximum values, of the number of average days of onset (hot days, summer days, etc.) and of the average days of onset of selected threshold values of the air temperature.

In the Process, the studies also covered the seasonal differences of the air temperature gradients, the differences between the parameters of the air temperature and the differences of the gradients of air temperature between both those regions. Further, the local deviations of the parameters of air temperature of the individual stations from the "normal value" of the related height have been investigated.

The distinct height dependence of the average values can be shown even for the frequency distributions of the diurnal mean values, of the selected hourly values (7, 14, 21) and of the diurnal extreme values of the air temperature. In such a way, it is possible to reconstruct the frequency distributions for any desired height.

The detailed investigation of 6 stations of typical local modification shows that the applied procedure of the "fictitious reference station" is in principle capable of eliminating the height-dependent differences of temperature (daily values) and of illustrating the local temperature conditions of a station.

Резюме

Исследования, проведенные на основе всех имеющихся данных регулярной сети метеорологических станций, дали общирную информацию о режиме температуры воздуха в Тюрингских и Саксонских средних горах.

По обеим территориям вообще удалось, доказать и количественно определить зависимость от высоты средней величины месячного и годового значений, среднего и наибольшего месячного и годового максимумов, среднего и наименьшего месячного и годового минимумов, а также среднего числа дней с данным событием (жаркие дни, летние дни и т.д.) и средних дат наступления выбранных пороговых величин температуры воздуха. При этом были рассмотрены сезонные различия градиентов, различия между параметрами температуры воздуха и различия между значениями градиентов обеих территорий. Кроме того были исследованы вызванные местными условиями отклонения параметров температуры воздуха отдельных станций от „величины, являющейся нормой для данной высоты". Очень отчетливую зависимость средних величин от высоты удалось также доказать для частотных распределений средних суточных, выбранных срочных (7, 14 и 21 ч.), а также суточных экстремальных величин температуры воздуха. Таким образом является возможным, воссоздать частотные распределения для каждой любой высоты.

Подробное исследование, выполненное по 6-и станциям, сильно подверженным влиянию местных условий, показало, что используемый метод „фиктивной опорной станции" принципиально пригодный для того, чтобы исключить различия (суточных величин) температуры, обусловленные высотой над уровнем моря, и выработать режим температуры данной станции, вызванный местными условиями.

7. Literaturverzeichnis

BÖER, W., Über den Einfluß des Lokalklimas auf die Mitteltemperatur. I: Vergleich der Temperaturen in Kaltennordheim und Kalteneber (Kessellage und Hochflächenlage). Ber. des. Dt. Wetterdienstes der US-Zone, Bad Kissingen **42** (1952), S. 217 bis 220.

ERIKSEN, W., Probleme der Stadt- und Geländeklimatologie. Erträge der Forschung, Darmstadt **35** (1975).

FLOHN, H., Witterung und Klima in Mitteleuropa. S. Hirzel Verlag, Stuttgart 1954.

Klima und Witterung im Erzgebirge. Abh. des Meteor. Dienstes der DDR, Berlin **13** (1973), Nr. 104.

Klimadaten der DDR, R. B, Bd. 1: Lufttemperatur, bearb. von H.-D. PIEHL u. a., Potsdam: Meteorologischer Dienst der DDR, 1980.

KNOCH, K., Die Landesklimaaufnahme. Wesen und Methodik. Ber. des Dt. Wetterdienstes, Offenbach **12** (1963) 85.

KOCH, H.-G., Wetterheimatkunde von Thüringen. G. Fischer Verlag, Jena 1953.

KOCH, H.-G., Geländeklimatologie und Gelände. Vergleichende Betrachtungen im thüringischen Raum. Wiss. Z. Friedrich-Schiller-Univ. Jena, Math.-Naturwiss. R. **14** (1965) 4, S. 95—106.

LEHMANN, A., GERSTENGARBE, F.-W., Zur regionalen Gültigkeit von statistischen Angaben zur Lufttemperatur und zur Luftfeuchte im Gebiet der DDR. Schriftenreihe der Sektion Architektur der TU Dresden, H. 16 (1980).

OBREBSKA-STARKEL, B., Beitrag zur Methode der Aussonderung meso- und mikroklimatischer Einheiten in Gebirgen. Acta Climatologica, Szeged **11** (1972) 1/4, S. 19—28.

SCHNELLE, F., Lokalklimatische Studien im Odenwald. Ber. des Dt. Wetterdienstes, Offenbach **17** (1972) 128.

SCHUMANN, A., Zur Ermittlung geländebedingter Unterschiede der Frostgefährdung auf Grund von Klimabeobachtungen. Angew. Meteor., Berlin **5** (1969) 1/2, S. 37—43.

TAUBENHEIM, J., Statistische Auswertung geophysikalischer und meteorologischer Daten. Akad. Verlagsges. Geest und Portig, Leipzig 1969.

WEBER, E., Grundriß der biologischen Statistik. 6. Aufl. G. Fischer Verlag, Jena 1967.

ZENKER, H., Lokalklimatologie unter besonderer Berücksichtigung des Mittelgebirgsraumes, Z. Meteor., Berlin **27** (1977) 5, S. 317 bis 319.

8. Anlagen

8.1. Tabellen

Tab. 1. Stationen und Stationsbeschreibungen

Tabelle 1.1.
Stationsbeschreibungen der Stationen „Thüringische Mittelgebirge"

Die Angaben beziehen sich jeweils auf den Standort, an dem sich die Station im Zeitraum 1951—1975 am längsten befand.

---

1. *Großer Inselsberg* (916 m NN) — MHS
   — höchste Erhebung des westlichen Thüringer Waldes, Bergkuppe zum Großteil bebaut, nach Norden besonders steiler Abfall des Geländes,
   — Meßfeld (Verlegungen 1966 und 1969) auf dem kleinen Gipfelplateau.

2. *Neuhaus am Rennweg* (820 m NN)
   — Hochfläche auf dem Kamm im östlichen Thüringer Wald,
   — Station im Ortsteil Igelshieb inmitten lockerer, niederer Bebauung.

3. *Oberhof* (820 m NN)
   — auf dem Kamm des mittleren Thüringer Waldes,
   — Station inmitten des Ortes auf einer Bergkuppe,
   — 1973 und 1974 Verlegungen des Meßfeldes innerhalb des Ortes.

4. *Frankenheim* (755 m NN)
   — in der Hohen Rhön, gelegen in flacher Mulde der sonst leicht hügeligen Hochflächen,
   — Station am Nordrand von Frankenheim in einem Gartengrundstück, von Wiesen umgeben, Nadelwald etwa 800 m entfernt im NE und SW.

5. *Kleiner Inselsberg* (732 m NN)
   — am SE-Hang des Großen Inselsberges (leichte Muldenlage),
   — Station auf der Grenzwiese, vorwiegend von Wald umgeben.

6. *Schmiedefeld* (690 m NN)
   — am Südhang des mittleren Thüringer Waldes; abgeschlossene Tallage,
   — Station am SE-Talhang unterhalb eines Waldes am N-Ausgang des Ortes innerhalb lockerer Bebauung,
   — Stationsverlegungen 1967 und 1975.

7. *Sonneberg-Neufang* (626 m NN)
   — am Südostrand des Thüringer Waldes,
   — Station im Ortsteil Neufang auf einer kleineren Hochfläche, in unmittelbarer Nähe des Steilabfalls nach Sonneberg, Umgebung vorwiegend landwirtschaftlich genutzt, vereinzelt bebaut,
   — 1954 Stationsverlegung.

8. *Brotterode* (560 m NN)
   — am Südwestabhang des Großen Inselsberges in einem Talkessel, der nach SSW etwas offen ist,
   — Station am NE-Rand des Ortes in einem Gartengrundstück von lockerer Bebauung umgeben,
   — 1951 und 1956 Stationsverlegungen.

9. *Elgersburg* (518 m NN)
   — am Nordostrand des Thüringer Waldes,
   — Station am Südhang des Hirtenberges (leichte Terrasse) in einem aufgelockert bebauten Gelände, vorwiegend von Gärten und Wiesen umgeben.

10. *Finsterbergen* (500 m NN)
    — in einem zum Leinagrund abfallenden Tal am Nordrand des Thüringer Waldes,
    — Station am Nordhang des Hängetales zwischen Thüringer Wald und vorgelagerter Mittelgebirgsschwelle, im Gelände der Schule, Umgebung teilweise locker bebaut,
    — 1971 Stationsverlegung.

11. *Lobenstein* (500 m NN)
    — im östlichen Schiefergebirge an der Lemnitz. Gelände stark gefaltet,
    — Station meist am Rande der Stadt in aufgelockerter Bebauung,
    — 1961, 1967 und 1969 Verlegungen der Station innerhalb der Stadt.

Tabelle 1.1. (Fortsetzung)

12. *Kaltennordheim* (487 m NN)
    - am Nordrand der Hohen Rhön im Tal der Felda (kesselartig),
    - Station am W-Ausgang der Stadt an einem nach Westen ansteigenden Hang in freier Lage, in der näheren Umgebung vorwiegend Wiesen und Äcker,
    - 1952 Verlegung der Station.

13. *Ilmenau* (480 m NN)
    - am Nordhang des mittleren Thüringer Waldes, Kessellage,
    - Station in der Stadt inmitten geschlossener Bebauung bzw. am N-Rand,
    - 1956 und 1972 Verlegungen der Station.

14. *Unterreichenau* (440 m NN)
    - östlich der Schleizer Seenplatte,
    - Station im Forsthaus Mittelhöhe an der Straße Zeulenroda-Pausa, nähere Umgebung leicht hügelig mit Acker- und Waldflächen,
    - Fortsetzung der bis 1970 in Schleiz bestehenden Station.

15. *Schleusingen* (384 m NN)
    - am Südrand des Thüringer Waldes am Rand eines Tales (Nahe),
    - Station in einer locker bebauten Siedlung am E-Rand der Stadt,
    - 1953 und 1958 Stationsverlegungen.

16. *Stadtilm* (370 m NN)
    - im von SW nach NE verlaufenden Ilmtal,
    - Station am SE-Rand der Stadt,
    - 1956 und 1958 Verlegungen der Station.

17. *Hohenkirchen* (350 m NN)
    - in etwa 4 km Entfernung vom Thüringer Wald im nördlichen, teilweise leicht hügeligen Vorland,
    - Station am NE-Rand der Ortschaft in einem Hausgarten,
    - Fortführung der bis 31. 12. 1953 in Ohrdruf bestehenden Station.

18. *Waltershausen* (342 m NN)
    - am Nordostrand des Thüringer Waldes, im W und S der Stadt bewaldete Höhenzüge, die in den Thüringer Wald übergehen, im N und E offenes, leicht hügeliges Gelände,
    - Station am SE-Rand der Stadt in ebener Lage mit lockerer Bebauung.

19. *Meinigen* (335 m NN) — MHS
    - im von S nach N verlaufenden, tief eingeschnittenen Werratal,
    - Station im Südteil der Stadt in leicht nach E ansteigendem Gelände,
    - Fortführung der bis Sept. 1952 in Untermaßfeld bestehenden Station,
    - 1956 Verlegung der Station.

20. *Weimar-Schöndorf* (320 m NN)
    - am Südostabhang des Ettersberges, der den Kessel von Weimar nach Nordost abschließt, etwa 4 km NNE der Stadtmitte Weimars,
    - Station am Rande von Schöndorf,
    - 1968 Verlegung der Station.

21. *Erfurt-Bindersleben* (315 m NN) — MHS
    - westlich von Erfurt auf einer freien Hochfläche, etwa 100 m höher als die Innenstadt,
    - Station im Gelände des Flugplatzes Erfurt-Bindersleben,
    - am 1. 5. 1957 Verlegung der Station von Erfurt-West (254 m NN, leichte E-Hanglage) nach Bindersleben.

22. *Hohlstedt-Kötschau* (317 m NN)
    - etwa in der Mitte der Strecke Weimar—Jena auf einer Hochfläche,
    - Station im Gelände der Saatzuchtstation am N-Rand des Ortes in freier Lage.

23. *Gera-Leumnitz* (311 m NN) — MHS
    - östlich der Stadt Gera auf einer Hochfläche, etwa 100 m oberhalb der im von S nach N verlaufenden Elstertal gelegenen Innenstadt,
    - Station in freier Lage im Gelände des Flugplatzes Gera-Leumnitz,
    - am 1. 1. 1965 Verlegung der Station Gera-Ferberturm nach Leumnitz.

24. *Schmalkalden* (300 m NN)
    - am Südwesthang des Thüringer Waldes in einem W-E-Längstal,
    - Station im W-Teil der Stadt an einem Südhang, etwa 20 m oberhalb der Talsohle, umgeben von lockerer Bebauung und Gartengrundstücken.

25. *Greiz-Dölau* (270 m NN)
    - im Ostteil des Thüringer Schiefergebirges, im Tal der Weißen Elster, südlich der Stadt Greiz,
    - Station in der Nähe des Stausees Greiz-Dölau,
    - am 1. 1. 1959 Verlegung der bisherigen, in der Stadtmitte gelegenen Station nach Greiz-Dölau.

26. *Weimar* (264 m NN) — MHS
    - südwestlich vom Ettersberg im Ilmtal,
    - Station am SW-Ausgang der Stadt auf einem Höhenzug inmitten lockerer Bebauung und Gärten.

27. *Rohrbach* (250 m NN)
    - nördlich vom Kleinen Ettersberg auf fast ebenem Gelände,
    - Station am Nordrand der Ortschaft im Park des VEG.

28. *Merkers* (240 m NN)
    - im W-E-gerichteten Werratal,
    - Station etwa 2 km westlich des Ortes in der Nähe einer Abraumhalde,
    - Fortsetzung der bis 1969 in Bad Salzungen bestehenden Station.

29. *Bad Blankenburg* (225 m NN)
    - im nach Osten sich öffnenden Schwarzatal,
    - Station im Süden der Stadt von lockerer Bebauung umgeben,
    - 1958, 1961 und 1969 Stationsverlegungen.

Tabelle 1.2.
Stationsbeschreibungen der Stationen „Sächsische Mittelgebirge"

1. *Torgau** (80 m NN)
   - Flachland, in der Elbniederung,
   - Station am nördlichen Stadtrand auf einem völlig ebenen und waldlosen Gelände.

2. *Diesbar-Seusslitz* (100 m NN)
   - Nordausgang der Elbniederung in einer welligen Landschaft im NNW von Meißen,
   - Dorflage in der Niederung mit aufgelockerter Bauweise.

3. *Dresden-Pillnitz* (120 m NN)
   - Elbtalweitung ca. 10 km südöstlich von Dresden,
   - Station am rechten Elbufer in der Elbaue (Breite ca. 5 km); in ca. 500 m Entfernung steiler Anstieg, typische Stadtrandstation.

4. *Dresden-Strehlen* (129 m NN)
   - Elbtalweitung südlich von Dresden,
   - Station stellt Stadtlage innerhalb eines Villenviertels der südlichen Vorstadt von Dresden dar.

5. *Leipzig-Stadt** (146 m NN)
   - Station im Südostteil der Stadt innerhalb mittelhoher aufgelockerter Bebauung. Typische Stadtrandstation.

6. *Döbeln** (201 m NN)
   - Tal der Mulde,
   - Station ca. 20 m oberhalb des Stadtgebietes (Talsohle) am Südhang; aufgelockerte Bebauung.

7. *Görlitz* (237 m NN) — MHS
   - Neißetal,
   - Station nordwestlich von Görlitz in hügeligem Gelände. Umgebung landwirtschaftlich genutzt.

8. *Dresden-Wahnsdorf* (246 m NN) — MHS
   - wellige Hochfläche ca. 500 m nördlich des Steilabfalls zum Elbtal (Höhenunterschied ca. 140 m) im Nordwesten von Dresden,
   - Station auf einer Kuppe, aufgelockerte Bauweise (Dorfcharakter). Im Norden landwirtschaftlich genutzt.

9. *Nossen* (246 m NN)
   - Tal der Freiberger Mulde,
   - freie Talrandlage (oberer Hang). Umgebung der Station landwirtschaftlich genutzt; Gelände leicht nach Nordosten abfallend.

10. *Herrnhut* (342 m NN)
   - Lausitzer Gebirgsvorland; Hochfläche mit leichtem Anstieg nach Osten zum Hutberg,
   - Station am Südrand der Stadt, aufgelockerte Bebauung.

11. *Karl-Marx-Stadt* (357 m NN) — MHS
   - Kessel, nach Norden offen,
   - Station auf unbewaldetem Höhenrücken (Flughafengelände) ca. 5 km südwestlich der Stadt. Umgebung zunächst landwirtschaftlich genutzt, später Neubauten.

12. *Bad Gottleuba* (380 m NN)
   - Talkessel der von Süd nach Nord fließenden Gottleuba,
   - Station am südlichen Ortsrand am Südosthang des Talkessels (unteres Drittel des steilen Hanges); im Talgrund mittelhohe Wohngebäude,
   - Beobachtungszeitraum 1952/75.

13. *Freiberg* (380 m NN)
   - Nordabdachung des Erzgebirges. Tal der Freiberger Mulde,
   - Station am Stadtrand (Nordosten) innerhalb aufgelockerter Bebauung; geschützte Talrandlage (Hügel).

14. *Hinterhermsdorf* (385 m NN)
   - Hochmuldenrandlage im Elbsandsteingebirge, Umgebung gekennzeichnet durch stark gegliedertes Gelände vor allem nach Südost und West (schroffe Täler),
   - Station am Südostausgang des Ortes am Südhang, aufgelockerte Bauweise.

15. *Plauen* (407 m NN)
   - Vogtland; flacher Talkessel der Weißen Elster mit Öffnung nach West und Nordost,
   - Station am Südostrand der Stadt; freie Talrandlage (Kuppe), umgebende Höhen etwa gleich hoch.

16. *Bad Elster* (510 m NN)
   - Vogtland; Oberlauf der Weißen Elster,
   - Station am Osthang des von Süd nach Nord verlaufenden Tales (Kerbtal), ca. 25 m oberhalb der Talsohle inmitten aufgelockerter zweigeschossiger Bebauung.

17. *Annaberg-Buchholz* (610 m NN)
   - Erzgebirgsabdachung südwestlich des Pöhlberges in hügeliger Umgebung,
   - Standort typische Stadtlage am Westhang,
   - Beobachtungszeitraum 1951/70.

18. *Schnarrtanne-Vogelsgrün* (708 m NN)
   - Nordwestliche Ausläufer des Erzgebirges in bergiger und waldreicher Umgebung (Kammlage),
   - Station am Südostrand des in aufgelockerter Bauweise gebauten Ortes auf dessen höchstem Punkt im obersten Drittel eines nach Nord abfallenden Hanges.

19. *Geisingberg* (823 m NN)
   - Kuppenlage, nach allen Seiten 60 bis 80 m abfallendes bewaldetes Gelände,
   - Beobachtungszeitraum 1951/70.

20. *Fichtelberg* (1213 m NN) — MHS
   - Kuppenlage, Gipfelplateau baumfrei, gesamte Umgebung bewaldet.

* keine Mittelgebirgsstationen.

Tabelle 1.3.
Stationsbeschreibungen der Stationen „Höhenabhängigkeit der Häufigkeitsverteilungen verschiedener Temperaturparameter“

1. *Fichtelberg* (1213 m NN)
   — siehe Tab. 1.2.

2. *Brocken* (1142 m NN) — MHS
   — höchste Erhebung des Harzes; die ihn umgebenden Berge sind ca. 200 m niedriger,
   — Station befindet sich im Südosten des unbewaldeten Brokkenplateaus (waldfreie Kuppenlage).

3. *Großer Inselsberg* (920 m NN)
   — siehe Tab. 1.1.

4. *Geisingberg* (823 m NN)
   — siehe Tab. 1.2.

5. *Schnarrtanne-Vogelsgrün* (708 m NN)
   — siehe Tab. 1.2.

6. *Sonneberg-Neufang* (626 m NN)
   — siehe Tab. 1.1.

7. *Schierke* (613 m NN)
   — an der kalten Bode im Harz, 4 km südöstlich des Brocken,
   — Station ca. 80 m von der Bode entfernt, Gelände (Wiese mit vielen eingebetteten Steinen) zur Bode ca. 4 m abfallend.

8. *Brotterode* (560 m NN)
   — siehe Tab. 1.1.

9. *Elgersburg* (518 m NN)
   — siehe Tab. 1.1.

10. *Kaltennordheim* (487 m NN)
   — siehe Tab. 1.1.

11. *Plauen* (407 m NN)
   — siehe Tab. 1.2.

12. *Harzgerode* (399 m NN)
   — Hochebene des Unterharzes, im Westen Wald, sonst welliges Acker- und Wiesengelände,
   — Station im Südwesten der Stadt, ebenes Gelände, nach Nordosten leicht abfallend.

13. *Hinterhermsdorf* (385 m NN)
   — siehe Tab. 1.2.

14. *Karl-Marx-Stadt* (357 m NN)
   — siehe Tab. 1.2.

15. *Herrnhut* (342 m NN)
   — siehe Tab. 1.2.

16. *Erfurt-Bindersleben* (315 m NN)
   — siehe Tab. 1.1.

17. *Gera-Leumnitz* (311 m NN)
   — siehe Tab. 1.1.

18. *Olbersdorf* (269 m NN)
   — Kuppenlage, welliges Gelände,
   — Station südlich von Zittau, Umgebung landwirtschaftlich genutzt.

19. *Ilsenburg* (260 m NN)
   — Harz, am Eingang zum Ilsetal in einem Talkessel, der sich nach Nordosten zu in das dem Harz vorgelagerte Flachland öffnet,
   — Station im Nordwestteil des Kessels ca. 80 m vom Eingang in das Suental entfernt. Von WNW über SW bis ESE steil ansteigende Harzberge.

20. *Dresden-Wahnsdorf* (246 m NN)
   — siehe Tab. 1.2.

21. *Görlitz* (237 m NN)
   — siehe Tab. 1.2.

22. *Wernigerode* (234 m NN) — MHS
   — Harz, gelegen auf der von WNW nach ESE verlaufenden Grenzlinien zwischen Ebene (nördlich davon) und steil ansteigenden Harzbergen (südlich davon),
   — Station am Nordwestrand der Stadt in freier Lage.

23. *Gernrode* (210 m NN)
   — Nordrand des Ostharzes südlich von Quedlinburg,
   — Station im Tal in freier Lage am Westausgang des Ortes. Unmittelbar hinter der Station steigen die Vorberge des Harzes auf ca. 400 m—500 m an.

Tab. 2. Parameterwerte der Lufttemperatur, 1951/75

Tab. 2.1. „Thüringische Mittelgebirge“

Tabelle 2.1.1.
Mittleres Monats- und Jahresmittel der Lufttemperatur (°C)
„Thüringische Mittelgebirge“, 1951/75

Station	Höhe über NN (m)	Jan	Feb	Mrz	Apr	Mai	Jun	Jul	Aug	Sep	Okt	Nov	Dez	Jahr
1	916	—4,0	—3,5	—0,7	3,4	7,8	11,2	12,8	12,6	9,9	5,5	0,3	—2,6	4,4
2	820	—3,7	—3,1	0,0	4,4	8,9	12,4	14,0	13,6	10,7	6,2	0,9	—2,5	5,1
3	820	—3,7	—2,8	0,1	4,3	8,7	12,3	14,0	13,5	10,8	6,2	1,1	—2,0	5,2
4	755	—3,4	—2,6	0,5	4,7	9,0	12,3	14,0	13,5	10,6	6,3	1,2	—1,9	5,4
5	732	—3,3	—2,6	0,4	4,7	9,0	12,4	14,0	13,7	10,9	6,5	1,2	—2,0	5,4
6	690	—3,4	—3,0	0,2	4,6	9,0	12,5	14,1	13,5	10,6	6,2	1,1	—2,0	5,3

Tabelle 2.1.1. (Fortsetzung)

Station	Höhe über NN (m)	Jan	Feb	Mrz	Apr	Mai	Jun	Jul	Aug	Sep	Okt	Nov	Dez	Jahr
7	626	−3,1	−2,2	1,2	5,8	10,1	13,7	15,3	14,8	11,8	7,1	1,6	−1,8	6,2
8	560	−2,7	−1,8	1,0	5,5	10,0	13,5	15,0	14,3	11,2	6,8	2,1	−1,2	6,2
9	518	−1,4	−0,9	2,3	6,5	10,8	14,3	16,0	15,5	12,6	8,1	3,2	−0,1	7,3
10	500	−1,9	−1,3	1,7	6,1	10,6	14,1	15,7	14,9	11,7	7,5	2,7	−0,7	6,8
11	500	−2,5	−1,8	1,5	5,9	10,4	14,0	15,5	14,7	11,5	7,1	2,3	−1,1	6,5
12	487	−2,4	−1,4	1,8	6,3	10,5	13,9	15,5	15,0	11,9	7,3	2,3	−0,9	6,7
13	480	−1,0	−0,5	2,7	7,2	11,7	15,1	16,8	16,3	13,2	8,5	3,5	0,1	7,8
14	440	−2,0	−1,3	2,0	6,5	11,0	14,6	16,0	15,5	12,3	7,7	2,9	−0,5	7,1
15	384	−1,9	−0,9	2,2	6,7	11,2	14,7	16,1	15,3	12,1	7,6	2,8	−0,5	7,1
16	370	−1,1	−0,7	2,3	6,9	11,4	14,9	16,4	15,6	12,3	7,9	3,5	0,2	7,5
17	350	−1,2	−0,7	2,3	6,8	11,2	14,8	16,4	15,7	12,5	8,0	3,5	0,2	7,5
18	342	−0,9	−0,4	2,5	7,0	11,4	14,9	16,6	15,9	12,7	8,2	3,6	0,3	7,7
19	335	−1,6	−0,6	2,6	7,1	11,4	14,8	16,2	15,6	12,4	7,7	3,1	−0,2	7,4
20	320	−0,8	−0,2	3,0	7,6	12,0	15,5	17,1	16,7	13,7	8,9	4,0	0,7	8,2
21	315	−1,1	−0,6	2,7	7,4	11,8	15,4	17,0	16,5	13,3	8,5	3,6	0,3	7,9
22	317	−1,0	−0,5	2,7	7,2	11,6	15,0	16,6	16,2	13,3	8,5	3,7	0,4	7,8
23	311	−1,2	−0,6	2,7	7,3	11,7	15,3	16,9	16,4	13,3	8,6	3,8	0,3	7,9
24	300	−1,2	−0,3	2,9	7,4	11,8	15,3	16,7	15,9	12,6	8,3	3,5	0,2	7,8
25	270	−0,9	−0,2	3,0	7,8	12,1	15,8	17,3	16,6	13,1	8,6	3,3	0,6	8,1
26	264	−0,7	−0,2	2,9	7,7	12,2	15,7	17,3	16,7	13,4	9,0	4,1	0,7	8,2
27	250	−0,9	−0,2	3,1	7,7	12,2	15,5	17,1	16,6	13,6	8,8	3,9	0,5	8,2
28	240	−0,7	0,2	3,2	7,6	12,0	15,4	16,9	16,1	12,9	8,3	4,0	0,7	8,1
29	225	−0,4	0,3	3,3	7,8	12,2	15,8	17,3	16,4	13,2	8,5	4,1	0,9	8,3

Tabelle 2.1.2.
Mittleres Monats- und Jahresmaximum der Lufttemperatur (°C)
„Thüringische Mittelgebirge“, 1951/75

Station	Höhe über NN (m)	Jan	Feb	Mrz	Apr	Mai	Jun	Jul	Aug	Sep	Okt	Nov	Dez	Jahr
1	916	5,7	6,2	10,7	16,5	20,0	22,6	24,7	24,3	21,0	16,0	10,1	6,7	26,2
2	820	5,4	7,1	11,9	17,8	21,5	24,2	26,4	26,2	22,8	17,6	11,5	6,6	27,7
3	820	6,3	6,7	12,0	17,5	21,2	24,1	26,1	25,4	22,4	17,7	11,5	7,0	27,4
4	755	6,3	7,3	12,3	18,3	21,6	24,2	26,4	26,2	22,7	17,3	11,5	7,5	27,7
5	732	6,3	7,7	12,3	18,3	22,3	24,7	26,9	26,7	23,4	18,1	11,5	7,4	27,6
6	690	5,6	7,6	12,4	18,5	22,2	24,9	26,9	26,5	23,0	18,0	11,1	6,8	28,0
7	626	5,5	7,8	13,6	19,7	23,3	26,1	28,0	27,7	24,5	18,7	11,1	7,0	29,4
8	560	6,5	8,9	14,3	20,0	23,5	26,2	28,0	27,8	24,8	19,2	12,7	7,9	29,5
9	518	8,8	10,7	15,2	21,0	24,3	27,1	29,1	29,0	25,0	20,8	12,8	9,6	30,7
10	500	7,9	9,2	14,0	20,1	23,5	26,2	28,4	27,8	24,4	19,0	13,3	8,2	29,5
11	500	6,5	8,6	15,0	20,5	24,0	27,6	29,3	29,0	26,0	20,3	12,7	8,0	30,7
12	487	7,1	8,3	14,7	20,4	23,8	26,3	28,4	28,3	24,9	19,0	11,9	8,3	29,8
13	480	8,7	10,4	15,4	21,0	24,4	27,6	29,3	28,7	25,9	20,8	14,3	9,3	30,9
14	440	7,3	9,3	15,4	21,4	24,8	28,3	30,0	29,6	26,6	20,3	13,3	8,5	31,4
15	384	6,7	9,7	15,6	21,4	24,9	27,4	29,4	28,9	25,8	20,2	12,6	8,2	30,8
16	370	9,6	10,6	16,2	21,8	25,3	28,0	30,2	29,5	26,9	21,2	14,7	9,8	31,4
17	350	8,9	10,5	15,5	21,8	24,7	27,9	30,2	29,9	26,5	21,4	14,3	10,3	31,6
18	342	8,4	10,4	15,8	21,7	25,1	27,8	30,0	29,6	26,3	20,2	13,8	9,5	31,5
19	335	7,4	10,0	16,3	22,4	25,8	28,4	30,6	30,3	26,5	20,6	12,4	9,2	31,9
20	320	8,9	10,7	16,1	22,1	25,2	28,1	30,0	30,0	27,0	21,0	14,7	10,3	31,7
21	315	8,6	10,1	15,9	22,2	25,3	28,2	30,2	30,1	26,9	20,7	14,0	10,2	31,7
22	317	8,7	10,5	16,0	21,8	24,8	28,2	29,9	29,8	26,9	20,7	14,4	10,0	31,5
23	311	8,4	10,2	15,9	21,7	25,0	28,3	30,3	30,1	27,0	21,3	14,2	10,1	31,7
24	300	7,6	9,8	15,9	22,1	25,8	28,3	30,6	30,0	26,3	20,0	12,5	9,1	31,8
25	270	8,9	10,9	17,2	22,9	26,5	29,5	31,6	31,1	27,7	22,0	14,9	10,2	32,8
26	264	9,5	11,1	16,5	22,7	25,8	28,8	30,7	30,5	27,6	21,6	14,9	10,4	32,3
27	250	9,1	10,9	16,4	22,8	26,0	29,1	30,9	30,6	27,7	21,8	14,4	10,4	32,5
28	240	8,8	10,6	16,9	22,6	25,8	28,6	30,9	30,1	26,6	20,9	13,9	10,1	32,2
29	225	9,6	12,1	17,8	23,7	27,2	29,9	32,3	31,7	28,6	22,5	15,5	11,0	33,6

Tabelle 2.1.3.
Mittleres Monats- und Jahresminimum der Lufttemperatur (°C)
„Thüringische Mittelgebirge“, 1951/75

Station	Höhe über NN (m)	Jan	Feb	Mrz	Apr	Mai	Jun	Jul	Aug	Sep	Okt	Nov	Dez	Jahr
1	916	−13,7	−13,5	−10,3	−5,5	−1,9	2,1	4,6	5,0	2,3	−2,5	−8,0	−11,6	−16,2
2	820	−13,6	−13,9	−10,5	−5,3	−1,4	2,8	5,2	5,0	2,2	−2,6	−7,8	−12,0	−16,7
3	820	−13,1	−13,2	−9,7	−5,3	−1,4	2,7	4,8	5,4	2,6	−2,3	−7,7	−11,6	−15,7
4	755	−14,0	−13,4	−10,7	−5,2	−1,4	2,4	4,4	4,6	1,4	−2,8	−8,2	−12,6	−16,6
5	732	−12,8	−12,9	−9,1	−4,8	−1,0	3,2	5,6	5,4	2,9	−2,0	−7,1	−11,4	−15,5
6	690	−13,6	−13,8	−10,3	−5,5	−1,7	2,0	4,8	4,5	1,4	−2,9	−8,1	−11,9	−16,7
7	626	−12,6	−12,0	−8,7	−3,7	−0,1	4,2	6,4	6,4	3,3	−1,5	−6,9	−10,6	−15,2
8	560	−16,2	−16,0	−11,8	−5,8	−2,5	1,1	3,5	2,6	−0,5	−4,0	−9,8	−14,1	−19,8
9	518	−12,9	−13,4	−8,9	−4,3	0,7	3,9	6,9	6,8	2,6	−1,5	−6,8	−10,8	−15,7
10	500	−12,8	−12,5	−8,3	−3,6	−1,6	3,9	6,4	6,1	3,0	−2,2	−6,0	−10,4	−15,4
11	500	−15,5	−15,6	−11,6	−5,8	−1,4	2,7	4,9	4,1	−0,1	−4,0	−8,5	−13,7	−19,6
12	487	−14,7	−14,2	−9,9	−4,4	−1,0	2,4	4,8	4,2	1,1	−3,2	−7,4	−12,6	−18,5
13	480	−13,1	−13,3	−9,3	−4,1	−0,3	3,9	6,2	5,5	1,8	−2,2	−7,1	−11,7	−17,0
14	440	−16,2	−14,4	−10,9	−5,2	−1,1	3,1	4,9	4,5	0,3	−3,5	−7,8	−12,3	−19,2
15	384	−15,0	−13,9	−10,3	−4,9	−1,4	2,2	4,7	4,1	1,0	−3,1	−8,2	−13,3	−18,6
16	370	−15,9	−15,0	−11,2	−4,5	−0,8	2,9	5,4	4,9	1,0	−3,4	−8,5	−13,3	−19,5
17	350	−16,2	−15,1	−10,8	−4,3	−0,9	2,4	5,2	4,9	0,8	−3,5	−8,7	−13,6	−19,1
18	342	−14,4	−13,2	−9,0	−3,4	0,0	3,8	6,7	5,8	2,1	−2,6	−7,3	−12,0	−17,2
19	335	−15,4	−13,6	−10,0	−4,4	−0,8	3,1	5,8	5,2	1,7	−3,3	−7,6	−12,4	−18,6
20	320	−13,4	−12,3	−8,2	−2,4	1,4	5,1	7,8	7,7	3,9	−0,8	−6,2	−10,7	−16,1
21	315	−14,6	−12,9	−9,0	−3,0	0,6	4,6	7,1	6,8	3,1	−1,6	−7,1	−11,4	−17,4
22	317	−14,4	−13,6	−9,3	−3,4	0,4	4,2	6,7	6,6	2,7	−1,9	−6,8	−11,2	−17,5
23	311	−14,5	−12,6	−8,4	−3,0	0,8	5,0	7,3	7,0	2,7	−1,8	−6,0	−10,8	−17,1
24	300	−14,2	−12,5	−9,0	−3,7	−0,7	3,1	5,6	5,3	1,6	−2,7	−6,6	−11,6	−17,3
25	270	−15,2	−13,7	−9,4	−3,2	0,3	4,4	6,4	5,7	1,6	−2,6	−6,8	−11,3	−18,2
26	264	−14,1	−12,6	−9,3	−2,7	0,6	4,7	7,1	6,7	2,6	−1,8	−6,8	−11,3	−17,4
27	250	−14,0	−12,8	−8,7	−3,1	0,8	4,9	6,9	6,6	3,1	−1,3	−7,0	−11,6	−17,1
28	240	−14,4	−11,9	−9,0	−3,4	−0,4	3,3	5,9	5,3	1,6	−2,8	−6,0	−11,5	−17,7
29	225	−14,8	−13,2	−9,7	−3,7	−0,1	3,7	6,4	5,7	1,4	−3,1	−7,8	−12,1	−17,5

Tabelle 2.1.4.
Höchstes Monats- und Jahresmaximum der Lufttemperatur (°C)
„Thüringische Mittelgebirge“, 1951/75

Station	Höhe über NN (m)	Jan	Feb	Mrz	Apr	Mai	Jun	Jul	Aug	Sep	Okt	Nov	Dez	Jahr
1	916	11,0	12,7	17,0	24,7	25,5	26,5	30,8	27,8	24,5	21,5	16,6	10,8	30,8
2	820	10,8	15,0	19,0	25,5	26,5	27,6	31,5	29,3	25,4	23,5	15,8	10,5	31,5
3	820	14,2	14,5	19,2	24,6	27,2	28,8	32,0	28,7	27,2	23,9	17,8	11,5	32,0
4	755	11,6	13,2	18,0	26,5	26,5	29,0	32,0	30,5	28,2	22,5	18,0	14,1	32,0
5	732	12,3	14,1	16,7	26,2	25,5	27,4	30,2	30,0	26,3	23,5	18,1	10,6	30,2
6	690	10,0	14,0	19,0	25,3	27,5	29,0	33,3	30,5	26,5	25,0	17,7	11,3	33,3
7	626	9,6	14,4	20,8	26,8	28,4	30,1	34,3	31,1	30,7	23,7	16,8	14,6	34,3
8	560	14,3	14,7	22,2	28,5	28,4	29,4	33,5	31,7	28,5	25,6	17,9	12,4	33,5
9	518	14,4	17,8	22,7	28,5	30,0	31,2	35,4	33,1	29,9	26,3	19,6	15,5	35,4
10	500	12,2	16,8	21,6	27,5	28,1	29,9	32,7	32,3	28,4	24,7	18,4	12,7	32,7
11	500	11,5	16,2	22,5	28,3	30,0	31,2	36,3	32,8	30,5	25,4	18,3	12,5	36,3
12	487	11,4	13,7	21,5	27,2	28,7	29,7	33,8	33,3	31,0	24,0	15,1	13,0	33,8
13	480	14,5	18,1	22,5	28,6	17,6	32,0	36,0	32,7	29,6	29,0	19,9	15,2	36,0
14	440	12,1	15,6	22,7	27,5	30,5	33,1	35,7	33,0	30,8	25,4	18,1	15,4	35,7
15	384	10,7	12,3	22,9	28,0	29,5	30,5	34,8	32,4	29,6	25,9	17,7	13,0	34,8

Tabelle 2.1.4. (Fortsetzung)

Station	Höhe über NN (m)	Jan	Feb	Mrz	Apr	Mai	Jun	Jul	Aug	Sep	Okt	Nov	Dez	Jahr
16	370	13,4	16,8	24,8	30,2	30,6	32,5	35,8	33,9	31,0	27,1	20,6	16,7	35,8
17	350	13,9	16,7	23,8	29,8	29,5	31,3	35,3	34,8	31,0	26,8	20,2	19,4	35,3
18	342	13,0	17,1	23,6	29,0	29,8	31,2	36,5	36,1	30,6	25,7	19,2	15,1	36,5
19	335	11,5	18,8	24,5	29,3	30,4	32,5	36,5	35,0	31,0	25,5	17,6	13,7	36,5
20	320	13,5	16,5	24,8	30,8	29,8	32,8	35,4	34,7	31,6	27,3	21,6	13,4	35,4
21	315	12,1	17,1	24,2	29,6	31,2	33,4	36,5	34,7	31,6	25,8	20,8	17,4	36,5
22	317	12,5	16,9	25,1	29,9	30,0	32,0	34,6	34,3	31,2	27,4	21,0	18,0	34,6
23	311	12,8	17,6	23,9	28,8	29,7	32,0	35,0	33,3	31,7	25,8	18,6	16,9	35,0
24	300	10,5	17,0	23,5	29,5	30,0	32,4	37,1	33,7	31,0	25,4	17,2	14,6	37,1
25	270	13,0	19,0	24,5	30,0	32,2	33,1	37,9	34,0	32,1	26,7	20,3	16,0	37,9
26	264	12,6	17,1	25,2	30,9	32,0	32,9	35,6	35,6	32,9	27,5	21,0	15,3	35,6
27	250	13,1	16,8	24,4	31,0	31,5	32,5	36,0	35,1	32,7	27,9	16,3	16,0	36,0
28	240	13,0	14,0	24,0	30,0	30,0	32,0	35,0	34,5	32,0	23,5	18,5	13,0	35,0
29	225	13,2	18,1	25,1	30,7	32,5	33,4	39,3	35,8	33,3	27,5	20,6	20,3	39,3

Tabelle 2.1.5.
Tiefstes Monats- und Jahresminimum der Lufttemperatur (°C)
„Thüringische Mittelgebirge“, 1951/75

Station	Höhe über NN (m)	Jan	Feb	Mrz	Apr	Mai	Jun	Jul	Aug	Sep	Okt	Nov	Dez	Jahr
1	916	–24,1	–29,0	–17,0	–9,5	–4,9	–1,5	2,2	3,7	–1,2	–8,8	–12,2	–20,2	–29,0
2	820	–22,9	–28,5	–17,1	–10,1	–5,4	0,3	2,8	2,5	–0,7	–7,8	–11,4	–20,7	–28,5
3	820	–23,0	–28,0	–15,5	–10,0	–4,5	–0,9	2,0	3,0	–0,8	–7,2	–12,4	–19,0	–28,0
4	755	–22,5	–26,5	–18,5	–10,0	–5,4	–2,0	0,0	2,0	–2,0	–6,0	–14,8	–18,2	–26,5
5	732	—												
6	690	–21,8	–26,6	–18,6	–11,6	–6,0	–1,9	1,4	2,0	–1,6	–7,5	–15,5	–18,5	–26,6
7	626	–20,6	–25,6	–15,3	–7,8	–3,0	1,0	3,4	4,6	–0,5	–5,3	–11,5	–18,4	–25,6
8	560	–25,3	–25,5	–23,1	–11,5	–7,2	–3,1	–0,4	0,6	–3,5	–7,6	–18,6	–25,1	–25,5
9	518	–22,0	–24,5	–16,6	–11,3	–3,6	0,5	4,3	4,2	–1,4	–5,7	–12,7	–20,5	–24,5
10	500	—												
11	500	–22,7	–27,0	–21,0	–13,6	–4,0	–1,0	2,4	2,0	–2,0	–6,4	–17,8	–27,5	–27,5
12	487	–23,2	–23,9	–21,8	–7,6	–2,4	–1,2	1,5	2,0	–1,3	–5,8	–15,8	–22,3	–23,9
13	480	–17,8	–24,7	–18,0	–10,4	–4,0	–1,5	3,5	1,8	–1,5	–6,5	–12,5	–21,5	–24,7
14	440	–24,2	–25,4	–22,2	–12,7	–3,5	–1,4	2,1	1,3	–1,8	–6,8	–16,6	–24,5	–25,4
15	384	–24,2	–24,0	–19,1	–9,5	–4,2	–2,1	1,5	1,8	–1,5	–6,1	–13,6	–23,9	–24,2
16	370	–24,9	–26,4	–24,0	–9,9	–4,3	–0,2	1,7	2,6	–3,0	–7,2	–16,1	–26,0	–26,4
17	350	–25,6	–24,7	–21,6	–7,1	–3,2	–1,5	2,1	2,2	–3,5	–7,6	–18,1	–30,6	–30,6
18	342	–21,6	–22,9	–19,8	–6,5	–3,9	–0,6	3,3	2,2	–0,9	–6,1	–18,5	–22,1	–22,9
19	335	–22,6	–22,2	–20,7	–8,5	–3,8	–0,6	1,7	2,7	–2,5	–5,9	–13,4	–25,0	–25,0
20	320	–23,8	–23,9	–14,9	–5,6	–1,8	–0,5	5,9	5,6	–0,2	–3,3	–13,3	–22,3	–23,9
21	315	–24,4	–22,7	–19,7	–7,0	–2,3	0,2	4,4	4,7	0,5	–5,0	–18,6	–22,8	–24,4
22	317	–21,7	–24,8	–19,5	–8,3	–3,4	–0,4	3,9	3,7	–0,5	–4,7	–15,0	–25,2	–25,2
23	311	–22,6	–23,7	–17,3	–8,4	–1,7	0,4	4,8	3,9	–0,4	–5,7	–12,2	–23,0	–23,7
24	300	–23,0	–22,5	–19,2	–8,0	–3,5	–0,8	2,2	3,3	–1,6	–5,0	–14,4	–22,2	–23,0
25	270	–23,6	–25,8	–22,5	–6,0	–1,8	–0,8	4,0	2,2	–3,5	–6,8	–13,8	–24,0	–25,8
26	264	–22,2	–22,8	–20,2	–6,3	–2,8	0,8	4,4	3,7	–1,1	–4,6	–17,5	–26,1	–26,1
27	250	–23,8	–23,9	–17,9	–7,3	–2,8	0,3	3,6	3,6	0,8	–4,5	–20,0	–27,8	–27,8
28	240	–24,5	–20,3	–17,1	–5,9	–3,0	–1,1	2,5	3,0	–1,5	–6,5	–14,2	–23,1	–23,1
29	225	–21,9	–23,6	–19,5	–10,8	–3,1	0,0	3,0	3,3	–2,8	–5,9	–15,3	–24,9	–24,9

Tabelle 2.1.6.
Mittlere Zahl der Tage mit Tagesmaximum der Lufttemperatur ≧30 °C (heiße Tage)
„Thüringische Mittelgebirge", 1951/75

Station	Höhe über NN (m)	Apr	Mai	Jun	Jul	Aug	Sep	Jahr
1	916				0,0		.	0,0
2	820				0,1			0,1
3	820				0,1	.		0,1
4	755				0,3	0,0		0,3
5	732				0,3	0,1		0,4
6	690			.	0,3	0,1	.	0,4
7	626			0,0	0,8	0,4	0,0	1,2
8	560		.	.	0,5	0,3	.	0,8
9	518		0,0	0,2	1,0	0,6	0,0	1,8
10	500		.	.	0,6	0,3	.	0,9
11	500		0,0	0,2	0,6	0,6	0,0	1,4
12	487		.	.	0,8	0,3	.	1,1
13	480		0,0	0,2	1,1	0,6	.	1,9
14	440		0,0	0,4	1,6	1,2	0,1	3,3
15	384	.	0,0	0,2	1,3	1,0	0,0	2,5
16	370	0,0	0,1	0,4	1,6	1,1	0,1	3,3
17	350	.		0,3	1,4	1,3	0,2	3,2
18	342		.	0,3	1,3	0,8	0,1	2,5
19	335	.	0,0	0,6	2,2	1,3	0,1	4,2
20	320	0,0	.	0,4	1,6	1,3	0,2	3,5
21	315	.	0,1	0,4	1,5	1,3	0,2	3,5
22	317		0,0	0,4	1,2	1,2	0,1	2,9
23	311	.	.	0,3	1,5	1,2	0,2	3,2
24	300	.	0,1	0,5	2,0	1,3	0,1	4,0
25	270	0,0	0,1	0,8	2,4	2,2	0,5	6,0
26	264	0,0	0,2	0,5	2,2	1,8	0,4	5,1
27	250	0,0	0,1	0,7	2,3	1,6	0,4	5,1
28	240	0,0	0,1	0,4	2,2	1,6	0,2	4,5
29	225	0,1	0,4	1,0	2,7	2,4	0,9	7,5

Tabelle 2.1.7.
Mittlere Zahl der Tage mit Tagesmaximum der Lufttemperatur ≧25 °C (Sommertage)
„Thüringische Mittelgebirge", 1951/75

Station	Höhe über NN (m)	Mrz	Apr	Mai	Jun	Jul	Aug	Sep	Okt	Jahr
1	916		.	0,0	0,2	1,1	0,6	0,1		2,0
2	820		0,1	0,2	0,6	2,8	1,7	0,4		5,8
3	820		.	0,2	0,7	2,4	1,9	0,4	.	5,6
4	755		0,1	0,1	1,0	3,4	2,3	0,6	0,0	7,5
5	732		0,1	0,2	0,7	2,7	1,9	0,4	0,0	6,0
6	690		0,1	0,2	1,0	3,2	2,0	0,5	0,0	7,0
7	626		0,2	0,6	2,2	5,8	4,6	1,0	.	14,4
8	560		0,2	0,7	2,5	5,8	4,4	1,3	0,0	14,9
9	518		0,2	0,8	3,5	6,2	5,2	1,9	0,2	18,0
10	500		0,2	0,5	1,9	5,2	4,0	1,0	.	12,8
11	500		0,2	0,8	3,7	6,8	5,6	1,5	0,1	18,7
12	487		0,2	0,5	2,3	6,0	4,5	1,0	.	14,5
13	480		0,3	1,1	3,7	6,5	5,2	1,8	0,1	18,7
14	440		0,3	1,2	4,9	7,4	6,3	2,1	0,0	22,2
15	384		0,2	0,9	4,4	7,0	5,9	2,1	0,0	20,5

Tabelle 2.1.7. (Fortsetzung)

Station	Höhe über NN (m)	Mrz	Apr	Mai	Jun	Jul	Aug	Sep	Okt	Jahr
16	370	.	0,4	1,8	5,0	8,0	6,4	2,4	0,1	24,1
17	350	.	0,4	1,4	4,6	7,6	7,1	2,9	0,2	24,2
18	342	.	0,4	1,3	4,4	7,8	6,7	2,1	0,1	22,8
19	335	.	0,3	2,2	5,9	9,0	8,2	2,6	0,0	28,2
20	320	.	0,4	1,1	4,4	7,0	6,7	2,7	0,1	22,4
21	315	.	0,5	1,6	4,9	8,2	7,5	2,6	0,1	25,4
22	317	0,0	0,4	1,2	4,5	7,4	6,5	2,5	0,1	22,6
23	311	.	0,3	1,0	5,0	7,7	7,2	2,5	0,1	23,8
24	300	.	0,4	2,0	5,6	9,0	7,2	2,4	0,0	26,6
25	270	.	0,5	2,6	7,2	10,2	9,5	3,6	0,3	33,9
26	264	0,0	0,5	1,5	5,7	9,6	8,6	3,0	0,2	29,1
27	250	.	0,7	1,6	6,4	9,6	8,7	3,3	0,1	30,4
28	240	.	0,6	2,2	5,8	9,1	7,8	2,4	0,1	28,0
29	225	0,0	0,9	3,4	8,5	11,6	9,8	4,2	0,4	38,8

Tabelle 2.1.8.

Mittlere Zahl der Tage mit Tagesminimum der Lufttemperatur <0 °C (Frosttage)

„Thüringische Mittelgebirge", 1951/75

Station	Höhe über NN (m)	Jan	Feb	Mrz	Apr	Mai	Jun	Jul	Aug	Sep	Okt	Nov	Dez	Jahr
1	916	29,0	25,6	22,6	14,6	3,4	0,1	.		0,1	5,2	19,9	27,7	148,2
2	820	29,1	25,6	22,2	13,3	2,0	.	.		0,1	5,1	19,0	27,2	143,6
3	820	28,2	24,4	21,4	13,2	2,4	0,1	.		0,1	4,8	17,2	26,4	138,2
4	755	28,2	24,8	22,2	12,6	2,4	0,3	.		0,4	5,1	17,5	25,9	139,3
5	732	27,9	24,8	21,3	12,1	1,9	0,1	.		0,1	3,9	17,7	26,3	136,2
6	690	28,2	24,9	21,6	12,2	2,2	0,1	.		0,2	5,0	17,0	25,8	137,2
7	626	27,8	24,0	19,4	8,5	1,0	.	.		0,0	2,9	15,3	25,0	123,8
8	560	26,0	23,3	21,9	11,9	3,1	0,4	0,0	.	1,7	7,1	15,2	23,5	134,1
9	518	23,5	20,8	17,3	8,0	1,6	0,1	.	.	0,1	3,0	11,3	20,6	106,4
10	500	24,3	21,3	18,6	9,2	1,7	0,2	.	.	0,3	4,1	12,5	21,6	113,8
11	500	25,9	22,5	20,2	10,2	2,2	0,2	.	.	1,0	6,2	13,1	22,8	124,4
12	487	24,6	21,8	18,6	9,2	2,0	0,1	.	.	0,4	5,2	13,0	22,1	117,0
13	480	22,6	20,4	17,8	8,5	1,6	0,1	.	.	0,3	3,9	11,7	20,0	106,9
14	440	23,8	21,5	19,3	10,4	1,9	0,1	.	.	0,9	5,8	12,0	20,8	116,5
15	384	24,3	21,7	20,0	10,2	2,1	0,2	.	.	0,7	6,2	13,5	21,4	120,3
16	370	21,9	19,6	17,7	8,6	1,9	0,0	.	.	0,3	5,2	11,8	19,7	106,8
17	350	21,3	19,8	18,6	8,5	1,6	0,2	.	.	0,8	6,2	12,1	18,2	107,3
18	342	20,9	19,0	17,2	6,8	1,2	0,0	.	.	0,1	4,3	10,6	18,2	98,4
19	335	23,3	21,0	19,2	8,8	1,6	0,1	.	.	0,3	6,1	13,2	21,0	114,6
20	320	21,4	19,2	16,0	4,9	0,3	0,0	.	.	0,0	1,8	9,0	17,8	90,6
21	315	20,2	19,0	16,5	6,2	0,6	.	.	.	.	3,4	9,9	18,6	94,4
22	317	21,9	20,0	17,3	6,8	1,0	0,0	.	.	.	3,0	9,5	18,4	98,1
23	311	21,7	19,4	16,2	6,2	0,4	.	.	.	0,1	3,0	9,4	19,0	95,4
24	300	21,2	19,2	17,0	7,4	1,6	0,2	.	.	0,2	4,9	10,2	18,5	100,4
25	270	21,6	19,3	17,2	7,3	0,8	0,1	.	.	0,3	4,7	10,3	18,6	100,2
26	264	20,6	18,5	16,1	5,2	0,6	.	.	.	0,1	3,7	9,4	17,5	91,7
27	250	21,4	19,2	16,4	6,2	0,6	.	.	.	.	2,5	9,8	18,4	94,4
28	240	20,3	17,9	16,4	7,2	1,4	0,1	.	.	0,3	5,3	9,5	16,8	95,2
29	225	21,5	19,2	17,2	7,2	1,6	.	.	.	0,4	5,2	11,4	19,0	102,7

Tabelle 2.1.9.
Mittlere Zahl der Tage mit Tagesmaximum der Lufttemperatur <0 °C (Eistage)
„Thüringische Mittelgebirge", 1951/75

Station	Höhe über NN (m)	Jan	Feb	Mrz	Apr	Mai	Okt	Nov	Dez	Jahr
1	916	19,9	17,0	11,6	2,7	0,0	0,8	8,6	17,1	77,7
2	820	18,8	14,9	8,9	1,4	.	0,1	6,6	15,8	66,5
3	820	18,0	15,0	8,9	1,8	.	0,3	6,2	15,4	65,6
4	755	16,6	13,1	6,1	0,8	0,1	0,1	4,8	13,6	55,2
5	732	17,8	14,1	8,0	0,6	.	0,2	5,8	15,3	61,8
6	690	17,6	13,7	7,0	0,8		0,1	5,4	15,2	59,8
7	626	17,3	12,0	6,1	0,4		.	4,9	15,0	55,7
8	560	13,2	9,5	4,6	0,1		.	3,2	10,8	41,4
9	518	10,4	8,3	4,4	.		.	2,0	8,3	33,4
10	500	12,0	9,3	5,2	0,1			2,7	10,4	39,7
11	500	13,4	9,7	4,1	0,1			2,3	10,3	39,9
12	487	13,8	9,1	3,7	.		.	3,0	11,1	40,7
13	480	9,4	7,6	3,7	0,0		.	2,0	7,8	30,5
14	440	12,0	8,9	3,5	0,0		0,1	3,2	8,2	35,9
15	384	10,6	6,7	2,4	.		.	1,8	8,5	30,0
16	370	9,0	7,4	2,9	.		.	1,6	7,2	28,1
17	350	8,6	7,2	2,9	.		.	1,3	7,4	27,4
18	342	9,7	7,7	3,3			.	2,0	7,8	30,5
19	335	10,6	5,4	1,4				1,6	8,6	27,6
20	320	9,3	7,7	3,1				1,7	7,3	29,1
21	315	10,4	8,1	3,0	.			2,0	7,8	31,3
22	317	9,7	7,6	3,4	.			1,6	7,3	29,6
23	311	9,8	7,7	2,6	0,0		.	1,8	7,6	29,5
24	300	10,5	6,3	2,0	.		.	1,6	8,4	28,8
25	270	8,4	6,3	1,9	.		.	1,0	6,2	23,8
26	264	9,1	7,0	2,5	.		0,0	1,4	6,4	26,4
27	250	9,7	7,2	2,1	.		.	1,4	7,2	27,6
28	240	9,0	4,6	1,6	.		.	1,0	6,4	22,6
29	225	7,3	5,2	1,5	.		.	0,8	6,2	21,0

Tabelle 2.1.10.
Mittlere Eintrittsdaten des Tagesminimums der Lufttemperatur <0 °C
(1. und letzter Frost)
und mittlere Andauer der Periode mit Tagesminimum der Lufttemperatur ≧ 0 °C
„Thüringische Mittelgebirge", 1951/75

Station	Höhe über NN (m)	letztes Eintrittsdatum		1. Eintrittsdatum		Andauer (Tage)
1	916	134	14. 5.	287	14. 10.	152
2	820	128	8. 5.	287	14. 10.	158
3	820	127	7. 5.	288	15. 10.	160
4	755	131	11. 5.	282	9. 10.	150
5	732	130	10. 5.	290	17. 10.	159
6	690	132	12. 5.	284	11. 10.	151
7	626	119	29. 4.	295	22. 10.	175
8	560	142	22. 5.	270	27. 9.	127
9	518	125	5. 5.	290	17. 10.	164
10	500	122	2. 5.	293	20. 10.	170
11	500	129	9. 5.	279	6. 10.	149
12	487	133	13. 5.	280	7. 10.	146
13	480	123	3. 5.	284	11. 10.	160
14	440	128	8. 5.	273	30. 9.	144
15	384	136	16. 5.	277	4. 10.	140

Tabelle 2.1.10 (Fortsetzung)

Station	Höhe über NN (m)	letztes Eintrittsdatum		1. Eintrittsdatum		Andauer (Tage)
16	370	125	5. 5.	282	9. 10.	156
17	350	128	8. 5.	277	4. 10.	148
18	342	120	30. 4.	288	15. 10.	167
19	335	130	10. 5.	284	11. 10.	153
20	320	113	23. 4.	296	23. 10.	182
21	315	116	26. 4.	294	21. 10.	177
22	317	120	30. 4.	291	18. 10.	170
23	311	114	24. 4.	292	19. 10.	177
24	300	128	8. 5.	286	13. 10.	157
25	270	121	1. 5.	286	13. 10.	164
26	264	118	28. 4.	290	17. 10.	171
27	250	114	24. 4.	296	23. 10.	181
28	240	124	4. 5.	288	15. 10.	163
29	225	126	6. 5.	283	10. 10.	156

Tabelle 2.1.11.
Mittlere Eintrittsdaten eines Tagesmittels der Lufttemperatur ≧ 5 °C bzw. ≧ 10 °C und < 5 °C bzw. < 10 °C sowie mittlere Andauer eines Tagesmittels der Lufttemperatur ≧ 5 °C bzw. ≧ 10 °C
„Thüringische Mittelgebirge", 1951/75

Station	Höhe über NN (m)	Eintrittsdaten ≧ 5 °C		< 5 °C		≧ 10 °C		< 10 °C		Andauer (Tage) ≧ 5 °C	≧ 10 °C
1	916	117	27. 4.	291	18. 10.	154	3. 6.	257	14. 9.	174	103
2	820	108	18. 4.	297	24. 10.	148	28. 5.	263	20. 9.	189	115
3	820	111	21. 4.	296	23. 10.	149	29. 5.	264	21. 9.	185	115
4	755	106	16. 4.	301	28. 10.	150	30. 5.	264	21. 9.	195	114
5	732	108	18. 4.	300	27. 10.	148	28. 5.	266	23. 9.	192	118
6	690	109	19. 4.	297	24. 10.	147	27. 5.	263	20. 9.	188	116
7	626	99	9. 4.	301	28. 10.	131	11. 5.	271	28. 9.	202	140
8	560	101	11. 4.	303	30. 10.	131	11. 5.	268	25. 9.	202	137
9	518	92	2. 4.	310	6. 11.	124	4. 5.	279	6. 10.	218	155
10	500	95	5. 4.	308	4. 11.	125	5. 5.	276	3. 10.	213	151
11	500	97	7. 4.	305	1. 11.	130	10. 5.	272	29. 9.	208	142
12	487	96	6. 4.	304	31. 10.	127	7. 5.	272	29. 9.	208	145
13	480	88	29. 3.	312	8. 11.	121	1. 5.	281	8. 10.	224	160
14	440	93	3. 4.	307	3. 11.	125	5. 5.	274	1. 10.	214	149
15	384	92	2. 4.	306	2. 11.	124	4. 5.	273	30. 9.	214	149
16	370	90	31. 3.	310	6.11.	123	3. 5.	275	2. 10.	220	152
17	350	91	1. 4.	310	6. 11.	124	4. 5.	275	2. 10.	220	151
18	342	89	30. 3.	311	7. 11.	123	3. 5.	278	5. 10.	222	155
19	335	88	29. 3.	307	3. 11.	124	4. 5.	274	1. 10.	219	150
20	320	85	26. 3.	313	9. 11.	120	30. 4.	282	9. 10.	228	162
21	315	87	28. 3.	312	8. 11.	121	1. 5.	280	7. 10.	225	159
22	317	90	31. 3.	312	8. 11.	122	2. 5.	280	7. 10.	222	158
23	311	87	28.3.	313	9. 11.	122	2. 5.	280	7. 10.	226	158
24	300	89	30. 3.	310	6. 11.	122	2. 5.	276	3. 10.	221	154
25	270	84	25. 3.	313	9. 11.	121	1. 5.	278	5. 10.	229	157
26	264	84	25. 3.	314	10. 11.	120	30. 4.	280	7. 10.	230	160
27	250	84	25. 3.	313	9. 11.	120	30. 4.	281	8. 10.	229	160
28	240	85	26. 3.	313	9. 11.	121	1. 5.	278	5. 10.	228	157
29	225	84	25. 3.	314	10. 11.	120	30. 4.	279	6. 10.	230	159

Tab. 2.2. „Sächsische Mittelgebirge“

Tabelle 2.2.1.
Mittleres Monats- und Jahresmittel der Lufttemperatur (°C)
„Sächsische Mittelgebirge“, 1951/75

Station	Höhe über NN (m)	Jan	Feb	Mrz	Apr	Mai	Jun	Jul	Aug	Sep	Okt	Nov	Dez	Jahr
1	80	–0,7	–0,2	3,1	8,0	12,6	16,5	18,1	17,5	13,8	9,0	4,5	1,1	8,6
2	100	–0,3	0,4	3,7	8,6	13,3	17,2	18,7	17,9	14,3	9,6	4,9	1,5	9,2
3	120	–0,2	0,7	4,1	8,8	13,2	16,9	18,2	17,5	14,2	9,7	5,2	1,7	9,2
4	129	–0,3	0,5	3,8	8,7	13,2	16,9	18,4	17,6	13,9	9,2	4,9	1,4	9,0
5	146	–0,3	0,4	3,6	8,4	13,0	16,7	18,3	17,7	14,3	9,5	4,7	1,3	9,0
6	201	–0,3	0,3	3,6	8,3	12,9	16,6	18,1	17,5	14,1	9,4	4,7	1,3	8,9
7	237	–1,7	–0,9	2,4	7,5	12,2	16,0	17,5	16,9	13,4	8,7	3,9	0,2	8,0
8	246	–1,1	–0,3	3,0	7,9	12,5	16,2	17,8	17,4	14,0	9,3	4,2	0,6	8,5
9	246	–0,9	–0,4	2,8	7,5	12,0	15,6	17,1	16,6	13,3	8,7	4,2	0,1	8,1
10	342	–2,1	–1,2	2,3	7,3	12,0	15,8	17,2	16,6	13,1	8,4	3,4	–0,3	7,7
11	357	–1,2	–0,7	2,5	7,2	11,7	15,3	16,8	16,4	13,2	8,7	3,9	0,3	7,8
12*	380	–1,8	–1,0	2,1	7,0	11,6	15,4	17,0	16,3	13,0	8,4	3,4	–0,1	7,6
13	380	–1,2	–0,7	2,5	7,1	11,6	15,2	16,8	16,2	13,2	8,6	3,9	0,5	7,8
14	385	–2,7	–1,8	1,4	6,2	10,9	14,7	16,1	15,4	12,0	7,5	2,8	–0,9	6,8
15	407	–1,7	–1,1	2,3	6,7	11,2	14,8	16,5	15,9	12,7	8,1	3,3	–0,2	7,4
16	510	–2,7	–2,0	1,3	5,8	10,5	14,1	15,5	14,7	11,4	6,9	2,4	–1,1	6,4
17*	610	–2,3	–1,8	1,4	6,0	10,5	14,0	15,5	15,1	12,0	7,6	2,6	–0,6	6,7
18	708	–2,9	–2,4	0,8	5,1	9,6	13,3	14,9	14,3	11,3	6,9	1,8	–1,5	5,9
19*	823	–4,0	–3,6	–0,7	4,1	8,8	12,4	14,0	13,7	10,6	6,2	0,8	–2,4	5,0
20	1213	–5,2	–5,1	–2,6	1,5	6,0	9,7	11,4	11,2	8,3	4,2	–0,8	–3,8	2,9

* verkürzte Reihe.

Tabelle 2.2.2.
Mittleres Monats- und Jahresmaximum der Lufttemperatur (°C)
„Sächsische Mittelgebirge“, 1951/75

Station	Höhe über NN (m)	Jan	Feb	Mrz	Apr	Mai	Jun	Jul	Aug	Sep	Okt	Nov	Dez	Jahr
1	80	9,1	10,4	16,2	22,7	26,2	30,0	31,7	31,3	28,1	21,7	14,3	10,8	33,3
2	100	9,8	11,1	16,9	23,2	26,9	30,3	32,0	31,9	28,7	22,5	15,0	11,4	33,4
3	120	9,6	11,3	17,9	23,5	27,2	31,0	32,1	32,0	28,7	22,4	15,2	11,3	33,6
4	129	9,8	11,1	17,5	23,4	27,5	31,3	32,4	31,8	28,1	21,6	15,4	11,4	33,7
5	146	9,2	11,4	16,7	23,1	26,6	30,4	31,5	31,4	28,2	22,1	14,9	10,8	33,2
6	201	10,1	11,1	16,6	22,8	26,1	29,9	31,3	31,6	28,4	22,6	15,4	10,9	33,1
7	237	7,1	9,3	15,7	21,8	25,3	28,9	30,4	30,2	27,1	20,7	13,5	9,2	31,7
8	246	8,8	9,8	16,3	22,2	26,0	29,5	31,1	30,9	27,7	21,3	13,8	10,3	32,5
9	246	9,4	10,2	15,7	21,7	25,3	28,7	30,5	30,6	27,3	21,7	14,8	10,6	32,1
10	342	6,2	8,7	15,3	21,8	25,7	29,2	30,5	30,3	26,9	20,4	13,0	8,2	31,9
11	357	9,4	10,2	16,1	21,7	25,0	28,2	30,2	30,1	27,0	21,6	15,3	10,4	31,3
12*	380	8,9	10,2	15,5	21,1	24,7	28,5	30,0	29,9	26,9	21,4	14,8	10,3	31,6
13	380	7,7	9,7	15,2	21,2	24,5	28,1	29,5	29,3	25,9	20,3	13,2	9,4	30,9
14	385	6,1	7,9	14,2	20,8	24,5	27,9	29,5	29,1	25,8	19,4	12,1	7,8	30,7
15	407	7,8	9,7	16,2	21,8	25,2	28,4	30,4	30,4	27,1	21,2	13,4	9,2	31,8
16	510	5,8	8,3	15,4	20,9	24,7	27,7	29,6	29,3	26,2	20,0	12,2	7,8	30,9
17*	610	(8,4)**	(9,6)	(14,9)	(20,0)	(23,7)	(27,7)	(29,6)	(28,2)	(25,8)	(21,3)	(14,4)	(10,0)	(30,5)
18	708	7,7	9,0	13,9	19,3	23,0	26,0	28,0	27,9	24,9	19,7	13,5	8,7	29,5
19*	823	5,9	6,4	11,6	17,9	21,6	24,2	25,7	25,3	22,3	17,4	11,1	7,5	27,0
20	1213	5,8	6,1	9,7	14,6	19,0	22,4	24,2	23,8	21,3	16,3	11,1	6,7	25,6

* verkürzte Reihe ** reduzierte Werte

Tabelle 2.2.3.
Mittleres Monats- und Jahresminimum der Lufttemperatur (°C)
„Sächsische Mittelgebirge“, 1951/75

Station	Höhe über NN (m)	Jan	Feb	Mrz	Apr	Mai	Jun	Jul	Aug	Sep	Okt	Nov	Dez	Jahr
1	80	−14,3	−13,2	−8,8	−3,2	0,8	4,7	7,6	6,9	2,5	−1,6	−5,6	−10,5	−17,8
2	100	−14,5	−12,1	−8,6	−3,1	0,8	5,1	7,9	7,1	3,1	−1,3	−5,8	−10,8	−17,5
3	120	−12,9	−11,7	−7,6	−2,6	0,8	5,1	7,7	6,9	2,9	−1,2	−4,6	−8,9	−16,0
4	129	−13,4	−11,6	−7,7	−2,1	1,3	5,9	8,4	7,4	3,1	−1,1	−4,7	−9,3	−16,0
5	146	−12,5	−11,1	−7,0	−1,5	2,3	6,4	8,9	8,5	4,1	−0,3	−4,8	−8,8	−15,2
6	201	−13,6	−11,8	−7,8	−2,2	1,2	5,3	7,8	7,3	3,1	−1,3	−5,2	−10,3	−16,8
7	237	−14,9	−13,6	−9,2	−3,0	0,9	4,9	7,6	6,8	2,3	−1,3	−5,9	−10,5	−18,0
8	246	−12,7	−11,3	−7,5	−2,0	1,6	6,2	8,9	8,5	4,4	−0,1	−4,7	−8,9	−15,9
9	246	−15,3	−13,4	−9,5	−3,4	−0,3	3,3	6,5	5,6	1,4	−2,4	−6,4	−11,3	−18,6
10	342	−14,3	−13,0	−9,1	−3,3	0,7	4,5	7,5	7,0	2,5	−1,5	−5,8	−10,5	−16,9
11	357	−14,7	−13,2	−8,9	−3,1	0,7	4,7	7,0	6,6	2,9	−1,3	−6,1	−11,4	−17,5
12*	380	−14,5	−13,4	−9,1	−3,3	0,5	4,4	7,3	6,8	2,9	−1,5	−6,0	−10,8	−17,5
13	380	−14,4	−13,8	−9,7	−4,1	−0,4	3,1	6,1	6,0	2,0	−2,0	−6,2	−11,0	−17,7
14	385	−15,9	−14,8	−10,7	−5,0	−1,3	2,5	5,0	4,2	−0,1	−3,3	−7,2	−11,5	−18,5
15	407	−15,2	−13,9	−10,0	−4,3	−0,5	3,4	5,8	5,1	1,3	−2,8	−6,9	−11,9	−18,4
16	510	−17,0	−15,7	−12,0	−6,2	−2,1	1,7	3,6	3,2	−0,3	−4,0	−8,9	−14,1	−21,1
17*	610	(−15,6)**	(−13,9)	(−10,3)	(−4,1)	(−0,2)	(4,1)	(5,9)	(5,4)	(2,3)	(−1,2)	(−6,4)	(−11,7)	(−18,2)
18	708	−14,6	−14,2	−10,8	−5,0	−1,5	2,8	5,0	4,5	1,5	−2,9	−8,0	−11,7	−17,4)
19*	823	−13,9	−13,5	−10,3	−5,2	−1,2	3,0	5,6	6,0	2,5	−2,0	−7,7	−11,6	−16,3
20	1213	−15,4	−15,0	−12,8	−7,7	−3,7	0,2	2,8	3,3	0,0	−4,4	−9,9	−13,5	−17,8

* verkürzte Reihe ** reduzierte Werte

Tabellen 2.2.4.
Höchstes Monats- und Jahresmaximum der Lufttemperatur (°C)
„Sächsische Mittelgebirge“, 1951/75

Station	Höhe über NN (m)	Jan	Feb	Mrz	Apr	Mai	Jun	Jul	Aug	Sep	Okt	Nov	Dez	Jahr
1	80	13,1	16,3	24,5	30,1	30,8	33,8	37,2	35,1	32,7	25,3	18,6	16,4	37,2
2	100	14,5	17,1	24,5	30,6	33,0	33,8	36,0	35,2	33,5	27,0	18,2	17,0	36,0
3	120	12,7	18,1	26,0	31,7	32,3	35,2	37,2	35,7	33,4	26,5	19,4	17,7	37,2
4	129	14,4	16,5	25,4	31,0	31,8	34,7	37,3	37,9	32,7	25,9	19,0	17,7	37,9
5	146	12,6	17,3	24,5	30,4	30,9	36,4	37,0	35,3	33,0	28,3	21,3	16,6	37,0
6	201	13,8	18,8	25,5	31,0	31,5	33,5	36,3	34,8	32,6	29,0	21,1	17,5	36,3
7	237	10,1	15,9	22,5	30,2	30,0	32,0	34,0	34,0	32,1	26,0	18,4	15,3	34,0
8	246	14,1	16,6	23,9	30,4	31,1	33,1	36,0	34,8	32,0	25,9	17,9	13,7	36,0
9	246	12,8	17,4	23,9	30,2	30,3	32,5	35,7	34,6	32,0	26,7	21,0	17,2	35,7
10	342	9,1	16,4	23,0	28,6	29,8	33,5	35,5	33,6	30,8	25,5	16,7	14,5	35,5
11	357	14,1	16,8	24,5	29,5	29,4	32,5	36,5	33,2	30,6	27,7	21,9	17,8	36,5
12*	380	12,5	16,8	22,8	29,0	30,2	33,1	35,1	33,5	31,0	26,6	19,2	16,8	35,1
13	380	10,9	16,7	21,3	28,0	30,5	31,7	34,3	32,5	30,2	24,0	16,5	14,7	34,3
14	385	10,1	15,4	21,5	28,3	28,6	30,9	33,6	35,0	29,6	23,9	15,8	14,1	35,0
15	407	11,6	17,5	24,0	29,5	30,3	32,5	35,7	33,6	31,8	25,4	17,5	14,7	35,7
16	510	10,0	15,5	22,7	27,7	30,0	31,7	35,1	32,5	30,2	25,1	16,6	14,1	35,1
17*	610	(15,0)**	(16,1)	(21,4)	(27,0)	(28,3)	(31,2)	(35,0)	(31,6)	(30,4)	(25,4)	(19,9)	(16,7)	(35,0)
18	708	14,6	15,9	21,1	26,5	27,6	29,6	33,8	31,1	30,5	25,3	18,9	13,6	33,8
19*	823	12,2	(12,6)	20,6	25,0	28,0	27,6	31,2	(28,6)	25,7	21,1	14,5	14,2	31,2
20	1213	13,1	12,8	16,2	22,4	25,3	26,8	30,6	27,1	26,0	21,3	16,8	14,6	30,6

* verkürzte Reihe ** reduzierte Werte

Tabelle 2.2.5.
Tiefstes Monats- und Jahresminimum der Lufttemperatur (°C)
„Sächsische Mittelgebirge", 1951/75

Station	Höhe über NN (m)	Jan	Feb	Mrz	Apr	Mai	Jun	Jul	Aug	Sep	Okt	Nov	Dez	Jahr
1	80	–25,3	–28,5	–20,2	–5,9	–2,1	0,4	5,0	3,6	–2,0	–5,0	–13,5	–20,9	–28,5
2	100	–24,6	–28,6	–19,5	–6,6	–2,0	0,4	4,5	4,4	–0,8	–4,0	–12,5	–25,0	–28,6
3	120	–21,0	–28,3	–19,0	–8,0	–2,0	0,0	4,1	4,5	–1,0	–3,9	–10,0	–19,9	–28,3
4	129	–20,8	–27,8	–17,0	–6,0	–1,7	2,1	4,3	5,0	–1,5	–4,7	–11,6	–22,0	–27,8
5	146	–20,9	–22,9	–16,5	–4,9	–1,0	2,7	6,4	6,7	1,0	–3,3	–12,8	–21,3	–22,9
6	201	–23,0	–26,4	–18,4	–8,3	–2,6	1,0	5,1	5,1	–0,4	–8,1	–10,0	–24,5	–26,4
7	237	–23,5	–30,8	–18,2	–5,9	–2,2	0,7	4,3	4,2	–1,4	–4,9	–14,7	–21,0	–30,8
8	246	–20,8	–27,0	–14,8	–5,8	–1,6	1,7	6,5	6,3	1,8	–4,1	–9,9	–19,5	–27,0
9	246	–23,8	–28,6	–20,8	–8,9	–3,1	–2,7	2,5	2,3	–3,0	–5,5	–11,6	–25,5	–28,6
10	342	–24,4	–29,3	–17,8	–6,8	–2,0	0,5	4,2	4,4	–0,8	–6,2	–14,2	–19,7	–29,3
11	357	–22,8	–28,4	–17,8	–10,6	–2,6	0,5	4,1	4,2	–0,9	–5,2	–11,8	–25,6	–28,4
12*	380	–24,8	–27,2	–18,4	–10,0	–3,3	–0,2	4,2	3,6	–1,3	–6,4	–12,8	–23,5	–27,2
13	380	–25,0	–29,3	–18,1	–10,5	–3,5	–1,3	3,5	3,1	–0,9	–7,3	–13,2	–24,5	–29,3
14	385	–24,6	–28,5	–18,5	–11,6	–4,1	–1,4	1,4	1,9	–2,5	–6,1	–15,6	–22,0	–28,5
15	407	–23,3	–27,8	–20,3	–11,5	–2,9	–0,4	2,8	3,1	–2,4	–6,4	–12,6	–23,1	–27,8
16	510	–26,0	–32,2	–23,0	–15,4	–4,7	–2,1	0,4	0,7	–3,5	–6,8	–16,2	–27,7	–32,2
17*	610	(–24,0)**	(–28,1)	(–16,2)	(–12,1)	(–3,5)	(–0,2)	(2,7)	(2,0)	(–2,3)	(–7,6)	(–12,0)	(–23,6)	(–28,1)
18	708	–22,8	–28,9	–16,8	–12,3	–4,5	–2,5	2,1	2,1	–1,8	–7,4	–13,4	–20,0	–28,9
19*	823	–25,0	–30,2	(–18,0)	–10,7	–4,3	–2,0	2,8	3,7	–0,1	–8,5	(–12,9)	–20,2	–30,2
20	1213	–23,9	–30,4	–20,5	–13,1	–7,0	–4,1	–0,1	1,5	–2,4	–9,3	–15,2	–21,4	–30,4

* verkürzte Reihe ** reduzierte Werte

Tabelle 2.2.6.
Mittlere Zahl der Tage mit Tagesmaximum der Lufttemp. ≧ 30 °C
(heiße Tage) „Sächsische Mittelgebirge", 1951/75

Station	Höhe über NN (m)	Jul	Aug	Jahr
1	80	3,2	2,2	7,3
2	100	3,6	3,0	8,8
3	120	3,6	2,8	9,0
4	129	4,1	2,8	9,9
5	146	2,8	2,4	6,9
6	201	2,7	2,4	7,0
7	237	1,8	1,3	3,9
8	246	2,4	2,2	5,7
9	246	1,8	1,7	4,3
10	342	1,7	1,7	4,2
11	357	1,5	1,4	3,3
12*	380	1,2	0,8	2,5
13	380	1,6	1,2	3,3
14	385	0,9	0,9	2,0
15	407	1,8	1,5	4,0
16	510	1,2	0,9	2,3
17*	610	0,9	0,5	1,7
18	708	0,5	0,3	0,8
19*	823	0,1	.	0,1
20	1213	0,0	.	0,0

* verkürzte Reihe

Tabelle 2.2.7.
Mittlere Zahl der Tage mit Tagesmaximum der Lufttemp. ≧ 25 °C
(Sommertage) „Sächsische Mittelgebirge", 1951/75

Station	Höhe über NN (m)	Mai	Jun	Jul	Aug	Sep	Jahr
1	80	2,4	8,3	11,5	11,0	3,3	37,3
2	100	3,1	9,3	12,7	11,8	4,3	42,1
3	120	3,7	10,1	13,2	11,8	4,6	44,4
4	129	4,6	10,6	13,8	12,1	3,9	46,0
5	146	2,4	8,2	11,2	10,4	3,8	36,8
6	201	2,2	7,6	10,6	9,9	3,7	34,9
7	237	1,5	6,6	10,1	9,0	2,5	30,1
8	246	2,1	7,1	11,2	9,8	3,0	33,8
9	246	1,3	5,8	8,8	8,4	2,7	27,5
10	342	2,0	6,7	9,4	9,0	2,4	29,9
11	357	1,2	5,8	8,3	7,9	2,6	26,3
12*	380	1,2	5,0	7,9	6,4	1,7	22,5
13	380	1,2	5,4	8,2	7,5	2,1	24,9
14	385	1,1	4,4	7,4	6,5	1,5	21,1
15	407	1,4	5,5	8,8	7,7	2,6	26,6
16	510	1,1	4,4	7,2	6,3	1,8	21,1
17*	610	0,7	3,7	5,7	4,4	1,7	16,6
18	708	0,5	2,1	4,6	4,1	1,3	12,8
19*	823	0,1	0,9	1,9	1,3	0,2	4,5
20	1213	0,0	0,2	0,8	0,8	0,1	1,9

* verkürzte Reihe

Tabelle 2.2.8.
Mittlere Zahl der Tage mit Tagesminimum der Lufttemperatur <0 °C (Frosttage)
„Sächsische Mittelgebirge", 1951/75

Station	Höhe über NN (m)	Jan	Feb	Mrz	Apr	Mai	Okt	Nov	Dez	Jahr
1	80	19,6	17,6	15,6	5,6	0,6	2,9	8,3	16,0	86,4
2	100	19,7	17,4	15,0	5,8	0,6	2,8	8,4	16,3	86,1
3	120	19,3	16,8	13,6	4,7	0,7	2,6	7,4	14,8	79,8
4	129	20,2	16,6	13,0	3,6	0,4	2,4	7,3	15,7	79,3
5	146	19,6	16,9	13,4	3,3	0,1	1,5	7,8	15,5	78,1
6	201	19,6	17,6	14,1	3,6	0,4	2,5	7,4	15,6	80,9
7	237	23,4	19,1	16,1	6,1	0,7	2,8	9,1	18,5	96,1
8	246	21,3	17,8	14,4	3,8	0,3	1,0	8,0	17,0	83,6
9	246	21,8	19,4	16,8	7,2	1,0	4,7	10,0	17,8	99,4
10	342	25,2	20,6	17,3	6,7	0,5	2,1	10,8	21,2	104,5
11	357	22,6	19,7	16,0	6,5	0,7	2,5	9,8	19,4	97,2
12*	380	25,0	20,1	16,8	7,3	1,2	3,2	10,7	21,1	104,1
13	380	22,4	19,5	16,1	6,2	0,6	2,5	9,2	17,8	94,3
14	385	26,7	23,0	21,7	12,2	2,2	5,3	13,7	23,7	129,7
15	407	23,1	20,4	17,3	8,3	1,5	4,5	10,6	19,8	106,1
16	510	26,0	22,5	21,4	12,7	3,3	7,3	14,4	23,6	133,1
17*	610	27,1	22,7	19,4	8,2	1,3	2,5	13,9	23,2	116,6
18	708	27,2	24,2	21,0	11,6	2,2	5,1	16,1	24,7	132,8
19*	823	29,5	25,5	23,8	12,3	2,2	3,2	17,3	27,6	141,7
20	1213	29,8	27,0	26,5	18,6	6,7	11,4	23,6	29,0	175,4

* verkürzte Reihe

Tabelle 2.2.9.
Mittlere Zahl der Tage mit Tagesmaximum der Lufttemperatur <0 °C (Eistage)
„Sächsische Mittelgebirge", 1951/75

Station	Höhe über NN (m)	Jan	Feb	Mrz	Nov	Dez	Jahr
1	80	8,4	6,8	1,7	1,1	6,0	24,0
2	100	7,6	5,8	1,6	0,8	5,2	21,0
3	120	7,4	4,6	1,3	0,7	5,0	19,0
4	129	7,9	5,4	1,4	0,8	5,0	20,5
5	146	7,9	6,5	1,7	1,3	6,1	23,5
6	201	8,0	6,7	2,1	1,0	5,7	23,5
7	237	10,8	8,8	3,3	1,4	7,3	31,6
8	246	10,4	8,2	2,6	1,4	7,3	29,9
9	246	9,3	7,5	3,1	1,3	6,6	27,8
10	342	12,8	9,6	3,2	1,8	9,1	36,5
11	357	9,5	8,1	3,2	1,7	6,8	29,3
12*	380	12,1	9,1	3,6	1,8	8,7	34,4
13	380	10,7	8,6	3,6	1,7	7,5	32,1
14	385	14,7	10,2	4,2	2,6	10,5	42,3
15	407	11,4	8,1	3,2	2,1	8,4	33,3
16	510	13,4	9,1	3,2	2,8	10,7	39,2
17*	610	14,0	12,1	5,4	2,9	10,7	45,4
18	708	15,0	12,0	6,3	4,4	12,6	51,0
19*	823	21,2	17,5	11,7	6,8	17,7	77,2
20	1213	22,5	20,2	15,9	12,0	19,6	99,1

* verkürzte Reihe

Tabelle 2.2.10.
Mittlere Eintrittsdaten des Tagesminimums der Lufttemperatur <0 °C (1. und letzter Frost) und mittlere Andauer der Periode mit Tagesminimum der Lufttemperatur ≧ 0 °C
„Sächsische Mittelgebirge", 1951/75

Station	Höhe über NN (m)	letztes Eintritts- datum		1. Eintrittsdatum datum		Andauer (Tage)
1	80	117	27. 4.	293	20. 10.	175
2	100	115	25. 4.	295	22. 10.	179
3	120	113	23. 4.	293	20. 10.	179
4	129	109	19. 4.	295	22. 10.	185
5	146	103	13. 4.	301	28. 10.	197
6	201	110	20. 4.	298	25. 10.	187
7	237	116	26. 4.	293	20. 10.	176
8	246	110	20. 4.	305	1. 11.	194
9	246	127	7. 5.	283	10. 10.	155
10	342	116	26. 4.	293	20. 10.	176
11	357	116	26. 4.	293	20. 10.	176
12*	380	122	2. 5.	284	11. 10.	161
13	380	118	28. 4.	295	22. 10.	176
14	385	134	14. 5.	276	3. 10.	141
15	407	126	6. 5.	279	6. 10.	152
16	510	139	19. 5.	270	27. 9.	130
17*	610	124	4. 5.	290	17. 10.	165
18	708	133	13. 5.	279	6. 10.	145
19*	823	126	6. 5.	293	20. 10.	166
20	1213	152	1. 6.	275	2. 10.	122

* verkürzte Reihe

Tabelle 2.2.11.
Mittlere Eintrittsdaten eines Tagesmittels der Lufttemperatur ≧ 5 °C bzw. ≧ 10 °C und < 5 °C bzw. < 10 °C sowie mittlere Andauer eines Tagesmittels der Lufttemperatur ≧ 5 °C bzw. ≧ 10 °C
„Sächsische Mittelgebirge", 1951/75

Station	Höhe über NN (m)	Eintrittsdaten ≧ 5 °C		< 5 °C		≧ 10 °C		< 10 °C		Andauer (Tage) ≧ 5 °C	≧ 10 °C
1											
2											
3											
4											
5											
6											
7											
8											
9	246	86	27. 3.	315	11. 11.	120	30. 4.	280	7. 10.	229	160
10											
11	357	87	28. 3.	313	9. 11.	121	1. 5.	282	9. 10.	226	161
12											
13	380	89	30. 3.	314	10. 11.	122	2. 5.	280	7. 10.	225	158
14	385	95	5. 4.	309	5. 11.	125	5. 5.	271	28. 9.	214	146
15	407	91	1. 4.	311	7. 11.	124	4. 5.	278	5. 10.	220	154
16	510	99	9. 4.	305	1. 11.	129	9. 5.	268	25. 9.	206	139
17											
18	708	105	15. 4.	303	30. 10.	139	19. 5.	268	25. 9.	198	129
19*	823	109	19. 4.	300	27. 10.	150	30. 5.	262	19. 9.	191	112
20	1213	125	5. 5.	283	10. 10.	167	16. 6.	238	26. 8.	158	71

* verkürzte Reihe

Tab. 3. Abhängigkeit der Lufttemperatur von der Höhe über NN, Korrelationskoeffizient *r*, 1951/75

Tabelle 3.1. Abhängigkeit der Lufttemperatur von der Höhe über NN, Korrelationskoeffizienten *r*
„Thüringische Mittelgebirge", 1951/75

Parameter	Jan	Feb	Mrz	Apr	Mai	Jun	Jul	Aug	Sep	Okt	Nov	Dez.	Jahr
mittleres Monats- und Jahresmittel	−0,95	−0,95	−0,93	−0,98	−0,94	−0,98	−0,97	−0,95	−0,91	−0,93	−0,96	−0,96	−0,97
mittleres Monats- und Jahresmaximum	−0,83	−0,93	−0,98	−0,98	−0,97	−0,96	−0,97	−0,99	−0,98	−0,93	−0,86	−0,91	−0,96
mittleres Monats- und Jahresminimum	0,34	−0,15	−0,32	−0,72	−0,63	−0,54	−0,58	−0,36	−0,04	−0,07	−0,36	−0,04	0,41
höchstes Monats- und Jahresmaximum	−0,33	−0,64	−0,95	−0,94	−0,90	−0,92	−0,86	−0,96	−0,94	−0,72	−0,53	−0,70	−0,86
tiefstes Monats- und Jahresmaximum	0,12	−0,81	0,33	−0,47	−0,66	−0,28	−0,44	−0,18	0,06	−0,59	0,66	0,65	−0,50
mittlere Zahl der Tage mit													
$t_{max} \geqq 30$ °C (heiße Tage)							−0,89						−0,89
$t_{max} \geqq 25$ °C (Sommertage)					−0,81	−0,92	−0,96	−0,98	−0,92				−0,96
$t_{min} < 0$ °C (Frosttage)	0,97	0,95	0,82	0,89	0,59					0,18	0,92	0,98	0,92
$t_{max} < 0$ °C (Eistage)	0,93	0,95	0,95								0,97	0,95	0,97
mittlere Eintrittsdaten $\bar{E}$ und Andauer													
letztes $\bar{E}$ $t_{min} < 0$ °C													0,49
erstes $\bar{E}$ $t_{min} < 0$ °C													−0,12
Andauer $t_{min} \geqq 0$ °C													−0,33
$\bar{E}$ $\bar{t} \geqq 5$ °C													0,97
$\bar{E}$ $\bar{t} < 5$ °C													−0,94
Andauer $\bar{t} \geqq 5$ °C													−0,91
$\bar{E}$ $\bar{t} \geqq 10$ °C													0,94
$\bar{E}$ $\bar{t} < 10$ °C													−0,91
Andauer $\bar{t} \geqq 10$ °C													−0,94

Tabelle 3.2. Abhängigkeit der Lufttemperatur von der Höhe über NN, Korrelationskoeffizienten *r*
„Sächsische Mittelgebirge", 1951/75

Parameter	Jan	Feb	Mrz	Apr	Mai	Jun	Jul	Aug	Sep	Okt	Nov	Dez	Jahr
mittleres Monats- und Jahresmittel	−0,95	−0,97	−0,95	−0,98	−0,98	−0,99	−0,97	−0,98	−0,97	−0,97	−0,98	−0,96	−0,98
mittleres Monats- und Jahresmaximum	−0,69	−0,76	−0,94	−0,98	−0,98	−0,97	−0,96	−0,97	−0,96	−0,98	−0,75	−0,81	−0,97
mittleres Monats- und Jahresminimum	−0,43	−0,66	−0,83	−0,87	−0,85	−0,81	−0,83	−0,71	−0,56	−0,67	−0,87	−0,72	−0,24
höchstes Monats- und Jahresmaximum	−0,01	−0,80	−0,91	−0,97	−0,92	−0,92	−0,87	−0,95	−0,91	−0,75	−0,44	−0,52	−0,89
tiefstes Monats- und Jahresmaximum	−0,32	−0,45	−0,12	−0,73	−0,70	−0,75	−0,73	−0,61	−0,28	−0,81	−0,43	−0,08	−0,49
mittlere Zahl der Tage mit													
$t_{max} \geqq 30$ °C (heiße Tage)							−0,90						−0,84
$t_{max} \geqq 25$ °C (Sommertage)					−0,74	−0,93	−0,95	−0,95	−0,89				−0,94
$t_{min} < 0$ °C (Frosttage)	0,90	0,95	0,91	0,89	0,87					0,75	0,96	0,99	0,94
$t_{max} < 0$ °C (Eistage)	0,94	0,95	0,90								0,97	0,96	0,96
mittlere Eintrittsdaten $\bar{E}$ und Andauer													
letztes $\bar{E}$ $t_{min} < 0$ °C													0,91
erstes $\bar{E}$ $t_{min} < 0$ °C													−0,55
Andauer $t_{min} \geqq 0$ °C													−0,70
$\bar{E}$ $\bar{t} \geqq 5$ °C													0,98
$\bar{E}$ $\bar{t} < 5$ °C													−0,98
Andauer $\bar{t} \geqq 5$ °C													−0,98
$\bar{E}$ $\bar{t} \geqq 10$ °C													0,92
$\bar{E}$ $\bar{t} < 10$ °C													−0,96
Andauer $\bar{t} \geqq 10$ °C													−0,99

Tab. 4. Regressionskoeffizienten verschiedener Parameter der Lufttemperatur, $t = a + bh$, 1951/75

Tab. 4.1. „Thüringische Mittelgebirge“

Tabelle 4.1.1.
Regressionskoeffizienten der Lufttemperatur, $t = a + bh$ „Thüringische Mittelgebirge“, 1951/75

	1		2		3		4		5		6		7		8		9	
	a	$b \cdot 10^2$	a	$b \cdot 10^2$	a	$b \cdot 10^2$	a	$b \cdot 10^2$	a	$b \cdot 10^2$	a	$b \cdot 10^2$	a	$b \cdot 10^2$	a	$b \cdot 10^2$	a	$b \cdot 10^2$
Jan	0,56	–0,53	10,33	–0,57	–15,38	0,23	13,33	–0,19	–23,45	0,09					17,34	1,42	3,96	1,76
Feb	1,20	–0,52	12,70	–0,71	–13,13	–0,08	18,80	–0,59	–21,18	–0,83					16,01	1,14	1,82	1,57
Mrz	4,37	–0,53	19,00	–0,88	–8,98	–0,16	27,96	–1,20	–21,01	0,40					14,30	0,95	–1,49	1,23
Apr	9,23	–0,61	25,13	–0,91	–2,52	–0,36	32,57	–0,89	–6,64	–0,52					3,53	1,18		
Mai	13,56	–0,59	28,23	–0,85	0,84	–0,31	33,01	–0,85	–1,89	–0,43			2,68	–0,34	0,58	0,23		
Jun	17,20	–0,62	31,24	–0,89	4,69	–0,28	35,17	–0,88	0,66	–0,26			8,48	–1,01				
Jul	18,69	–0,61	33,35	–0,89	7,20	–0,30	38,97	–0,90	4,06	–0,31	2,85	–0,36	12,43	–1,24				
Aug	17,89	–0,56	32,91	–0,89	6,42	–0,20	37,53	–1,05	3,35	–0,10			11,30	–1,21				
Sep	14,46	–0,49	29,82	–0,91	2,00	–0,02	35,10	–1,05	–1,50	0,02			4,20	–0,50				
Okt	9,77	–0,45	23,47	–0,75	–2,37	–0,03	28,28	–0,63	–4,39	–0,36					4,07	0,11		
Nov	5,32	–0,55	15,95	–0,62	–6,66	–0,16	20,92	–0,50	–17,26	0,51					5,82	1,51	–1,54	0,96
Dez	1,95	–0,52	11,77	–0,62	–11,81	–0,02	18,57	–0,90	–27,72	0,98					14,00	1,58	2,18	1,64
Jahr	9,57	–0,56	34,79	–0,93	–18,68	0,28	38,97	–0,90	–23,44	–0,46	6,60	–0,86	40,05	–4,41	75,77	8,16	3,81	7,49

1 Mittleres Monats- und Jahresmittel der Lufttemperatur
2 Mittleres Monats- und Jahresmaximum der Lufttemperatur
3 Mittleres Monats- und Jahresminimum der Lufttemperatur
4 Höchstes Monats- und Jahresmaximum der Lufttemperatur
5 Tiefstes Monats- und Jahresminimum der Lufttemperatur
6 Mittlere Zahl der Tage mit Tagesmaximum der Lufttemperatur ≧30 °C (heiße Tage)
7 Mittlere Zahl der Tage mit Tagesmaximum der Lufttemperatur ≧25 °C (Sommertage)
8 Mittlere Zahl der Tage mit Tagesminimum der Lufttemperatur <0 °C (Frosttage)
9 Mittlere Zahl der Tage mit Tagesmaximum der Lufttemperatur <0 °C (Eistage)

Tabelle 4.1.2.
Regressionskoeffizienten der mittleren Eintrittsdaten $\bar{E}$ der Lufttemperatur, $t = a + bh$
„Thüringische Mittelgebirge“, 1951/75

		a	$b \cdot 10^2$
letztes Eintrittsdatum $t_{min} < 0$ °C (letzter Frost)		117,25	1,76
erstes Eintrittsdatum $t_{min} < 0$ °C (erster Frost)		287,40	–0,32
Andauer $t_{min} \geqq 0$ °C (frostfreie Zeit)		169,25	–2,08
$\bar{E}$	$\bar{t} \geqq 5$ °C	72,85	4,59
$\bar{E}$	$\bar{t} < 5$ °C	320,92	–3,00
Andauer	$\bar{t} \geqq 5$ °C	246,12	–7,17
$\bar{E}$	$\bar{t} \geqq 10$ °C	104,64	5,24
$\bar{E}$	$\bar{t} < 10$ °C	287,85	–3,03
Andauer	$\bar{t} \geqq 10$ °C	183,12	–8,25

Tab. 4.2. „Sächsische Mittelgebirge"

Tabelle 4.2.1.
Regressionskoeffizienten der Lufttemperatur, $t = a + bh$ „Sächsische Mittelgebirge", 1951/75

	1		2		3		4		5		6		7		8		9	
	a	$b \cdot 10^2$	a	$b \cdot 10^2$	a	$b \cdot 10^2$	a	$b \cdot 10^2$	a	$b \cdot 10^2$	a	$b \cdot 10^2$	a	$b \cdot 10^2$	a	$b \cdot 10^2$	a	$b \cdot 10^2$
Jan	0,03	−0,45	9,54	−0,37	−13,83	−0,17	12,60	−0,01	−22,83	−0,18					19,40	1,09	6,40	1,42
Feb	0,86	−0,50	11,33	−0,46	−12,07	−0,30	17,92	−0,42	−27,32	−0,30					16,33	1,02	4,30	1,30
Mrz	4,30	−0,56	17,78	−0,63	−7,70	−0,44	25,77	−0,73	−18,18	−0,08					12,96	1,20	−0,30	1,16
Apr	9,25	−0,62	24,06	−0,73	−1,93	−0,47	31,86	−0,79	−6,35	−0,76					2,99	1,24		
Mai	13,83	−0,62	27,56	−0,69	1,66	−0,43	32,23	−0,59	−1,32	−0,45			3,19	−0,44	−0,33	0,46		
Jun	17,60	−0,64	31,27	−0,75	5,78	−0,45	35,20	−0,76	1,41	−0,46			9,46	−0,93				
Jul	19,06	−0,62	32,68	−0,70	8,51	−0,49	37,33	−0,57	5,25	−0,45	3,51	−0,48	13,17	−1,17				
Aug	18,33	−0,58	32,58	−0,74	7,60	−0,38	36,65	−0,83	4,92	−0,34			12,04	−1,10				
Sep	14,79	−0,52	29,17	−0,67	3,17	−0,25	33,63	−0,68	−0,82	−0,13			4,03	−0,39				
Okt	10,02	−0,47	22,72	−0,51	−0,85	−0,27	27,58	−0,52	−4,21	−0,48					1,21	0,63		
Nov	5,42	−0,52	15,23	−0,37	−4,66	−0,44	19,64	−0,31	−11,80	−0,27					5,75	1,43	−1,23	0,98
Dez	1,78	−0,48	11,20	−0,41	−9,62	−0,35	16,81	−0,28	−22,28	−0,07					14,30	1,48	3,66	1,36
Jahr	9,62	−0,55	34,20	−0,73	−17,04	−0,11	37,46	−0,58	−27,32	−0,30	7,74	−0,89	42,29	−4,00	72,52	8,63	11,27	6,76

1 Mittleres Monats- und Jahresmittel der Lufttemperatur
2 Mittleres Monats- und Jahresmaximum der Lufttemperatur
3 Mittleres Monats- und Jahresminimum der Lufttemperatur
4 Höchstes Monats- und Jahresmaximum der Lufttemperatur
5 Tiefstes Monats- und Jahresminimum der Lufttemperatur
6 Mittlere Zahl der Tage mit Tagesmaximum der Lufttemperatur ≧30 °C (heiße Tage)
7 Mittlere Zahl der Tage mit Tagesmaximum der Lufttemperatur ≧25 °C (Sommertage)
8 Mittlere Zahl der Tage mit Tagesminimum der Lufttemperatur <0 °C (Frosttage)
9 Mittlere Zahl der Tage mit Tagesmaximum der Lufttemperatur <0 °C (Eistage)

Tabelle 4.2.2.
Regressionskoeffizienten der mittleren Eintrittsdaten $\bar{E}$ der Lufttemperatur, $t = a + bh$
„Sächsische Mittelgebirge", 1951/75

		a	$b \cdot 10^2$
letztes Eintrittsdatum t_{min} < 0 °C (letzter Frost)		108,46	3,37
erstes Eintrittsdatum t_{min} < 0 °C (erster Frost)		296,12	−1,83
Andauer t_{min} ≧ 0 °C (frostfreie Zeit)		186,70	−5,21
$\bar{E}$	$\bar{t}$ ≧ 5 °C	75,42	4,12
$\bar{E}$	$\bar{t}$ < 5 °C	323,83	−3,21
Andauer	$\bar{t}$ ≧ 5 °C	248,40	−7,33
$\bar{E}$	$\bar{t}$ ≧ 10 °C	106,01	4,83
$\bar{E}$	$\bar{t}$ < 10 °C	293,64	−4,29
Andauer	$\bar{t}$ ≧ 10 °C	189,87	−9,52

Tabelle 4.3.
Vergleich der Regressionskoeffizienten (t-Test) zwischen „Thüringischen Mittelgebirgen" A und „Sächsischen Mittelgebirgen" B, 1951/75

Parameter		Jan	Feb	Mrz	Apr	Mai	Jun	Jul	Aug	Sep	Okt	Nov	Dez	Jahr
mittleres Monats-	$b_A \cdot 10^2$	−0,53	−0,52	−0,53	−0,61	−0,59	−0,62	−0,61	−0,56	−0,49	−0,45	−0,55	−0,52	−0,56
und Jahresmittel	$b_B \cdot 10^2$	−0,45	−0,50	−0,56	−0,62	−0,62	−0,64	−0,62	−0,58	−0,52	−0,47	−0,52	−0,48	−0,55
	α	—	—	—	—	—	—	—	—	—	—	—	—	—
mittleres Monats-	$b_A \cdot 10^2$	−0,57	−0,71	−0,88	−0,91	−0,85	−0,89	−0,89	−0,89	−0,91	−0,75	−0,62	−0,62	−0,93
und Jahresmaximum	$b_B \cdot 10^2$	−0,37	−0,46	−0,63	−0,73	−0,69	−0,75	−0,70	−0,74	−0,67	−0,51	−0,37	−0,41	−0,73
	α	—	5%	1%	1%	—	—	5%	5%	1%	5%	5%	5%	1%
mittleres Monats-	$b_A \cdot 10^2$	0,23	−0,08	−0,16	−0,36	−0,31	−0,28	−0,30	−0,20	−0,02	−0,03	−0,16	−0,02	0,28
und Jahresminimum	$b_B \cdot 10^2$	−0,17	−0,30	−0,44	−0,47	−0,43	−0,45	−0,49	−0,38	−0,25	−0,27	−0,44	−0,35	−0,11
	α	—	—	5%	—	—	—	—	—	—	5%	5%	5%	—
höchstes Monats-	$b_A \cdot 10^2$	−0,19	−0,59	−1,20	−0,89	−0,85	−0,88	−0,90	−1,05	−1,05	−0,63	−0,50	−0,90	−0,90
und Jahresmaximum	$b_B \cdot 10^2$	−0,01	−0,42	−0,73	−0,79	−0,59	−0,76	−0,57	−0,83	−0,68	−0,52	−0,31	−0,28	−0,58
	α	—	—	0,1%	—	5%	—	5%	5%	1%	—	—	5%	5%
tiefstes Monats-	$b_A \cdot 10^2$	0,09	−0,83	0,40	−0,52	−0,43	−0,26	−0,31	−0,10	0,02	−0,36	0,51	0,98	−0,46
und Jahresminimum	$b_B \cdot 10^2$	−0,18	−0,30	−0,08	−0,76	−0,45	−0,46	−0,45	−0,34	−0,13	−0,48	−0,27	−0,07	−0,30
	α	—	1%	—	—	—	—	—	—	—	—	1%	1%	—
mittlere Zahl der Tage	$b_A \cdot 10^2$							−0,36						−0,86
$T_{max} \geqq 30$ °C	$b_B \cdot 10^2$							−0,48						−0,89
	α							—						—
mittlere Zahl der Tage	$b_A \cdot 10^2$					−0,34	−1,01	−1,24	−1,21	−0,50				−4,41
$T_{max} \geqq 25$ °C	$b_B \cdot 10^2$					−0,44	−0,93	−1,17	−1,10	−0,39				−4,00
	α					—	—	—	—	—				—
mittlere Zahl der Tage	$b_A \cdot 10^2$	1,42	1,14	0,95	1,18	0,23					0,11	1,51	1,58	8,16
$T_{min} < 0$ °C	$b_B \cdot 10^2$	1,09	1,02	1,20	1,24	0,46					0,63	1,43	1,48	8,63
	α	—	—	—	—	5%					—	—	—	—
mittlere Zahl der Tage	$b_A \cdot 10^2$	1,76	1,57	1,23								0,96	1,64	7,49
$T_{max} < 0$ °C	$b_B \cdot 10^2$	1,42	1,30	1,16								0,98	1,36	6,76
	α	—	—	—								—	—	—

mittlere Eintrittsdaten		letztes Eintrittsdatum $t_{min} < 0$ °C	erstes Eintrittsdatum $t_{min} < 0$ °C	Andauer $t_{min} \geqq 0$ °C
	$b_A \cdot 10^2$	1,76	−0,32	−2,08
	$b_B \cdot 10^2$	3,37	−1,83	−5,21
	α	—	—	—

		Tagesmittel $\bar{t} \geqq 5$ °C	Tagesmittel $\bar{t} < 5$ °C	Andauer $\bar{t} \geqq 5$ °C
	$b_A \cdot 10^2$	4,59	−3,00	−7,17
	$b_B \cdot 10^2$	4,12	−3,21	−7,33
	α	—	—	—

		Tagesmittel $\bar{t} \geqq 10$ °C	Tagesmittel $\bar{t} < 10$ °C	Andauer $\bar{t} \geqq 10$ °C
	$b_A \cdot 10^2$	5,24	−3,03	−8,25
	$b_B \cdot 10^2$	4,83	−4,29	−9,52
	α	—	5%	—

Tab. 5. Abweichung von der Regressionsgeraden, 1951/75

Tab. 5.1. „Thüringische Mittelgebirge"

Tabelle 5.1.1.
Monats- und Jahresmittel der Lufttemperatur, Abweichungen Δ von der Regressionsgeraden (K)
„Thüringische Mittelgebirge", 1951/75

Station	Jan.	Feb	Mrz	Apr	Mai	Jun	Jul	Aug	Sep	Okt	Nov	Dez	Jahr
1	0,26	−0,05	−0,23	−0,22	−0,31	−0,26	−0,32	−0,14	−0,09	−0,09	0,01	0,27	−0,09
2	0,04	−0,06	−0,05	0,17	0,20	0,31	0,28	0,30	0,23	0,15	0,06	−0,15	0,08
3	0,04	0,24	0,05	0,07	0,00	0,21	0,28	0,20	0,33	0,15	0,26	0,35	0,18
4	0,00	0,10	0,10	0,07	−0,09	−0,19	−0,12	−0,16	−0,19	−0,04	0,01	0,11	0,02
5	−0,03	0,17	−0,13	−0,08	−0,24	−0,25	−0,27	−0,10	−0,01	0,04	−0,13	−0,12	−0,11
6	−0,34	−0,64	−0,54	−0,43	−0,47	−0,40	−0,41	−0,53	−0,51	−0,44	−0,45	−0,33	−0,44
7	−0,39	−0,17	0,12	0,38	0,24	0,39	0,40	0,41	0,38	0,17	−0,30	−0,47	0,10
8	−0,33	−0,11	−0,43	−0,32	−0,24	−0,21	−0,30	−0,46	−0,54	−0,43	−0,16	−0,21	−0,26
9	0,76	0,59	0,64	0,44	0,32	0,34	0,46	0,52	0,66	0,69	0,72	0,68	0,60
10	0,16	0,08	−0,04	−0,09	0,00	0,01	0,04	−0,19	−0,33	0,00	0,11	−0,03	0,00
11	−0,44	−0,42	−0,24	−0,29	−0,20	−0,09	−0,16	−0,39	−0,53	−0,40	−0,23	−0,43	−0,30
12	−0,40	−0,07	0,01	0,06	−0,16	−0,25	−0,22	−0,15	−0,18	−0,25	−0,34	−0,28	−0,17
13	0,95	0,78	0,85	0,89	0,98	0,89	1,02	1,10	1,07	0,91	0,80	0,67	0,89
14	−0,26	−0,23	−0,06	−0,05	0,04	0,14	−0,03	0,07	−0,02	−0,08	−0,02	−0,14	−0,03
15	−0,45	−0,11	−0,15	−0,19	−0,08	−0,10	−0,26	−0,44	−0,49	−0,43	−0,42	−0,43	−0,34
16	0,27	0,01	−0,14	−0,08	0,03	0,00	−0,05	−0,22	−0,36	−0,19	0,20	0,19	−0,02
17	0,07	−0,09	−0,25	−0,30	−0,29	−0,22	−0,17	−0,23	−0,26	−0,18	0,09	0,08	−0,13
18	0,32	0,16	−0,09	−0,16	−0,15	−0,19	−0,03	−0,09	−0,11	−0,03	0,13	0,13	0,03
19	−0,41	−0,07	−0,01	−0,09	−0,18	−0,32	−0,46	−0,42	−0,44	−0,55	−0,39	−0,39	−0,31
20	0,31	0,25	0,31	0,32	0,33	0,29	0,35	0,60	0,79	0,58	0,42	0,43	0,41
21	−0,01	−0,17	−0,02	0,08	0,10	0,16	0,22	0,37	0,37	0,16	0,00	0,00	0,08
22	0,09	−0,07	−0,02	−0,12	−0,10	−0,24	−0,18	0,07	0,37	0,16	0,10	0,10	−0,01
23	−0,14	−0,20	−0,04	−0,05	−0,03	0,03	0,09	0,24	0,34	0,23	0,17	−0,03	0,06
24	−0,19	0,05	0,10	−0,01	0,01	−0,04	−0,17	−0,31	−0,41	−0,11	−0,28	−0,18	−0,10
25	−0,05	−0,01	0,05	0,21	0,13	0,28	0,24	0,22	−0,05	0,05	−0,55	0,06	0,03
26	0,12	−0,03	−0,08	0,08	0,20	0,15	0,21	0,29	0,22	0,43	0,22	0,14	0,10
27	−0,16	−0,11	0,04	−0,01	0,12	−0,15	−0,08	0,11	0,35	0,16	−0,06	−0,14	0,02
28	−0,01	0,24	0,09	−0,17	−0,14	−0,31	−0,34	−0,45	−0,40	−0,38	−0,01	0,01	−0,13
29	0,21	0,26	0,11	−0,08	−0,03	0,00	−0,03	−0,23	−0,17	−0,25	0,00	0,13	−0,02
S	0,34	0,28	0,27	0,27	0,27	0,29	0,33	0,39	0,43	0,36	0,33	0,30	0,28

Tabelle 5.1.2.
Mittleres Monats- und Jahresmaximum der Lufttemperatur, Abweichungen Δ von der Regressionsgeraden (K)
„Thüringische Mittelgebirge", 1951/75

Station	Jan	Feb	Mrz	Apr	Mai	Jun	Jul	Aug	Sep	Okt	Nov	Dez	Jahr
1	0,60	0,06	−0,16	−0,23	−0,44	−0,42	−0,42	−0,45	−0,45	−0,58	−0,19	0,63	−0,08
2	−0,27	0,25	0,16	0,16	0,22	0,29	0,39	0,56	0,44	0,27	0,59	−0,09	0,49
3	0,63	−0,15	0,26	−0,14	−0,08	0,19	0,09	−0,24	0,04	0,37	0,59	0,31	0,19
4	0,26	−0,02	−0,02	0,06	−0,24	−0,29	−0,19	−0,01	−0,25	−0,52	0,19	0,41	−0,11
5	0,12	0,20	−0,24	−0,17	0,25	−0,01	0,08	0,27	0,22	0,10	0,04	0,16	−0,44
6	−0,81	−0,18	−0,49	−0,33	−0,19	−0,17	−0,27	−0,29	−0,54	−0,30	−0,61	−0,69	−0,41
7	−1,28	−0,44	0,13	0,28	0,36	0,45	0,24	0,33	0,37	−0,09	−1,01	−0,90	0,39
8	−0,65	0,19	0,26	−0,02	0,01	−0,03	−0,34	−0,14	0,08	−0,08	0,19	−0,40	−0,11
9	1,42	1,71	0,80	0,62	0,47	0,51	0,40	0,70	−0,09	1,22	0,05	1,05	0,72
10	0,41	0,06	−0,58	−0,47	−0,50	−0,57	−0,48	−0,68	−0,87	−0,73	0,42	−0,47	−0,67
11	−0,99	−0,54	0,42	−0,07	0,00	0,83	0,42	0,52	0,73	0,57	−0,18	−0,67	0,53
12	−0,45	−0,91	0,04	−0,26	−0,28	−0,56	−0,56	−0,26	−0,46	−0,80	−1,04	−0,43	−0,46
13	1,10	1,12	0,65	0,25	0,24	0,65	0,25	0,05	0,45	0,93	1,30	0,51	0,55
14	−0,53	−0,26	0,29	0,29	0,30	0,99	0,59	0,59	0,78	0,13	0,06	−0,54	0,68
15	−1,44	−0,25	0,01	−0,21	−0,07	−0,40	−0,50	−0,60	−0,52	−0,39	−0,98	−1,18	−0,43
16	1,37	0,54	0,47	0,05	0,20	0,07	0,16	−0,13	0,45	0,50	1,03	0,32	0,03

Tabelle 5.1.2. (Fortsetzung)

Station	Jan	Feb	Mrz	Apr	Mai	Jun	Jul	Aug	Sep	Okt	Nov	Dez	Jahr
17	0,56	0,30	−0,40	−0,13	−0,57	−0,21	−0,02	0,09	−0,14	0,55	0,50	0,70	0,05
18	0,00	0,12	−0,19	−0,33	−0,25	−0,40	−0,31	−0,29	−0,43	−0,72	−0,06	−0,16	−0,15
19	−1,03	−0,31	0,26	0,33	0,41	0,15	0,25	0,36	−0,27	−0,36	−1,49	−0,49	0,21
20	0,39	0,28	−0,07	−0,11	−0,32	−0,28	−0,49	−0,07	0,09	−0,07	0,72	0,51	−0,13
21	0,06	−0,35	−0,31	−0,05	−0,26	−0,22	−0,33	−0,02	−0,05	−0,41	−0,01	0,38	−0,18
22	0,16	0,05	−0,21	−0,45	−0,76	−0,22	−0,63	−0,32	−0,05	−0,41	0,39	0,18	−0,38
23	−0,17	−0,29	−0,36	−0,60	−0,60	−0,17	−0,28	−0,06	0,00	0,15	0,16	0,25	−0,22
24	−1,03	−0,76	−0,45	−0,29	0,11	−0,26	−0,07	−0,25	−0,79	−1,22	−1,61	−0,81	−0,22
25	0,10	0,13	0,59	0,24	0,56	0,67	0,67	0,58	0,34	0,55	0,61	0,10	0,51
26	0,68	0,29	−0,15	−0,01	−0,19	−0,07	−0,28	−0,06	0,19	0,11	0,58	0,27	−0,04
27	0,19	−0,02	−0,39	−0,05	−0,11	0,09	−0,21	−0,09	0,15	0,20	−0,01	0,18	0,02
28	−0,17	−0,39	0,02	−0,34	−0,40	−0,49	−0,30	−0,68	−1,04	−0,77	−0,57	−0,18	−0,37
29	0,55	1,00	0,79	0,62	0,88	0,67	0,96	0,79	0,83	0,72	0,93	0,62	0,89
S	0,78	0,56	0,40	0,31	0,40	0,45	0,42	0,42	0,49	0,59	0,74	0,56	0,42

Tabelle 5.1.3.
Mittleres Monats- und Jahresminimum der Lufttemperatur, Abweichungen Δ von der Regressionsgeraden (K)
„Thüringische Mittelgebirge", 1951/75

Station	Jan	Feb	Mrz	Apr	Mai	Jun	Jul	Aug	Sep	Okt	Nov	Dez	Jahr
1	−0,46	0,36	0,12	0,35	0,11	−0,02	0,19	0,40	0,51	0,13	0,13	0,39	−0,07
2	−0,13	−0,12	−0,24	0,19	0,30	0,40	0,48	0,20	0,39	0,00	0,17	−0,03	−0,29
3	0,37	0,58	0,56	0,19	0,30	0,30	0,08	0,60	0,79	0,30	0,27	0,37	0,71
4	−0,38	0,33	−0,54	0,05	0,10	−0,18	−0,51	−0,33	−0,43	−0,22	−0,33	−0,66	−0,01
5	0,88	0,81	1,02	0,36	0,42	0,55	0,61	0,43	1,07	0,57	0,73	0,56	1,16
6	0,17	−0,12	−0,24	−0,48	−0,40	−0,76	−0,31	−0,55	−0,44	−0,34	−0,34	0,05	0,07
7	1,32	1,62	1,26	1,08	1,00	1,26	1,09	1,22	1,44	1,05	0,76	1,34	1,75
8	−2,13	−2,43	−1,95	−1,26	−1,60	−2,03	−2,00	−2,71	−2,37	−1,47	−2,24	−2,18	−2,67
9	1,27	0,14	0,89	0,10	1,47	0,66	1,28	1,41	0,72	1,02	0,69	1,11	1,54
10	1,42	1,03	1,46	0,73	0,89	0,60	0,71	0,67	1,11	0,31	1,46	1,51	1,90
11	−1,28	−2,07	−1,84	−1,47	−0,69	−0,60	−0,79	−1,33	−1,99	−1,49	−1,04	−1,79	−2,30
12	−0,46	−0,68	−0,16	−0,11	−0,32	−0,92	−0,92	−1,25	−0,79	−0,69	0,04	−0,69	−1,18
13	1,16	0,21	0,43	0,16	0,35	0,55	0,45	0,03	−0,09	0,30	0,33	0,21	0,35
14	−1,85	−0,92	−1,23	−1,09	−0,58	−0,36	−0,97	−1,05	−1,60	−1,01	−0,44	−0,40	−1,74
15	−0,52	−0,47	−0,72	−0,99	−1,05	−1,42	−1,33	−1,56	−0,91	−0,62	−0,92	−1,41	−0,99
16	−1,38	−1,58	−1,64	−0,64	−0,49	−0,76	−0,68	−0,79	−0,91	−0,93	−1,25	−1,42	−1,84
17	−1,64	−1,69	−1,27	−0,51	−0,65	−1,31	−0,94	−0,83	−1,12	−1,03	−1,48	−1,72	−1,39
18	0,19	0,20	0,91	0,35	0,21	0,06	0,53	0,05	0,18	−0,13	−0,10	−0,12	0,54
19	−0,80	−0,21	−0,50	−0,67	−0,60	−0,66	−0,38	−0,56	−0,22	−0,84	−0,40	−0,52	−0,85
20	1,23	1,08	1,28	1,28	1,55	1,30	1,57	1,91	1,97	1,66	0,97	1,17	1,69
21	0,05	0,48	0,47	0,66	0,74	0,79	1,45	1,00	1,17	0,86	0,06	0,47	0,41
22	0,25	−0,22	0,17	0,26	0,54	0,39	0,45	0,80	0,73	0,56	0,36	0,67	0,31
23	0,16	0,77	1,06	0,64	0,92	1,17	1,04	1,19	0,77	0,66	1,16	1,07	0,72
24	0,48	0,87	0,45	−0,09	−0,61	−0,75	−0,69	−0,53	−0,33	−0,25	0,54	0,27	0,55
25	−0,45	−0,36	0,00	0,30	0,30	0,46	0,02	−0,19	−0,34	−0,15	0,29	0,56	−0,27
26	0,66	0,74	0,09	0,78	0,58	0,75	0,70	0,80	0,66	0,64	0,28	0,56	0,55
27	0,80	0,53	0,67	0,33	0,73	0,91	0,46	0,67	1,16	1,14	0,06	0,26	0,89
28	0,42	1,42	0,35	−0,01	−0,50	−0,72	−0,57	−0,64	−0,34	−0,36	1,04	0,36	0,32
29	0,06	0,11	−0,37	−0,37	−0,24	−0,36	−0,12	−0,27	−0,55	−0,67	−0,78	−0,24	0,56
S	0,99	1,02	0,96	0,69	0,77	0,88	0,90	1,05	1,07	0,83	0,86	0,99	1,23

Tabelle 5.1.4.
Höchstes Monats- und Jahresmaximum der Lufttemperatur, Abweichungen Δ von der Regressionsgeraden (K)
„Thüringische Mittelgebirge", 1951/75

Station	Jan	Feb	Mrz	Apr	Mai	Jun	Jul	Aug	Sep	Okt	Nov	Dez	Jahr
1	−0,49	−0,58	0,08	0,41	−0,15	−0,39	0,11	−0,53	−0,48	−1,26	0,28	0,51	0,11
2	−0,89	1,12	0,88	0,31	0,05	−0,19	−0,09	−0,03	−0,68	0,14	−1,02	−0,69	−0,09
3	2,51	0,62	1,08	−0,59	0,75	1,01	0,41	−0,63	1,12	0,54	0,98	0,31	0,41
4	−0,22	−1,07	−0,90	0,72	−0,47	0,62	−0,18	0,52	1,40	−1,25	0,85	2,32	−0,18
5	0,43	−0,32	−2,50	0,20	−1,67	−1,20	−2,20	−0,23	−0,77	−0,40	0,83	−1,40	−2,20
6	−1,95	−0,66	−0,68	−1,06	0,01	0,04	0,54	−0,13	−1,01	0,86	0,23	−1,06	0,54
7	−2,48	−0,65	0,34	−0,15	0,39	0,55	0,95	−0,18	2,47	−0,83	−1,00	1,65	0,95
8	2,09	−0,74	0,96	0,97	−0,13	−0,73	−0,43	−0,23	−0,44	0,68	−0,22	−1,13	−0,43
9	2,11	2,12	0,98	0,61	1,15	0,71	1,11	0,77	0,52	1,14	1,28	1,61	1,11
10	−0,13	1,00	−0,36	−0,57	−0,91	−0,77	−1,77	−0,23	−1,20	−0,58	−0,02	−1,37	−1,77
11	−0,83	0,40	0,54	0,23	0,99	0,53	1,83	0,27	0,90	0,12	−0,12	−1,57	1,83
12	−0,95	−2,16	−0,58	−0,96	−0,39	−1,06	−0,76	0,67	1,29	−1,34	−3,37	−1,16	−0,76
13	2,13	2,18	0,30	0,35	−1,57	1,15	1,35	−0,03	−0,22	3,60	1,38	0,95	1,35
14	−0,35	−0,56	0,02	−1,11	1,01	1,89	0,69	−0,13	0,54	−0,24	−0,62	0,79	0,69
15	−1,86	−4,19	−0,44	−1,11	−0,43	−1,21	−0,71	−1,28	−1,27	−0,07	−1,30	−2,11	−0,71
16	0,81	0,22	1,28	0,96	0,55	0,66	0,16	0,07	−0,03	1,04	1,53	1,46	0,16
17	1,27	0,00	0,04	0,38	−0,71	−0,72	−0,52	0,77	−0,25	0,62	1,03	3,98	−0,52
18	0,35	0,34	−0,28	−0,51	−0,49	−0,91	0,59	1,97	−0,76	−0,54	−0,02	−0,41	0,59
19	−1,16	2,01	0,56	−0,26	0,07	0,34	0,54	0,82	−0,42	−0,77	−1,65	−1,86	0,54
20	0,81	−0,38	0,68	1,11	−0,65	0,51	−0,69	0,37	0,02	0,94	2,28	−2,29	−0,69
21	−0,60	0,19	0,02	−0,14	0,71	1,06	0,36	0,32	−0,04	−0,59	1,45	1,66	0,36
22	−0,20	−0,01	0,92	0,16	−0,49	−0,34	−1,54	−0,08	−0,44	1,01	1,65	2,26	−1,54
23	0,09	0,66	−0,34	−0,98	−0,83	−0,38	−1,18	−1,13	0,01	−0,62	−0,77	1,12	−1,18
24	−2,23	0,00	−0,86	−0,37	−0,61	−0,07	0,83	−0,83	−0,80	−1,08	−2,22	−1,27	0,83
25	0,21	1,82	−0,22	−0,14	1,35	0,36	1,36	−0,83	−0,03	0,04	0,73	−0,14	1,36
26	−0,20	−0,11	0,42	0,71	1,11	−0,79	−0,99	0,72	0,71	0,81	1,40	−0,89	−0,99
27	0,27	−0,50	−0,56	0,68	0,49	−0,42	−0,72	0,07	0,35	1,12	−3,37	−0,32	−0,72
28	0,15	−3,36	−1,08	−0,41	−1,09	−1,01	−1,81	−0,63	−0,46	−3,34	−1,22	−3,41	−1,81
29	0,32	0,65	−0,16	0,15	1,29	0,25	2,35	0,52	0,67	0,57	0,80	3,75	2,35
S	1,31	1,46	0,83	0,68	0,86	0,82	1,15	0,70	0,88	1,24	1,48	1,84	1,15

Tabelle 5.1.5.
Tiefstes Monats- und Jahresminimum der Lufttemperatur, Abweichungen Δ von der Regressionsgeraden (K)
„Thüringische Mittelgebirge", 1951/75

Station	Jan	Feb	Mrz	Apr	Mai	Jun	Jul	Aug	Sep	Okt	Nov	Dez	Jahr
1	−1,57	−0,46	0,33	1,74	0,67	0,60	0,90	1,27	0,30	−0,73	0,46	−1,68	−0,96
2	−0,27	−0,76	0,63	0,64	−0,23	2,10	1,20	−0,03	0,80	−0,13	1,76	−1,18	−0,96
3	−0,37	−0,26	2,23	0,74	0,67	0,90	0,40	0,47	0,70	0,47	0,76	0,52	−0,46
4	0,20	0,72	−0,51	0,42	−0,49	−0,39	−1,80	−0,60	−0,50	1,41	−1,31	1,97	0,72
5													
6	0,96	0,10	−0,35	−1,51	−1,35	−0,49	−0,59	−0,66	−0,10	−0,35	−1,69	2,32	0,29
7	2,23	0,58	3,21	1,97	1,39	2,22	1,21	1,87	1,00	1,59	2,64	3,07	0,97
8	−2,41	0,16	−4,33	−2,06	−3,07	−2,08	−2,78	−2,19	−2,00	−0,97	−4,14	−2,98	0,74
9	0,93	0,84	2,33	−2,06	0,37	1,40	1,80	1,37	0,10	0,77	1,96	2,02	1,54
10													
11	0,25	−1,82	−1,99	−4,46	−0,11	−0,16	−0,16	−0,85	−0,50	−0,01	−3,04	−4,78	−1,06
12	−0,24	1,20	−2,75	1,49	1,45	−0,39	−1,09	−0,86	0,20	0,55	−0,99	0,52	1,99
13	5,17	0,32	1,09	−1,36	−0,19	−0,72	0,88	−1,07	0,00	−0,19	2,36	1,42	1,14
14	−1,19	−0,70	−2,95	−3,86	0,15	−0,74	−0,64	−1,61	−0,30	−0,65	−1,54	−1,18	0,24
15	−1,13	0,26	0,37	−0,93	−0,77	−1,60	−1,41	−1,17	0,00	−0,17	1,74	−0,03	1,17
16	−1,82	−2,26	−4,47	−1,41	−0,93	0,25	−1,25	−0,38	−1,50	−1,33	−0,69	−1,98	−1,11
17	−2,50	−0,72	−1,99	1,29	0,09	−1,11	−0,91	−0,80	−1,50	−1,81	−2,59	−6,38	−5,41

Tabelle 5.1.5. (Fortsetzung)

Station	Jan	Feb	Mrz	Apr	Mai	Jun	Jul	Aug	Sep	Okt	Nov	Dez	Jahr
18	1,51	1,00	−0,15	1,84	−0,65	−0,24	0,26	−0,81	−1,40	−0,35	−2,94	2,22	2,24
19	0,52	1,66	−1,03	−0,18	−0,57	−0,25	−1,36	−0,32	−1,00	−0,17	2,19	−0,63	0,12
20	−0,67	−0,16	4,83	2,64	1,37	−0,20	2,80	2,57	1,30	2,37	2,36	2,22	1,14
21	−1,26	1,00	0,05	1,22	0,85	0,49	1,28	1,66	2,00	0,65	−2,91	1,77	0,62
22	1,44	−1,10	0,25	−0,08	−0,25	−0,11	0,78	0,66	1,00	0,95	0,69	−0,63	−0,18
23	0,54	−0,04	2,47	−0,21	1,43	0,67	1,67	0,86	1,10	−0,07	3,51	1,62	1,29
24	0,15	1,08	0,61	0,14	−0,41	−0,56	−0,96	0,25	−0,10	0,59	1,36	2,52	1,94
25	−0,42	−2,46	−2,57	1,99	1,17	−0,65	0,75	−0,88	−2,00	−1,33	2,11	1,02	−1,01
26	0,99	0,50	−0,25	1,67	0,15	0,94	1,13	0,61	0,40	0,85	−1,56	−1,03	−1,33
27	−0,60	−0,72	2,11	0,59	0,09	0,39	0,29	0,50	2,30	0,89	−3,99	−2,58	−3,11
28	−1,29	2,80	2,95	1,94	−0,15	−1,04	−0,84	−0,11	0,00	−1,15	1,86	2,22	1,54
29	1,33	−0,62	0,61	−3,03	−0,31	0,02	−0,39	0,17	−1,30	−0,61	0,84	0,57	−0,33
S	1,63	1,19	2,34	1,94	1,01	1,02	1,32	1,15	1,16	1,00	2,31	2,40	1,70

Tabelle 5.1.6.
Mittlere Zahl der Tage mit Tagesmaximum der Lufttemperatur ≧ 30 °C (heiße Tage), Abweichungen Δ von der Regressionsgeraden (Tage)
„Thüringische Mittelgebirge", 1951/75

Station	Jul	Jahr
1	0,00	0,00
2	0,10	0,10
3	0,10	0,10
4	0,15	0,22
5	0,06	0,11
6	−0,09	−0,24
7	0,18	0,00
8	−0,35	−0,96
9	0,01	−0,31
10	−0,47	−1,38
11	−0,47	−0,88
12	−0,30	−1,27
13	−0,04	−0,55
14	0,32	0,50
15	−0,18	−0,77
16	0,07	−0,10
17	−0,20	−0,38
18	−0,34	−1,16
19	0,55	0,49
20	−0,11	−0,34
21	−0,23	−0,38
22	−0,53	−0,98
23	−0,24	−0,72
24	0,22	−0,01
25	0,51	1,73
26	0,30	0,79
27	0,34	0,66
28	0,21	−0,03
29	0,65	2,84
S	0,32	0,91

Tabelle 5.1.7.
Mittlere Zahl der Tage mit Tagesmaximum der Lufttemperatur ≧ 25 °C (Sommertage), Abweichungen Δ von der Regressionsgeraden (Tage)
„Thüringische Mittelgebirge", 1951/75

Station	Mai	Jun	Juli	Aug	Sep	Jahr
1	0,00	0,20	0,05	0,46	0,10	2,00
2	0,20	0,37	0,52	0,35	0,26	1,93
3	0,20	0,47	0,12	0,55	0,26	1,73
4	−0,10	0,11	0,31	0,17	0,14	0,76
5	−0,08	−0,44	−0,70	−0,53	−0,18	−1,84
6	−0,21	−0,54	−0,69	−0,92	−0,28	−2,61
7	−0,02	0,00	1,10	0,90	−0,10	1,92
8	−0,13	−0,36	0,30	−0,09	−0,13	−0,44
9	−0,15	0,24	0,21	0,23	0,27	0,89
10	−0,52	−1,56	−1,04	−1,21	−0,73	−5,19
11	−0,22	0,24	0,56	0,39	−0,23	0,71
12	−0,55	−1,27	−0,36	−0,83	−0,78	−3,93
13	0,02	0,03	0,01	−0,52	−0,02	−0,17
14	−0,01	0,83	0,42	0,36	0,08	1,56
15	−0,49	−0,23	−0,66	−0,70	−0,20	−2,56
16	0,37	0,22	0,15	−0,38	0,03	0,37
17	−0,10	−0,38	−0,50	0,07	0,43	−0,41
18	−0,23	−0,68	−0,42	−0,45	−0,42	−2,25
19	0,65	0,77	0,72	0,99	0,05	2,93
20	−0,49	−0,88	−1,47	−0,69	0,08	−3,53
21	−0,01	−0,43	−0,33	0,05	−0,04	−0,75
22	−0,41	−0,83	−1,13	−0,95	−0,14	−3,55
23	−0,63	−0,38	−0,89	−0,31	−0,17	−2,57
24	0,34	0,11	0,29	−0,43	−0,32	−0,21
25	0,85	1,41	1,12	1,51	0,73	5,76
26	−0,27	−0,14	0,45	0,55	0,11	0,74
27	−0,22	0,41	0,27	0,47	0,33	1,38
28	0,35	−0,29	−0,36	−0,55	−0,62	−1,46
29	1,50	2,26	1,96	1,26	1,11	8,68
S	0,47	0,78	0,76	0,71	0,40	2,97

Tabelle 5.1.8.
Mittlere Zahl der Tage mit Tagesminimum der Lufttemperatur <0 °C (Frosttage), Abweichungen Δ von der Regressionsgeraden (Tage)
„Thüringische Mittelgebirge", 1951/75

Station	Jan	Feb	Mrz	Apr	Mai	Okt	Nov	Dez	Jahr
1	−1,34	−0,91	−0,47	0,20	0,57	0,10	0,19	−0,89	−2,83
2	0,17	0,23	0,08	0,08	−0,56	0,11	0,80	0,22	0,76
3	−0,73	−0,97	−0,72	−0,02	−0,16	−0,19	−1,00	−0,58	−4,64
4	0,19	0,17	0,69	0,15	0,01	0,19	0,28	−0,04	1,78
5	0,25	0,46	0,03	−0,06	−0,42	−0,98	0,86	0,76	0,72
6	1,11	1,01	0,71	0,51	−0,01	0,16	0,76	0,90	5,00
7	1,63	0,85	−0,87	−2,42	−1,04	−1,86	0,04	1,14	−3,08
8	0,75	0,90	2,25	1,75	1,23	2,41	0,92	0,68	12,54
9	−1,18	−1,15	−1,97	−1,68	−0,16	−1,64	−2,38	−1,58	−11,89
10	−0,10	−0,42	−0,48	−0,25	−0,01	−0,52	−0,88	−0,26	−2,85
11	1,50	0,78	1,12	0,75	0,49	1,58	−0,28	0,94	7,75
12	0,34	0,20	−0,39	−0,13	0,32	0,59	−0,23	0,41	1,17
13	−1,52	−1,09	−1,09	−0,71	−0,05	−0,70	−1,38	−1,53	−8,11
14	0,25	0,47	0,79	1,66	0,35	1,25	−0,47	−0,09	4,76
15	1,53	1,30	2,01	2,11	0,70	1,71	1,85	1,39	13,06
16	−0,66	−0,63	−0,15	0,69	0,54	0,73	0,38	−0,07	0,79
17	−0,98	−0,20	0,94	0,82	0,29	1,75	0,98	−1,25	2,93
18	−1,24	−0,89	−0,37	−0,76	−0,08	−0,14	−0,37	−1,09	−5,16
19	1,23	1,17	1,68	1,30	0,33	1,67	2,31	1,79	11,45
20	−0,45	−0,46	−1,38	−2,42	−0,93	−2,62	−1,67	−1,17	−11,32
21	−1,58	−0,60	−0,83	−1,06	−0,61	−1,01	−0,69	−0,29	−7,11
22	0,12	0,40	−0,03	−0,46	−0,21	−1,41	−1,09	−0,49	−3,41
23	−0,01	−0,15	−1,08	−1,00	−0,80	−1,40	−1,12	0,19	−5,70
24	−0,37	−0,23	−0,19	0,31	0,43	0,51	−0,16	−0,15	0,12
25	0,45	0,21	0,30	0,57	0,08	0,34	0,39	0,43	2,37
26	−0,48	−0,53	−0,75	−1,47	−0,48	−0,65	−0,44	−0,59	−5,72
27	0,54	0,34	−0,31	−0,30	−0,44	−1,84	0,19	0,55	−1,79
28	−0,42	−0,85	−0,22	0,82	0,39	0,98	0,04	−0,89	−0,17
29	0,99	0,62	0,73	1,00	0,63	0,89	2,17	1,55	8,56
S	0,95	0,74	1,02	1,16	0,54	5,54	1,11	0,94	6,67

Tabelle 5.1.9.
Mittlere Zahl der Tage mit Tagesmaximum der Lufttemperatur <0 °C (Eistage), Abweichungen Δ von der Regressionsgeraden (Tage)
„Thüringische Mittelgebirge", 1951/75

Station	Jan	Feb	Mrz	Nov	Dez	Jahr
1	−0,22	0,73	1,79	1,32	−0,20	5,01
2	0,44	0,20	0,32	0,28	0,14	1,30
3	−0,36	0,30	0,32	−0,12	−0,26	0,40
4	−0,62	−0,58	−1,68	−0,90	−0,99	−5,14
5	1,02	0,81	0,53	0,34	1,12	3,33
6	1,52	1,04	0,02	0,32	1,68	4,33
7	2,36	0,36	−0,09	0,45	2,54	5,10
8	−0,59	−1,12	−0,79	−0,63	−0,59	−4,34
9	−2,69	−1,69	−0,50	−1,45	−2,43	−9,34
10	−0,74	−0,38	0,55	−0,56	0,00	−1,55
11	0,66	0,02	−0,55	−0,96	−0,10	−1,35
12	1,24	−0,42	−0,83	−0,16	0,86	0,20
13	−2,99	−1,76	−0,70	−1,06	−2,27	−9,25
14	0,31	0,17	−0,41	0,62	−1,21	−0,85
15	−0,12	−1,17	−0,84	−0,35	−0,01	−2,63
16	−1,46	−0,23	−0,15	−0,41	−1,06	−3,41

Tabelle 5.1.9. (Fortsetzung)

Station	Jan	Feb	Mrz	Nov	Dez	Jahr
17	−1,51	−0,12	0,09	−0,52	−0,53	−2,61
18	−0,23	0,54	0,61	0,28	0,03	1,23
19	0,76	−1,68	−1,22	−0,07	0,91	−1,29
20	−0,28	0,85	0,66	0,17	−0,14	1,33
21	0,84	1,27	0,57	0,48	0,38	3,61
22	0,21	0,83	1,02	0,12	−0,06	2,21
23	0,40	1,01	0,28	0,37	0,32	2,48
24	1,27	−0,23	−0,19	0,26	1,29	2,53
25	−0,30	0,24	0,07	−0,05	−0,42	−0,22
26	0,49	1,02	0,74	0,40	−0,14	2,75
27	1,35	1,45	0,52	0,54	0,91	5,07
28	0,83	−0,99	0,14	0,24	0,27	0,82
29	−0,61	−0,15	0,23	0,18	0,32	0,34
S	1,21	0,93	0,74	0,61	1,06	3,85

Tabelle 5.1.10.
Mittlere Eintrittsdaten des Tagesminimums der Lufttemperatur <0 °C (1. und letzter Frost) und mittlere Andauer der Periode mit Tagesminimum der Lufttemperatur ≧ 0 °C, Abweichungen Δ von der Regressionsgeraden (Tage)
„Thüringische Mittelgebirge", 1951/75

Station	letztes Eintrittsdatum	1. Eintrittsdatum	Andauer (Tage)
1	0,57	2,58	1,91
2	−3,67	2,26	5,83
3	−4,67	3,26	7,83
4	0,47	−2,95	−3,52
5	−0,09	4,97	4,96
6	2,61	−1,16	−3,88
7	−9,24	9,62	18,77
8	14,90	−15,59	−30,59
9	−1,40	4,28	5,58
10	−4,05	7,22	11,16
11	2,95	−6,78	−9,84
12	7,13	−5,81	−13,04
13	−2,69	−1,84	0,75
14	3,01	−12,97	−16,08
15	11,98	−9,15	−21,23
16	1,24	−4,20	−5,54
17	4,59	−9,27	−13,96
18	−3,23	1,70	4,83
19	6,86	−2,31	−9,27
20	−9,88	9,64	19,42
21	−6,79	7,62	14,31
22	−2,79	4,62	7,31
23	−8,70	5,60	14,21
24	5,47	−0,43	−6,00
25	−1,00	−0,53	0,37
26	−3,91	3,46	7,27
27	−7,65	9,41	16,96
28	2,53	1,38	−1,25
29	4,79	−3,67	−8,56
S	6,17	6,75	12,46

Tabelle 5.1.11.
Mittlere Eintrittsdaten eines Tagesmittels der Lufttemperatur ≧5 °C bzw. ≧10 °C und <5 °C bzw. <10 °C sowie mittlere Andauer eines Tagesmittels der Lufttemperatur ≧5 °C bzw. ≧10 °C, Abweichungen Δ von der Regressionsgeraden (Tage)
„Thüringische Mittelgebirge", 1951/75

Station	Eintrittsdaten				Andauer (Tage)	
	≧5 °C	<5 °C	≧10 °C	<10 °C	≧5 °C	≧10 °C
1	1,92	–2,32	1,15	–2,97	–6,16	–4,22
2	–2,49	0,68	0,39	0,00	1,67	–0,47
3	0,51	–0,32	1,39	1,00	–2,33	–0,47
4	–1,50	2,73	5,80	–0,97	3,01	–6,83
5	1,64	0,98	5,11	0,27	–1,78	–4,90
6	4,48	–3,22	6,20	–3,94	–8,65	–10,20
7	–2,54	–1,17	–6,39	2,09	0,69	8,44
8	2,45	–1,12	–2,98	–2,88	–3,97	0,08
9	–4,72	4,68	–7,89	6,91	9,16	14,78
10	–0,80	2,08	–5,84	3,30	2,73	9,13
11	1,20	–0,92	–0,84	–0,70	–2,27	0,13
12	0,66	–2,22	–3,32	–1,00	–2,99	2,30
13	–6,88	5,48	–8,79	7,69	12,30	16,48
14	–0,05	–0,72	–2,70	–0,52	–0,57	2,18
15	1,48	–3,37	–0,81	–3,18	–4,52	–2,36
16	0,17	0,18	–1,03	–1,64	0,41	–0,60
17	2,08	–0,42	1,02	–2,25	–1,03	–3,25
18	0,54	0,28	0,54	0,45	0,26	–0,07
19	–0,23	–3,87	1,81	–3,70	–3,10	–5,48
20	–2,54	1,68	–1,41	3,85	4,82	5,28
21	–0,31	0,53	–0,15	1,69	1,47	1,87
22	2,69	0,53	0,85	1,69	–1,53	0,87
23	–0,08	1,38	1,12	1,54	2,11	0,45
24	2,38	–1,92	1,64	–2,76	–3,61	–4,37
25	–1,24	0,18	2,21	–1,67	2,24	–3,85
26	–1,01	1,03	1,47	0,18	2,88	–1,26
27	–0,33	–0,42	2,26	0,72	0,80	–2,50
28	1,13	–0,72	3,78	–2,58	–0,91	–6,32
29	0,82	–0,17	3,57	–2,03	0,01	–5,56
S	2,36	2,17	3,83	2,95	4,29	6,20

Tab. 5.2. „Sächsische Mittelgebirge"

Tabelle 5.2.1.
Mittleres Monats- und Jahresmittel der Lufttemperatur, Abweichungen Δ von der Regressionsgeraden (K)
„Sächsische Mittelgebirge", 1951/75

Station	Jan	Feb	Mrz	Apr	Mai	Jun	Jul	Aug	Sep	Okt	Nov	Dez	Jahr
1	–0,37	–0,66	–0,76	–0,75	–0,73	–0,59	–0,46	–0,37	–0,57	–0,64	–0,50	–0,30	–0,58
2	0,12	0,04	–0,04	–0,03	0,09	0,24	0,26	0,15	0,03	0,05	0,00	0,20	0,13
3	0,31	0,44	0,47	0,30	0,12	0,06	–0,11	–0,13	0,04	0,24	0,41	0,49	0,24
4	0,25	0,28	0,22	0,25	0,17	0,12	0,14	0,02	–0,22	–0,21	0,15	0,24	0,09
5	0,32	0,27	0,11	0,06	0,08	0,03	0,15	0,22	0,27	0,17	0,04	0,22	0,18
6	0,57	0,45	0,42	0,30	0,32	0,28	0,29	0,34	0,36	0,32	0,33	0,48	0,38
7	–0,67	–0,57	–0,58	–0,28	–0,16	–0,09	–0,09	–0,06	–0,15	–0,21	–0,28	–0,45	–0,32
8	–0,03	0,07	0,07	0,18	0,20	0,17	0,27	0,50	0,49	0,44	0,06	0,00	0,23
9	0,17	–0,03	–0,13	–0,22	–0,30	–0,43	–0,43	–0,30	–0,21	–0,16	0,06	–0,50	–0,17
10	–0,60	–0,35	0,09	0,17	0,29	0,39	0,26	0,25	0,09	–0,01	–0,24	–0,44	–0,04

Tabelle 5.2.1. (Fortsetzung)

Station	Jan	Feb	Mrz	Apr	Mai	Jun	Jul	Aug	Sep	Okt	Nov	Dez	Jahr
11	0,37	0,23	0,20	0,17	0,09	−0,02	−0,04	0,14	0,27	0,36	0,34	0,23	0,14
12*	−0,12	0,04	−0,08	0,11	0,13	0,23	0,30	0,17	0,19	0,17	−0,04	−0,06	0,07
13	0,48	0,34	0,32	0,21	0,13	0,03	0,10	0,07	0,39	0,37	0,46	0,54	0,27
14	−1,00	−0,73	−0,75	−0,66	−0,54	−0,44	−0,57	−0,70	−0,78	−0,71	−0,61	−0,84	−0,70
15	0,10	0,08	0,28	−0,02	−0,10	−0,20	−0,03	−0,07	0,03	−0,01	0,00	−0,03	0,02
16	−0,44	−0,31	−0,15	−0,29	−0,17	−0,24	−0,40	−0,67	−0,73	−0,72	−0,36	−0,44	−0,42
17*	0,41	0,39	0,51	0,53	0,45	0,30	0,22	0,31	0,39	0,45	0,36	0,54	0,43
18	0,25	0,28	0,46	0,24	0,16	0,23	0,23	0,08	0,20	0,21	0,07	0,11	0,17
19*	−0,33	−0,34	−0,39	−0,04	0,08	0,06	0,05	0,14	0,09	0,05	−0,34	−0,23	−0,09
20	0,22	0,11	−0,11	−0,23	−0,31	−0,14	−0,14	−0,09	−0,18	−0,12	0,09	0,24	−0,05
S	0,44	0,38	0,40	0,33	0,30	0,28	0,28	0,32	0,37	0,37	0,31	0,41	0,31

* verkürzte Reihe

Tabelle 5.2.2.
Mittleres Monats- und Jahresmaximum der Lufttemperatur, Abweichungen Δ von der Regressionsgeraden (K)
„Sächsische Mittelgebirge", 1951/75

Station	Jan	Feb	Mrz	Apr	Mai	Jun	Jul	Aug	Sep	Okt	Nov	Dez	Jahr
1	−0,14	−0,56	−1,07	−0,77	−0,81	−0,67	−0,42	−0,69	−0,54	−0,62	−0,63	−0,07	−0,31
2	0,63	0,23	−0,25	−0,13	0,03	−0,22	0,02	0,06	0,20	0,29	0,14	0,61	−0,07
3	0,50	0,52	0,88	0,32	0,46	0,63	0,26	0,30	0,33	0,29	0,41	0,59	0,28
4	0,74	0,37	0,54	0,29	0,83	0,99	0,63	0,17	−0,21	−0,47	0,65	0,73	0,45
5	0,20	0,74	−0,16	0,11	0,04	0,22	−0,16	−0,10	0,01	0,12	0,21	0,20	0,07
6	1,30	0,70	0,09	0,21	−0,08	0,13	0,03	0,50	0,57	0,90	0,91	0,53	0,37
7	−1,56	−0,94	−0,58	−0,53	−0,63	−0,60	−0,62	−0,63	−0,48	−0,81	−0,85	−1,03	−0,77
8	0,17	−0,40	0,07	−0,06	0,13	0,07	0,14	0,14	0,18	−0,17	−0,52	0,11	0,10
9	0,77	0,00	−0,53	−0,56	−0,57	−0,73	−0,46	−0,16	−0,22	0,23	0,48	0,41	−0,30
10	−2,07	−1,05	−0,32	0,24	0,50	0,49	0,22	0,25	0,02	−0,58	−0,96	−1,59	0,20
11	1,18	0,51	0,57	0,25	−0,10	−0,40	0,02	0,16	0,22	0,70	1,39	0,67	−0,29
12*	0,77	0,62	0,12	−0,18	−0,24	0,08	−0,02	0,13	0,27	0,61	0,98	0,66	0,18
13	−0,43	0,12	−0,18	−0,08	−0,44	−0,32	−0,52	−0,47	−0,73	−0,49	−0,62	−0,24	−0,52
14	−2,02	−1,66	−1,15	−0,45	−0,41	−0,49	−0,48	−0,64	−0,79	−1,36	−1,71	−1,82	−0,69
15	−0,23	0,24	0,99	0,71	0,44	0,18	0,57	0,83	0,65	0,55	−0,32	−0,33	0,57
16	−1,85	−0,68	0,84	0,57	0,66	0,25	0,49	0,49	0,44	−0,12	−1,14	−1,31	0,43
17*	1,12	1,08	0,97	0,40	0,35	1,00	1,19	0,13	0,71	1,69	1,43	1,30	0,76
18	0,78	0,93	0,59	0,41	0,32	0,04	0,28	0,55	0,47	0,59	0,89	0,41	0,47
19*	−0,59	−1,14	−0,99	−0,15	−0,29	−0,90	−1,22	−1,19	−1,36	−1,13	−1,08	−0,32	−1,19
20	0,75	0,35	−0,43	−0,60	−0,19	0,22	0,01	0,19	0,25	−0,24	0,36	0,48	0,26
S	1,13	0,79	0,70	0,43	0,47	0,55	0,55	0,51	0,56	0,76	0,94	0,87	0,52

* verkürzte Reihe

Tabelle 5.2.3.
Mittleres Monats- und Jahresminimum der Lufttemperatur, Abweichungen Δ von der Regressionsgeraden (K)
„Sächsische Mittelgebirge", 1951/75

Station	Jan	Feb	Mrz	Apr	Mai	Jun	Jul	Aug	Sep	Okt	Nov	Dez	Jahr
1	−0,36	−0,89	−0,74	−0,89	−0,51	−0,72	−0,52	−0,40	−0,47	−0,54	−0,58	−0,60	−0,68
2	−0,50	0,27	−0,46	−0,70	−0,43	−0,23	−0,12	−0,12	0,18	−0,18	−0,70	−0,83	−0,35
3	1,14	0,73	0,63	−0,11	−0,34	−0,14	−0,22	−0,25	0,03	−0,03	0,59	1,14	1,17
4	0,65	0,85	0,57	0,44	0,20	0,70	0,52	0,29	0,25	0,09	0,53	0,77	1,18
5	1,58	1,41	1,35	1,12	1,27	1,28	1,10	1,45	1,29	0,94	0,51	1,33	2,00
6	0,57	0,87	0,79	0,67	0,41	0,42	0,27	0,46	0,43	0,09	0,35	0,02	0,46
7	−0,66	−0,82	−0,45	0,04	0,26	0,19	0,25	0,10	−0,28	0,19	−0,19	−0,05	−0,70
8	1,55	1,51	1,29	1,09	1,00	1,53	1,59	1,83	1,84	1,41	1,05	1,58	1,41
9	−1,05	−0,59	−0,71	−0,31	−0,90	−1,37	−0,81	−1,07	−1,16	−0,89	−0,65	−0,82	−1,29
10	0,11	0,09	0,11	0,24	0,51	0,26	0,66	0,70	0,18	0,27	0,37	0,31	0,51
11	−0,26	−0,06	0,37	0,51	0,58	0,53	0,24	0,35	0,62	0,51	0,13	−0,53	−0,07
12*	−0,02	−0,19	0,28	0,42	0,48	0,33	0,65	0,64	0,68	0,37	0,34	0,15	−0,05
13	0,08	−0,59	−0,32	−0,38	−0,42	−0,97	−0,55	−0,16	−0,22	−0,13	0,14	−0,05	−0,25
14	−1,41	−1,58	−1,30	−1,26	−1,30	−1,55	−1,63	−1,94	−2,31	−1,41	−0,84	−0,54	−1,04
15	−0,68	−0,61	−0,51	−0,46	−0,41	−0,55	−0,72	−0,96	−0,86	−0,85	−0,45	−0,86	−0,92
16	−2,30	−2,10	−2,05	−1,87	−1,57	−1,78	−2,41	−2,46	−2,20	−1,78	−1,99	−2,70	−3,50
17*	−0,73	0,00	0,09	0,70	0,76	1,07	0,38	0,12	0,65	1,29	0,95	0,05	−0,49
18	0,44	−0,01	0,02	0,26	−0,11	0,21	−0,04	−0,41	0,10	−0,14	−0,22	0,39	0,41
19*	1,33	1,04	1,02	0,60	0,68	0,92	1,12	1,52	1,38	1,07	0,58	0,90	1,64
20	0,49	0,71	0,24	−0,07	−0,14	−0,12	0,23	0,31	−0,14	−0,28	0,10	0,36	0,57
S	1,04	0,98	0,88	0,79	0,77	0,96	0,97	1,09	1,08	0,86	0,74	0,99	1,28

* verkürzte Reihe

Tabelle 5.2.4.
Höchstes Monats- und Jahresmaximum der Lufttemperatur, Abweichungen Δ von der Regressionsgeraden (K)
„Sächsische Mittelgebirge", 1951/75

Station	Jan	Feb	Mrz	Apr	Mai	Jun	Jul	Aug	Sep	Okt	Nov	Dez	Jahr
1	0,50	−1,29	−0,69	−1,13	−0,96	−0,79	0,33	−0,88	−0,39	−1,86	−0,79	−0,19	0,20
2	1,91	−0,41	−0,54	−0,47	1,36	−0,64	−0,76	−0,62	0,55	−0,06	−1,13	0,47	−0,88
3	0,11	0,68	1,10	0,78	0,78	0,91	0,56	0,05	0,59	−0,45	0,13	1,22	0,43
4	1,81	−0,88	0,57	0,15	0,33	0,48	0,71	2,32	−0,05	−1,01	−0,24	1,25	1,18
5	0,01	−0,01	−0,21	−0,31	−0,47	2,31	0,51	−0,14	0,36	1,48	2,11	0,20	0,38
6	1,22	1,72	1,20	0,72	0,45	−0,17	0,12	−0,18	0,34	2,47	2,08	1,25	0,00
7	−2,48	−1,03	−1,54	0,21	−0,83	−1,40	−1,98	−0,68	0,08	−0,34	−0,51	−0,85	−2,09
8	1,52	−0,29	−0,08	0,48	0,32	−0,23	0,08	0,19	0,04	−0,40	−0,98	−2,42	−0,04
9	0,22	0,51	−0,08	0,28	−0,48	−0,83	−0,22	−0,01	0,04	0,40	2,12	1,08	−0,34
10	−3,47	−0,09	−0,27	−0,56	−0,42	0,90	0,12	−0,21	−0,51	−0,30	−1,88	−1,35	0,02
11	1,53	0,37	1,33	0,46	−0,73	0,01	1,21	−0,48	−0,60	1,98	3,37	1,99	1,11
12*	−0,07	0,47	−0,20	0,14	0,21	0,79	−0,06	0,01	−0,05	1,00	0,74	1,05	−0,16
13	−1,67	0,37	−1,70	−0,86	0,51	−0,61	−0,86	−0,99	−0,85	−1,60	−1,96	−1,05	−0,96
14	−2,46	−0,91	−1,46	−0,52	−1,36	−1,37	−1,53	1,55	−1,41	−1,67	−2,65	−1,63	−0,23
15	−0,96	1,28	1,20	0,85	0,47	0,39	0,69	0,33	0,94	−0,06	−0,88	−0,97	0,60
16	−2,55	−0,28	0,65	−0,14	0,78	0,38	0,68	0,09	0,04	0,18	−1,46	−1,28	0,59
17*	2,46	0,74	0,08	−0,05	−0,33	0,64	1,15	0,02	0,92	1,00	2,15	1,60	1,07
18	2,07	0,95	0,50	0,23	−0,46	−0,22	0,51	0,33	1,68	1,41	1,45	−1,23	0,44
19*	−0,32	−1,87	0,84	−0,36	0,62	−1,35	−1,44	−1,22	−2,33	−2,20	−2,59	−0,31	−1,49
20	0,62	−0,03	−0,72	0,12	0,22	0,82	0,19	0,52	0,62	0,03	0,92	1,18	0,17
S	1,81	0,93	0,96	0,56	0,72	0,97	0,91	0,84	0,91	1,33	1,83	1,32	0,87

* verkürzte Reihe

Tabelle 5.2.5.
Tiefstes Monats- und Jahresminimum der Lufttemperatur, Abweichungen Δ von der Regressionsgeraden (K)
„Sächsische Mittelgebirge“, 1951/75

Station	Jan	Feb	Mrz	Apr	Mai	Jun	Jul	Aug	Sep	Okt	Nov	Dez	Jahr
1	−2,33	−0,94	−1,95	1,06	−0,42	−0,64	0,11	−1,04	−1,08	−0,41	−1,49	1,43	−0,94
2	−1,59	−0,98	−1,23	0,51	−0,23	−0,55	−0,30	−0,18	0,14	0,67	−0,43	−2,65	−0,98
3	2,05	−0,62	−0,72	−0,74	−0,14	−0,86	−0,61	−0,01	−0,03	0,88	2,12	2,46	−0,62
4	2,26	−0,10	1,29	1,33	0,20	1,29	−0,37	0,52	−0,52	0,13	0,54	0,37	−0,10
5	2,19	4,86	1,80	2,56	0,98	1,96	1,80	2,28	2,00	1,61	−0,61	1,08	4,86
6	0,19	1,52	−0,05	−0,42	−0,37	0,52	0,75	0,87	0,68	−2,93	2,34	−2,08	1,52
7	−0,24	−2,77	0,17	2,25	0,19	0,38	0,11	0,09	−0,28	0,44	−2,26	1,44	−2,77
8	2,47	1,06	3,58	2,42	0,83	1,42	2,35	2,22	2,93	1,29	2,56	2,95	1,06
9	−0,53	−0,54	−2,42	−0,68	−0,67	−2,98	−1,65	−1,78	−1,87	−0,11	0,86	−3,05	−0,54
10	−0,96	−0,96	0,66	2,15	0,86	0,67	0,48	0,65	0,46	−0,35	−1,48	2,82	−0,96
11	0,67	−0,01	0,67	−1,54	0,33	0,73	0,45	0,50	0,38	0,72	0,96	−3,07	−0,01
12*	−1,29	1,26	0,09	−0,76	−0,27	0,14	0,66	−0,02	0,01	−0,37	0,02	−0,96	1,26
13	−1,49	−0,84	0,39	−1,26	−0,47	−0,96	−0,04	−0,52	0,41	−1,27	−0,38	−1,96	−0,84
14	−1,08	−0,03	−0,01	−2,32	−1,05	−1,04	−2,12	−1,71	−1,18	−0,05	−2,76	0,55	−0,03
15	0,26	0,74	−1,79	−2,06	0,25	0,06	−0,62	−0,43	−1,06	−0,24	0,30	−0,54	0,74
16	−2,25	−3,35	−4,41	−5,17	−1,08	−1,16	−2,56	−2,48	−2,02	−0,15	−3,03	−5,06	−3,35
17*	−0,07	1,05	2,47	−1,11	0,57	1,20	0,19	−0,84	−0,69	−0,47	1,44	−0,89	1,05
18	1,30	0,54	1,95	−0,57	0,01	−0,65	0,03	−0,41	−0,06	0,20	0,31	2,77	0,54
19*	−0,69	−0,41	0,84	1,90	0,72	0,38	1,25	1,58	1,78	−0,34	1,12	2,65	−0,41
20	1,11	0,56	−1,34	2,47	−0,22	0,07	0,10	0,71	−0,01	0,73	−0,13	1,73	0,56
S	1,55	1,73	1,91	2,09	0,62	1,17	1,22	1,28	1,27	1,00	1,65	2,45	1,73

* verkürzte Reihe

Tabelle 5.2.6.
Mittlere Zahl der Tage mit Tagesmaximum der Lufttemperatur ≧ 30 °C (heiße Tage), Abweichungen Δ von der Regressionsgeraden (Tage)
„Sächsische Mittelgebirge“, 1951/75

Station	Jul	Jahr
1	0,08	0,27
2	0,57	1,95
3	0,67	2,33
4	1,21	3,31
5	−0,01	0,46
6	0,16	1,05
7	−0,57	−1,73
8	0,07	0,15
9	−0,53	−1,25
10	−0,16	−0,50
11	−0,29	−1,26
12*	−0,48	−1,68
13	−0,08	−1,06
14	−0,76	−2,31
15	0,25	−0,12
16	0,14	−0,90
17*	0,32	−0,61
18	0,39	−0,64
19*	0,10	−0,32
20	0,00	0,00
S	0,48	1,48

* verkürzte Reihe

Tabelle 5.2.7.
Mittlere Zahl der Tage mit Tagesmaximum der Lufttemperatur ≧ 25 °C (Sommertage) Abweichungen Δ von der Regressionsgeraden (Tage)
„Sächsische Mittelgebirge“, 1951/75

Station	Mai	Jun	Jul	Aug	Sep	Jahr
1	−0,44	−0,42	−0,73	−0,16	−0,41	−1,79
2	0,35	0,77	0,70	0,86	0,66	3,81
3	1,04	1,75	1,44	1,08	1,04	6,91
4	1,98	2,34	2,14	1,48	0,38	8,87
5	−0,15	0,09	−0,26	−0,04	0,34	0,35
6	−0,10	0,01	−0,22	0,07	0,46	0,65
7	−0,65	−0,66	−0,29	−0,43	−0,60	−2,71
8	−0,01	−0,08	0,91	0,46	−0,07	1,35
9	−0,81	−1,38	−1,49	−0,94	−0,37	−4,95
10	0,32	0,42	0,23	0,72	−0,29	1,29
11	−0,42	−0,34	−0,69	−0,21	−0,03	−1,71
12*	−0,32	−0,93	−0,82	−1,46	−0,84	−4,59
13	−0,32	−0,53	−0,52	−0,36	−0,44	−2,19
14	−0,39	−1,48	−1,26	−1,31	−1,02	−5,79
15	0,00	−0,18	0,39	0,14	0,16	0,59
16	0,16	−0,32	0,00	−0,13	−0,24	−0,79
17*	0,20	−0,09	−0,33	−0,93	0,05	−1,29
18	0,43	−0,78	−0,28	−0,15	0,04	−1,17
19*	0,10	−0,91	−1,64	−1,69	−0,62	−4,87
20	0,00	0,20	0,80	0,80	0,10	1,90
S	0,64	0,97	0,99	0,92	0,54	3,90

* verkürzte Reihe

Tabelle 5.2.8.
Mittlere Zahl der Tage mit Tagesminimum der Lufttemperatur <0 °C (Forsttage), Abweichungen Δ von der Regressionsgeraden (Tage)
„Sächsische Mittelgebirge“, 1951/75

Station	Jan	Feb	Mrz	Apr	Mai	Okt	Nov	Dez	Jahr
1	−0,67	0,45	1,68	1,62	0,56	1,19	1,40	0,51	7,02
2	−0,79	0,05	0,84	1,57	0,47	0,96	1,22	0,52	4,99
3	−1,41	−0,76	−0,80	0,23	0,48	0,63	−0,07	−1,28	−3,04
4	−0,60	−1,05	−1,51	−0,99	0,14	0,38	−0,30	−0,51	−4,31
5	−1,39	−0,92	−1,31	−1,50	−0,24	−0,63	−0,04	−0,96	−6,98
6	−1,99	−0,78	−1,27	−1,88	−0,19	0,02	−1,23	−1,68	−8,93
7	1,42	0,35	0,30	0,18	−0,06	0,10	−0,04	0,69	3,17
8	−0,78	−1,04	−1,51	−2,24	−0,50	−1,76	−1,27	−0,94	−10,11
9	−0,28	0,56	0,89	1,16	0,20	1,94	0,73	−0,14	5,69
10	2,08	0,78	0,24	−0,53	−0,74	−1,26	0,16	1,84	2,51
11	−0,69	−0,28	−1,24	−0,91	−0,61	−0,96	−1,06	−0,18	−6,09
12*	1,46	−0,11	−0,72	−0,40	−0,22	−0,40	−0,49	1,17	−1,17
13	−1,14	−0,71	−1,42	−1,50	−0,82	−1,10	−1,99	−2,13	−10,97
14	3,11	2,74	4,12	4,44	0,76	1,66	2,44	3,70	23,99
15	−0,73	−0,09	−0,54	0,27	−0,04	0,73	−0,97	−0,52	−1,50
16	1,04	0,96	2,32	3,39	1,29	2,88	1,36	1,75	16,61
17*	1,05	0,14	−0,88	−2,35	−1,17	−2,55	−0,57	−0,13	−8,52
18	0,09	0,64	−0,45	−0,16	−0,72	−0,57	0,22	−0,08	−0,78
19*	1,13	0,77	0,97	−0,89	−1,25	−3,19	−0,22	1,12	−1,80
20	−2,82	−1,71	−1,01	0,57	1,45	2,55	0,50	−3,25	−1,76
S	1,53	1,01	1,54	1,82	0,77	1,65	1,10	1,59	9,05

* verkürzte Reihe

Tabelle 5.2.9.
Mittlere Zahl der Tage mit Tagesmaximum der Lufttemperatur <0 °C (Eistage), Abweichungen Δ von der Regressionsgeraden (Tage)
„Sächsische Mittelgebirge“, 1951/75

Station	Jan	Feb	Mrz	Nov	Dez	Jahr
1	0,86	1,46	1,07	1,55	1,25	7,32
2	−0,22	0,20	0,74	1,05	0,18	2,97
3	−0,70	−1,26	0,21	0,76	−0,29	−0,39
4	−0,33	−0,57	0,20	0,77	−0,41	0,51
5	−0,57	0 30	0,31	1,10	0,46	2,36
6	−1,25	−0,21	0,07	0,26	−0,69	−1,36
7	1,03	1,42	0,85	0,31	0,42	4,30
8	0,51	0,70	0,05	0,22	0,30	2,00
9	−0,59	0,00	0,55	0,12	−0,40	−0,10
10	1,54	0,86	−0,47	−0,32	0,79	2,11
11	−1,97	−0,84	−0,64	−0,56	−1,71	−6,11
12*	0,30	−0,14	−0,51	−0,69	−0,13	−2,56
13	−1,10	−0,64	−0,51	−0,79	−1,33	−4,86
14	2,83	0,90	0,03	0,06	1,61	5,00
15	−0,78	−1,49	−1,22	−0,65	−0,79	−5,49
16	−0,24	−1,83	−2,42	−0,96	0,11	−6,55
17*	−1,06	−0,13	−1,38	−1,84	−1,25	−7,11
18	−1,45	−1,50	−1,61	−1,30	−0,69	−8,14
19*	3,11	2,50	2,45	−0,03	2,85	10,29
20	−1,12	0,13	2,13	1,35	−0,56	5,83
S	1,40	1,14	1,21	0,94	1,11	5,37

* verkürzte Reihe

Tabelle 5.2.10.
Mittlere Eintrittsdaten des Tagesminimums der Lufttemperatur <0 °C (1. und letzter Frost) und mittlere Andauer der Periode mit Tagesminimum der Lufttemperatur ≧ 0 °C, Abweichungen Δ von der Regressionsgeraden (Tage)
„Sächsische Mittelgebirge", 1951/75

Station	letztes Eintrittsdatum	1. Eintrittsdatum	Andauer (Tage)
1	5,84	–1,66	–7,53
2	3,17	0,71	–2,49
3	–7,50	–0,93	–1,45
4	–3,81	1,24	5,02
5	–10,38	7,55	17,91
6	–5,23	5,56	10,77
7	–0,45	1,21	1,65
8	–6,75	13,38	20,12
9	10,25	–8,62	–18,88
10	–3,99	3,14	7,12
11	–4,49	3,41	7,90
12*	0,73	–5,17	–5,90
13	–3,27	5,83	9,10
14	12,57	–13,08	–25,64
15	3,82	–9,67	–13,50
16	13,35	–16,79	–30,13
17*	–5,02	5,04	10,08
18	0,68	–4,17	–4,81
19*	–10,20	11,94	22,18
20	2,66	1,08	–1,50
S	7,21	8,04	14,70

* verkürzte Reihe

Tabelle 5.2.11.
Mittlere Eintrittsdaten eines Tagesmittels der Lufttemperatur ≧ 5 °C bzw. ≧ 10 °C und < 5 °C bzw. < 10 °C sowie mittlere Andauer eines Tagesmittels der Lufttemperatur ≧ 5 °C bzw. ≧ 10 °C, Abweichungen Δ von der Regressionsgeraden (Tage)
„Sächsische Mittelgebirge", 1951/75

Station	Eintrittsdaten				Andauer (Tage)	
	≧ 5 °C	< 5 °C	≧ 10 °C	<10 °C	≧ 5 °C	≧ 10 °C
1						
2						
3						
4						
5						
6						
7						
8						
9	0,44	–0,93	2,11	–3,09	–1,37	–6,45
10						
11	–3,13	0,63	–2,25	3,68	3,77	5,12
12*						
13	–2,08	2,37	–2,36	2,66	4,45	4,31
14	3,72	–2,47	0,39	–6,12		–7,22
15	–1,19	0,23	–1,67	1,82	1,43	2,88
16	2,57	–2,46	–1,64	–3,76	–5,02	–2,32
17*						
18	0,41	1,90	–1,21	4,73	1,50	6,53
19*	–0,33	2,59	4,24	3,67	2,93	0,48
20	–0,40	–1,89	2,40	–3,60	–1,49	–3,39
S	2,29	2,17	2,56	4,37	4,04	5,43

* verkürzte Reihe

Tab. 6. Quantilwerte der relativen Summenhäufigkeit (%) der Lufttemperatur, 1951/75

Tab. 6.1. Tagesmittel

Tabelle 6.1.1.
Quantilwerte der relativen Summenhäufigkeit (%) des Tagesmittels der Lufttemperatur (°C)
Frühjahr (n), 1951/75*

Station	Höhe über NN (m)	Summenhäufigkeit (%) 3	5	10	20	30	40	50	60	70	80	90	95	97
1	1213	−10,5	−9,4	−6,9	−4,9	−2,8	−1,6	−0,7	0,8	2,4	4,2	6,1	7,9	9,5
2	1142	−9,8	−8,7	−6,3	−4,2	−2,8	−1,5	−0,6	0,6	2,3	4,0	6,1	7,7	9,0
3	920	−8,3	−7,3	−4,7	−2,6	−1,0	0,3	1,3	2,8	4,4	6,2	8,2	9,8	11,4
4	823	−8,3	−7,2	−4,5	−2,7	−1,0	0,4	1,6	3,0	4,8	6,6	8,5	10,4	11,8
5	708	−7,3	−5,9	−3,4	−1,3	0,5	1,8	2,9	4,3	5,8	7,4	9,4	11,1	12,7
6	626	−6,0	−5,2	−2,4	−0,5	1,2	2,6	3,4	4,9	6,4	8,2	9,9	12,1	13,4
7	613	−7,1	−5,9	−3,3	−1,3	0,3	1,5	2,2	3,3	4,5	5,8	7,5	8,9	9,9
8	560	−6,6	−5,4	−2,7	−0,3	1,4	2,6	3,4	4,5	5,9	7,4	9,2	10,9	13,4
9	518	−5,1	−4,4	−2,0	0,2	1,9	3,4	4,6	5,9	7,4	8,9	10,7	12,4	14,4
10	487	−5,1	−3,9	−1,5	0,4	2,2	3,4	4,3	5 5	6,9	8,4	10,0	11,9	12,9
11	407	−5,1	−3,9	−1,7	0,6	2,4	3,6	4,6	6,0	7,4	8,8	10,5	12,4	13,4
12	399	−5,6	−4,4	−1,8	−0,2	1,5	2,9	3,7	4,9	6,3	7,9	9,7	11,4	13,4
13	385	−6,1	−4,7	−2,5	−0,3	1,2	2,3	3,3	4,6	6,0	8,1	10,0	11,9	13,4
14	357	−5,1	−3,6	−1,8	0,7	2,3	3,7	4,8	6,2	7,6	9,1	11,2	13,4	14,4
15	342	−5,1	−3,9	−1,4	0,4	1,9	3,3	4,5	6,0	7,5	9,1	11,0	13,4	14,9
16	315	−4,6	−3,4	−0,7	1,4	3,2	4,4	5,3	6,7	8,0	9,6	11,4	13,4	15,4
17	311	−4,1	−3,2	−0,8	0,9	2,9	4,1	5,1	6,6	7,9	9,6	11,2	13,4	14,9
18	269	−5,1	−3,6	−1,0	0,8	2,5	3,8	4,7	6,1	7,7	9,3	11,4	13,4	14,9
19	260	−4,1	−3,2	−0,8	0,9	2,8	4,0	5,0	6,2	7,6	9,1	11,0	12,9	14,4
20	246	−4,1	−3,2	−0,4	1,2	2,8	4,1	5,4	6,8	8,5	10,0	12,0	14,4	15,9
21	237	−4,6	−3,6	−1,3	0,6	2,3	3,6	4,7	6,1	7,6	9,4	11,4	13,9	15,4
22	234	−4,1	−3,2	−0,5	1,2	2,9	4,3	5,1	6,4	7,9	9,4	11,2	12,9	13,9
23	210	−4,1	−2,9	0,0	1,4	3,1	4,6	5,5	6,7	8,1	9,9	12,0	13,4	14,9

* reduzierte Werte

Tabelle 6.1.2.
Quantilwerte der relativen Summenhäufigkeit (%) des Tagesmittels der Lufttemperatur (°C)
Sommer (n), 1951/75*

Station	Höhe über NN (m)	Summenhäufigkeit (%) 3	5	10	20	30	40	50	60	70	80	90	95	97
1	1213	0,6	2,0	3,6	5,5	7,0	8,3	9,2	10,3	11,5	12,9	15,0	16,9	17,7
2	1142	0,4	1,7	3,1	5,0	6,2	7,3	8,4	9,4	10,6	12,1	14,1	16,2	17,2
3	920	2,9	4,2	5,4	7,3	8,6	9,7	10,7	11,8	12,9	14,5	16,6	18,5	19,3
4	823	3,5	4,8	6,4	8,2	9,6	10,8	11,9	13,0	14,0	15,6	17,5	19,2	20,0
5	708	4,4	5,7	7,3	9,0	10,4	11,6	12,7	13,8	14,9	16,0	17,3	18,7	19,1
6	626	5,3	6,5	8,0	9,8	10,9	12,0	13,0	14,3	15,4	17,1	19,1	21,1	22,3
7	613	4,4	5,5	6,9	8,6	9,6	10,7	11,7	12,5	13,5	14,9	16,7	18,1	18,9
8	560	5,2	6,2	7,7	9,5	10,8	11,8	12,7	13,7	14,6	16,0	17,7	19,6	20,4
9	518	5,9	7,5	8,4	10,6	11,8	12,9	13,8	14,8	15,7	17,2	19,2	20,4	21,9
10	487	5,9	7,2	8,6	10,2	11,4	12,5	13,4	14,3	15,3	16,6	18,3	20,1	20,9
11	407	6,4	7,7	9,3	11,0	12,2	13,4	14,3	15,4	16,4	17,9	19,7	21,1	21,9
12	399	5,9	7,5	8,5	10,1	11,3	12,4	13,3	14,2	15,2	16,6	18,2	19,8	20,4
13	385	5,9	7,2	8,6	10,3	11,5	12,9	13,8	14,8	15,8	17,3	18,9	20,6	21,4
14	357	6,9	7,9	9,4	11,2	12,5	13,7	14,6	15,7	16,8	18,2	19,9	21,6	22,4
15	342	6,9	8,2	9,8	11,5	12,8	14,0	15,1	16,0	17,2	18,6	20,4	21,9	22,4
16	315	7,4	8,7	10,1	11,8	13,0	14,1	15,0	15,9	16,8	18,3	20,2	21,8	22,4
17	311	7,4	8,5	9,9	11,6	12,8	14,0	14,9	15,9	16,8	18,3	19,9	21,6	22,4
18	269	6,9	8,2	9,9	11,6	12,8	14,1	15,2	16,1	17,0	18,4	20,2	21,8	22,4
19	260	6,9	8,5	9,9	11,4	12,6	13,6	14,5	15,4	16,3	17,7	19,5	21,1	21,9
20	246	7,9	9,2	10,5	12,1	13,5	14,7	15,7	16,8	17,7	19,4	20,9	22,4	23,4
21	237	7,4	8,5	10,1	11,6	13,0	14,2	15,2	16,2	17,3	18,7	20,4	22,1	22,9
22	234	7,4	8,7	10,1	11,6	12,8	13,9	14,7	15,6	16,6	18,0	19,7	21,4	21,9
23	210	7,9	9,2	10,4	12,0	13,1	14,3	15,2	16,0	17,0	18,3	19,9	21,4	21,9

* reduzierte Werte

Tabelle 6.1.3.
Quantilwerte der relativen Summenhäufigkeit (%) des Tagesmittels der Lufttemperatur (°C)
Herbst (n), 1951/75*

Station	Höhe über NN (m)	Summenhäufigkeit (%) 3	5	10	20	30	40	50	60	70	80	90	95	97
1	1213	−2,4	−1,9	−1,0	0,3	1,7	2,8	3,6	4,9	6,7	8,0	9,2	10,8	11,5
2	1142	−2,6	−1,9	−0,6	0,8	2,1	3,3	4,0	5,2	6,6	8,0	9,2	10,8	11,6
3	920	−1,2	−0,5	1,0	2,5	3,6	4,4	5,2	6,4	7,7	9,1	10,5	11,6	12,2
4	823	0,0	0,5	1,7	2,9	4,1	5,1	5,8	6,9	8,2	9,9	11,0	12,1	13,3
5	708	0,7	1,2	2,2	3,7	4,9	5,7	6,7	7,8	9,3	10,8	11,7	12,8	13,7
6	626	1,0	1,8	2,7	4,4	5,4	6,1	6,8	7,9	9,3	10,9	12,1	13,2	13,8
7	613	0,7	1,1	1,9	3,2	4,2	5,0	6,0	7,2	8,4	9,5	10,5	11,6	12,4
8	560	1,0	1,6	2,1	3,9	5,0	5,9	6,5	7,5	8,7	10,0	11,0	12,4	13,2
9	518	1,7	2,5	3,7	5,2	6,2	7,1	8,0	9,1	10,5	11,7	12,7	13,9	14,6
10	487	1,2	2,1	3,2	4,5	5,7	6,3	7,1	8,1	9,3	10,2	11,5	12,5	12,9
11	407	2,4	2,9	3,7	5,0	6,2	7,1	7,9	9,0	10,2	11,5	12,5	13,6	14,9
12	399	1,4	2,0	3,0	4,3	5,4	6,2	7,0	8,1	9,5	10,5	11,3	12,4	13,4
13	385	1,9	2,3	3,2	4,3	5,5	6,4	7,1	8,1	9,5	10,4	11,8	12,9	13,9
14	357	2,9	3,4	4,3	5,5	6,6	7,6	8,7	9,8	10,9	12,0	13,3	14,9	15,6
15	342	3,0	3,8	4,5	5,4	6,4	7,3	8,1	9,2	10,3	11,5	12,8	13,9	14,9
16	315	2,7	3,2	4,3	5,8	6,8	7,7	8,5	9,6	10,9	12,1	12,9	14,9	15,6
17	311	2,7	3,3	4,5	5,7	6,9	7,7	8,7	9,7	10,9	12,0	13,0	14,4	15,4
18	269	2,7	3,2	4,6	5,6	6,6	7,4	8,1	9,3	10,6	12,0	13,0	14,4	14,9
19	260	2,7	3,5	4,7	6,2	7,3	8,0	8,9	10,1	11,2	12,3	12,9	14,4	15,9
20	246	3,7	4,2	5,2	6,4	7,6	8,4	9,1	10,2	11,4	12,4	13,7	14,7	15,9
21	237	3,7	4,0	4,7	5,8	6,8	7,7	8,4	9,5	10,9	12,1	13,2	14,4	15,4
22	234	2,7	3,8	4,9	6,3	7,4	8,2	9,2	10,3	11,3	12,3	12,3	15,2	15,9
23	210	2,7	3,5	4,7	6,2	7,3	8,4	9,3	10,4	11,6	12,7	13,4	14,6	15,4

* reduzierte Werte

Tabelle 6.1.4.
Quantilwerte der relativen Summenhäufigkeit (%) des Tagesmittels der Lufttemperatur (°C)
Winter (n), 1951/75*

Station	Höhe über NN (m)	Summenhäufigkeit (%) 3	5	10	20	30	40	50	60	70	80	90	95	97
1	1213	−14,1	−12,5	−10,0	−7,4	−5,9	−4,5	−3,5	−2,3	−1,3	0,1	2,5	4,1	5,1
2	1142	−13,3	−11,6	−8,9	−6,6	−5,2	−3,9	−2,9	−1,7	−0,7	0,7	3,1	4,8	5,9
3	920	−13,3	−11,1	−8,1	−5,9	−4,4	−3,2	−2,2	−1,0	−0,1	1,4	3,2	4,8	5,6
4	823	−13,4	−11,7	−8,5	−6,2	−4,4	−3,1	−2,0	−0,9	0,0	1,6	3,6	5,2	6,1
5	708	−12,1	−10,3	−7,4	−4,8	−3,0	−1,8	−0,8	0,2	1,2	2,7	4,8	5,4	7,5
6	626	−10,3	−9,8	−6,9	−4,7	−3,2	−1,9	−0,9	0,0	0,9	2,4	4,4	5,7	6,6
7	613	−12,1	−11,1	−7,4	−4,6	−2,8	−1,3	−0,3	0,6	1,5	2,9	4,7	5,9	6,9
8	560	−12,1	−10,1	−7,1	−4,4	−2,7	−1,4	−0,3	0,7	1,5	2,9	4,7	6,2	6,9
9	518	−11,6	−10,1	−6,4	−3,4	−1,6	−0,2	0,8	1,9	2,9	4,3	6,4	7,6	8,4
10	487	−11,6	−10,1	−6,9	−4,0	−2,4	−0,9	0,1	1,1	1,9	3,5	5,3	6,4	7,4
11	407	−12,1	−10,1	−6,4	−3,6	−1,7	−0,2	0,8	1,8	2,7	4,0	6,1	7,4	8,4
12	399	−11,6	−10,1	−6,7	−3,9	−2,0	−0,5	0,5	1,7	2,4	3,9	5,6	6,9	7,9
13	385	−12,1	−11,1	−7,1	−4,3	−2,6	−1,2	−0,2	0,8	1,7	3,0	4,9	6,4	7,4
14	357	−11,1	−9,1	−6,1	−3,1	−1,4	−0,1	1,1	2,1	3,4	4,6	6,4	7,9	8,9
15	342	−12,1	−10,1	−6,4	−3,6	−1,8	−0,6	0,4	1,5	2,3	3,8	5,9	6,9	7,9
16	315	−12,1	−10,1	−6,4	−3,1	−1,3	0,2	1,2	2,3	3,3	4,9	6,6	7,9	8,9
17	311	−12,1	−10,1	−6,2	−3,2	−1,4	−0,1	1,1	2,4	3,3	4,7	6,6	7,9	8,9
18	269	−12,6	−10,1	−5,9	−3,1	−1,2	0,1	1,0	2,1	2,9	4,3	6,3	7,6	8,9
19	260	−10,6	−9,1	−5,4	−2,4	−0,8	0,8	2,0	3,2	4,3	5,8	7,7	8,9	9,1
20	246	−11,1	−9,1	−5,4	−2,6	−1,0	0,3	1,3	2,4	3,5	4,9	6,9	8,2	8,9
21	237	−12,1	−10,1	−6,4	−3,2	−1,4	0,0	1,0	2,0	2,9	4,3	6,4	7,6	8,4
22	234	−11,1	−9,1	−5,4	−2,4	−0,5	0,9	2,2	3,4	4,5	6,0	7,8	8,9	9,9
23	210	−12,1	−9,6	−5,9	−2,4	−0,7	0,9	2,2	3,3	4,3	5,8	7,7	8,9	9,9

* reduzierte Werte

Tabelle 6.1.5.
Quantilwerte der relativen Summenhäufigkeit (%) des Tagesmittels der Lufttemperatur (°C)
Jahr, 1951/75*

Station	Höhe über NN (m)	Summenhäufigkeit (%) 3	5	10	20	30	40	50	60	70	80	90	95	97
1	1213	−11,1	−9,6	−6,6	−3,9	−1,6	0,5	3,1	5,6	7,5	9,9	12,3	14,6	16,4
2	1142	−11,1	−10,1	−5,9	−3,2	−1,3	0,7	3,1	5,5	6,9	9,1	11,7	14,1	15,4
3	920	−10,1	−9,1	−5,1	−2,2	−0,1	2,2	4,7	7,1	9,1	11,4	14,0	16,1	17,9
4	823	−9,6	−8,1	−5,1	−2,2	0,1	2,7	5,4	7,9	10,1	12,5	15,0	17,1	18,4
5	708	−10,1	−8,1	−3,6	−0,9	1,2	3,7	6,2	8,9	10,9	13,4	16,0	18,1	19,4
6	626	−8,1	−6,6	−3,6	−0,7	1,4	3,9	6,6	9,4	11,3	13,6	16,3	18,6	20,4
7	613	−9,1	−7,1	−3,6	−0,5	1,3	3,3	5,4	7,9	9,9	12,1	14,3	16,1	17,9
8	560	−8,1	−6,6	−3,6	−0,4	1,7	3,9	6,5	8,9	11,1	12,3	15,5	17,6	18,9
9	518	−8,1	−5,6	−2,6	0,8	2,9	5,3	7,7	10,1	12,1	14,3	16,7	19,1	20,4
10	487	−8,1	−6,1	−2,6	0,1	2,4	4,7	7,2	9,6	11,7	13,9	16,0	18,1	19,4
11	407	−8,1	−5,6	−2,3	0,8	2,9	5,2	7,7	10,4	12,5	14,9	17,3	19,1	20,9
12	399	−8,1	−6,1	−2,6	0,3	2,4	4,7	6,9	9,6	11,5	13,7	16,0	18,1	19,4
13	385	−8,6	−6,1	−3,1	−0,2	1,9	4,2	6,9	9,6	11,9	14,4	16,7	18,8	20,4
14	357	−7,1	−5,1	−2,1	1,1	3,3	5,7	8,2	10,7	12,9	15,1	17,7	19,6	20,9
15	342	−8,1	−5,6	−2,3	0,3	2,7	5,2	7,9	10,7	13,2	15,5	18,0	20,1	21,4
16	315	−7,1	−5,1	−1,6	1,4	3,7	6,1	8,4	11,1	13,3	15,5	17,8	20,1	21,4
17	311	−7,6	−5,1	−1,6	1,1	3,4	5,9	8,4	11,1	13,1	15,3	17,7	19,8	21,4
18	269	−8,6	−5,1	−1,6	1,1	3,1	5,4	7,9	10,9	13,2	15,7	18,0	20,1	21,4
19	260	−6,6	−4,1	−1,3	1,8	4,1	6,3	8,4	11,1	12,9	14,9	17,3	19,1	20,9
20	246	−8,1	−4,6	−1,3	1,4	3,7	6,2	8,9	11,6	13,9	16,3	18,7	20,8	22,4
21	237	−7,6	−5,1	−2,1	0,8	3,2	5,7	8,2	11,1	13,3	15,7	18,0	20,1	21,4
22	234	−7,1	−4,6	−1,1	2,1	4,2	6,4	8,7	11,3	13,1	15,3	17,5	19,6	20,9
23	210	−7,1	−5,1	−1,1	1,9	4,2	6,3	8,7	11,5	13,4	15,5	17,8	19,8	21,4

* reduzierte Werte

Tab. 6.2. Ausgewählte Stundenwerte

Tabelle 6.2.1.
Quantilwerte der relativen Summenhäufigkeit (%) ausgewählter Stundenwerte der Lufttemperatur 07, 14, 21 Uhr (°C)
Frühjahr (n), 1951/75*

Station	Höhe über NN (m)	Summenhäufigkeit (%) 3	5	10	20	30	40	50	60	70	80	90	95	97
1	1213	−10,6	−9,6	−7,2	−4,5	−3,2	−1,7	−0,5	0,8	2,3	4,4	6,9	8,9	10,9
2	1142	−9,6	−8,6	−6,8	−4,1	−2,9	−1,7	−0,5	0,8	2,2	4,1	6,6	8,4	10,9
3	920	−8,1	−7,1	−5,2	−2,5	−1,3	0,0	1,4	2,9	4,6	6,3	8,9	10,4	12,9
4	823	−8,1	−7,1	−5,2	−2,5	−1,2	0,1	1,6	3,2	4,7	6,9	9,9	11,4	13,9
5	708	−7,6	−6,1	−3,8	−1,1	0,1	1,4	2,9	4,3	5,9	7,9	10,9	13,4	14,9
6	626	−6,1	−5,3	−3,2	−0,5	0,8	2,3	3,5	5,0	6,5	8,2	11,4	13,4	14,9
7	613	−7,6	−6,6	−4,2	−0,2	−0,3	0,9	2,3	3,4	4,9	6,7	9,4	11,9	13,9
8	560	−7,1	−5,6	−3,0	−0,2	0,9	2,2	3,5	4,8	6,2	8,2	11,4	13,4	14,9
9	518	−5,6	−4,6	−2,5	0,2	1,7	3,0	4,9	5,9	7,5	9,5	12,4	14,4	15,9
10	487	−5,6	−4,1	−2,2	0,3	1,4	2,9	4,2	5,6	7,1	8,9	11,9	13,9	15,9
11	407	−5,6	−4,1	−2,0	0,3	1,6	3,0	4,5	5,9	7,6	9,5	12,4	14,9	16,9
12	399	−6,6	−4,6	−2,5	−0,1	0,9	2,3	3,8	5,1	7,8	8,9	11,9	14,4	16,9
13	385	−6,6	−5,1	−2,8	−0,5	0,6	1,9	3,3	4,8	6,5	8,7	11,9	14,4	15,9
14	357	−5,6	−4,1	−1,8	0,7	1,7	3,3	4,8	6,2	7,7	9,9	12,9	15,4	16,9
15	342	−5,6	−4,1	−2,2	0,5	1,6	2,9	4,5	5,9	7,5	9,7	12,9	15,4	17,9
16	315	−4,6	−3,6	−0,8	1,0	2,3	3,8	5,2	6,6	8,3	10,3	13,2	15,4	16,9
17	311	−4,6	−3,6	−1,5	0,9	2,1	3,5	4,9	6,5	8,2	10,2	12,9	15,4	17,9
18	269	−5,6	−3,6	−1,5	0,7	1,9	3,2	4,8	6,2	7,9	9,9	13,4	15,4	17,9
19	260	−4,6	−3,6	−1,3	1,1	2,2	3,6	5,0	6,4	8,1	9,9	12,9	14,9	16,9
20	246	−4,6	−3,6	−1,2	1,1	2,4	3,9	5,3	6,6	8,4	10,5	13,6	15,9	17,9
21	237	−5,6	−4,1	−2,0	0,7	1,8	3,2	4,7	6,1	7,9	9,9	12,9	15,4	17,9
22	234	−4,6	−3,1	−1,2	1,0	2,3	3,8	5,2	6,6	8,1	9,9	12,6	14,4	16,9
23	210	−4,6	−3,1	−0,8	1,5	2,7	4,0	5,4	6,9	8,6	10,7	13,4	15,4	17,9

* reduzierte Werte

Tabelle 6.2.2.
Quantilwerte der relativen Summenhäufigkeit (%) ausgewählter Stundenwerte der Lufttemperatur 07, 14, 21 Uhr (°C)
Sommer (n), 1951/75*

Station	Höhe über NN (m)	Summenhäufigkeit (%) 3	5	10	20	30	40	50	60	70	80	90	95	97
1	1213	0,4	1,4	3,2	5,1	6,7	7,9	9,2	10,4	11,8	13,5	16,2	17,9	19,9
2	1142	−0,1	1,2	2,7	4,8	6,0	7,2	8,3	9,5	10,8	12,4	15,0	16,9	17,9
3	920	2,4	3,4	5,1	6,8	8,3	9,5	10,6	11,8	13,1	14,7	17,5	19,4	20,9
4	823	2,9	3,9	5,9	7,8	9,3	10,7	11,8	13,0	14,5	16,1	18,9	20,4	21,9
5	708	3,9	4,9	6,6	8,5	10,2	11,5	12,8	14,0	15,4	17,3	20,2	21,9	23,9
6	626	4,9	5,9	7,2	9,1	10,5	11,8	13,0	14,3	15,7	17,5	20,2	22,4	23,9
7	613	3,4	4,4	6,1	7,9	9,5	10,7	11,8	13,0	14,2	15,9	18,5	20,4	21,9
8	560	3,9	5,2	6,9	8,9	10,4	11,7	12,8	14,0	15,4	17,1	20,2	22,4	23,9
9	518	5,4	6,4	8,1	9,9	11,5	12,6	13,8	15,0	16,5	18,2	21,2	23,4	24,9
10	487	4,9	5,9	7,7	9,6	11,0	12,2	13,3	14,5	15,8	17,4	20,2	22,4	23,9
11	407	5,4	6,4	8,2	10,1	11,7	13,0	14,1	15,4	16,8	18,7	21,7	23,9	25,9
12	399	4,9	5,9	7,6	9,5	11,0	12,2	13,3	14,5	15,9	17,6	20,7	22,9	24,9
13	385	4,9	5,9	7,6	9,6	11,3	12,6	13,8	15,0	16,4	18,3	21,2	23,4	24,9
14	357	5,9	6,9	8,7	10,5	12,1	13,3	14,5	15,8	17,2	18,9	21,9	23,9	25,9
15	342	6,4	7,2	8,9	10,8	12,4	13,7	16,9	16,2	17,6	19,5	22,5	24,9	25,9
16	315	6,4	7,4	9,2	11,1	12,5	13,7	14,8	16,0	17,4	19,2	22,2	24,4	25,9
17	311	5,9	7,2	8,9	10,8	12,3	13,5	14,7	15,9	17,2	18,9	21,9	23,9	25,9
18	269	5,9	6,9	8,9	10,8	12,4	13,8	14,9	16,2	17,6	19,5	21,9	24,9	26,9
19	260	6,4	7,4	9,1	10,8	12,5	13,5	14,6	15,7	17,0	18,6	21,7	23,9	24,9
20	246	6,9	7,9	9,7	11,5	13,0	14,3	15,3	16,6	18,1	19,9	22,9	24,9	26,9
21	237	6,4	7,4	8,9	11,0	12,6	13,9	15,1	16,3	17,8	19,5	22,2	24,4	25,9
22	234	6,9	7,9	9,3	11,1	12,5	13,7	14,8	15,9	17,2	18,7	21,5	23,4	24,9
23	210	6,9	7,9	9,7	11,5	12,9	14,1	15,2	16,3	17,6	19,4	22,2	24,4	25,9

* reduzierte Werte

Tabelle 6.2.3.
Quantilwerte der relativen Summenhäufigkeit (%) ausgewählter Stundenwerte der Lufttemperatur 07, 14, 21 Uhr (°C)
Herbst (n), 1951/75*

Station	Höhe über NN (m)	Summenhäufigkeit (%) 3	5	10	20	30	40	50	60	70	80	90	95	97
1	1213	−2,8	−2,4	−1,6	−0,6	1,1	2,6	3,7	5,3	6,7	7,9	10,4	11,9	12,9
2	1142	−2,6	−2,2	−1,1	−0,1	1,7	2,8	3,8	5,3	6,8	7,9	10,1	11,6	12,6
3	920	−1,1	−0,9	0,2	1,5	3,1	4,2	5,2	6,3	7,7	9,0	10,9	12,6	13,6
4	823	−0,1	0,0	0,9	2,0	3,6	4,8	5,8	7,0	8,4	9,7	11,9	14,1	15,1
5	708	−0,1	1,1	1,2	2,5	4,2	5,4	6,7	8,0	9,4	10,8	13,8	15,9	16,9
6	626	0,4	0,9	1,9	3,0	4,8	5,8	6,8	7,9	9,4	10,8	13,1	14,9	16,9
7	613	−1,8	−1,4	0,0	1,7	3,6	5,2	6,3	7,5	9,0	10,3	13,1	14,4	16,9
8	560	−1,1	−0,4	0,9	2,4	4,4	5,7	6,7	8,0	9,4	10,7	13,1	14,9	16,9
9	518	0,9	1,3	3,0	3,9	5,9	6,9	8,1	9,2	10,7	11,9	14,4	15,9	17,4
10	487	−1,1	−0,2	0,4	2,7	4,8	6,2	7,3	8,4	9,7	11,1	13,4	15,4	16,9
11	407	−0,6	0,1	2,0	3,6	5,4	6,7	7,8	9,1	10,5	12,2	15,1	17,4	18,9
12	399	−1,1	−0,4	1,1	2,8	4,7	6,2	7,6	9,7	10,1	11,7	14,6	16,9	18,9
13	385	−1,1	−0,1	1,6	3,2	5,0	6,2	7,4	8,5	10,0	11,6	13,6	15,4	16,9
14	357	0,9	1,6	2,9	4,3	6,0	7,3	8,5	9,8	11,2	12,7	15,4	17,9	18,9
15	342	1,4	1,9	3,0	4,3	5,9	7,1	8,1	9,3	11,0	12,2	14,8	16,4	17,9
16	315	0,9	1,6	3,0	4,5	6,1	7,4	8,7	9,8	11,2	12,4	15,1	16,6	17,9
17	311	0,4	1,6	3,0	4,2	6,1	7,4	8,6	9,7	11,0	12,5	15,4	17,4	18,9
18	269	−0,6	0,1	2,6	4,7	6,0	7,3	8,5	9,7	11,2	12,9	15,1	17,4	18,4
19	260	0,9	1,6	3,4	4,7	6,6	7,8	9,0	10,1	11,5	12,9	15,4	16,9	17,9
20	246	1,9	2,6	4,0	5,2	6,8	7,9	9,1	10,3	11,8	13,1	15,4	17,4	18,9
21	237	0,9	1,6	3,1	4,6	6,3	7,4	8,6	9,7	11,2	12,6	15,1	16,6	17,9
22	234	0,9	1,6	3,6	5,0	6,7	8,1	9,2	10,4	11,7	13,1	15,1	16,9	17,9
23	210	0,9	1,6	3,3	4,9	6,8	8,2	9,3	10,6	11,9	13,2	15,9	17,9	18,9

* reduzierte Werte

Tabelle 6.2.4.
Quantilwerte der relativen Summenhäufigkeit (%) ausgewählter Stundenwerte der Lufttemperatur 07, 14, 21 Uhr (°C)
Winter (n), 1951/75*

Station	Höhe über NN (m)	Summenhäufigkeit (%) 3	5	10	20	30	40	50	60	70	80	90	95	97
1	1213	−13,1	−12,1	−10,3	−7,4	−5,7	−4,5	−3,5	−2,3	−1,0	0,2	2,7	4,4	5,9
2	1142	−12,1	−11,1	−9,3	−6,6	−5,0	−3,8	−2,9	−1,8	−0,6	0,7	3,2	4,9	6,4
3	920	−12,1	−10,1	−8,6	−6,0	−4,2	−2,9	−2,2	−1,1	0,0	1,5	3,5	4,9	5,9
4	823	−12,1	−10,1	−8,6	−6,0	−4,2	−2,8	−2,0	−0,9	0,3	1,7	3,9	5,9	6,9
5	708	−12,1	−10,1	−7,6	−4,9	−2,9	−1,7	−0,9	0,2	1,4	2,8	4,9	6,9	8,4
6	626	−11,1	−9,1	−7,3	−4,8	−3,0	−1,7	−1,0	−0,1	1,1	2,6	4,5	5,9	6,9
7	613	−12,6	−10,1	−7,6	−4,4	−2,4	−1,1	−0,4	0,7	1,8	3,1	4,2	6,6	7,9
8	560	−12,1	−10,1	−7,3	−4,4	−2,4	−1,1	−0,3	0,7	1,9	3,1	4,9	6,6	7,9
9	518	−11,1	−9,1	−6,6	−3,4	−1,4	−0,1	0,8	1,8	3,0	4,4	6,4	8,4	9,4
10	487	−11,1	−9,1	−7,1	−4,0	−2,2	−0,8	−0,1	0,9	2,3	3,6	5,5	6,9	7,9
11	407	−12,6	−10,1	−7,1	−3,4	−1,4	−0,1	0,7	1,7	2,9	4,3	6,2	7,9	8,9
12	399	−11,1	−9,6	−7,1	−3,6	−1,6	−0,3	0,4	1,4	2,7	3,9	6,2	7,6	8,9
13	385	−12,1	−10,1	−7,6	−4,2	−2,3	−1,5	−0,3	0,7	1,9	3,2	5,2	6,9	7,9
14	357	−11,1	−9,1	−6,1	−3,1	−1,1	0,3	1,0	2,1	3,4	4,9	6,9	8,9	9,9
15	342	−11,6	−9,1	−6,6	−3,6	−1,6	−0,4	0,4	1,3	2,5	3,9	5,9	7,6	8,9
16	315	−11,1	−9,1	−6,6	−3,1	−1,0	0,4	1,3	2,4	3,7	5,1	6,9	8,9	9,9
17	311	−12,1	−9,1	−6,6	−3,2	−1,3	0,2	1,0	2,2	3,4	4,8	6,9	8,9	9,9
18	269	−12,1	−9,1	−6,1	−2,9	−1,0	0,2	1,0	1,9	3,0	4,4	6,7	8,4	9,4
19	260	−10,1	−8,1	−5,6	−2,4	−0,5	0,9	2,0	3,1	4,5	5,9	7,9	9,6	10,9
20	246	−10,6	−8,1	−5,6	−2,6	−0,8	0,4	1,2	2,3	3,6	5,1	7,2	8,9	9,9
21	237	−11,6	−9,1	−6,6	−3,1	−1,2	0,2	0,9	1,9	3,0	4,4	6,4	8,2	8,9
22	234	−10,6	−8,1	−5,6	−2,4	−0,3	1,2	2,1	3,4	4,7	6,1	8,2	9,9	10,9
23	210	−11,1	−9,1	−5,6	−2,6	−0,4	1,0	2,1	3,3	4,6	6,1	7,9	9,9	10,9

* reduzierte Werte

Tabelle 6.2.5.
Quantilwerte der relativen Summenhäufigkeit (%) ausgewählter Stundenwerte der Lufttemperatur 07, 14, 21 Uhr (°C)
Jahr, 1951/75*

Station	Höhe über NN (m)	Summenhäufigkeit (%) 3	5	10	20	30	40	50	60	70	80	90	95	97
1	1213	−11,1	−9,6	−6,6	−3,7	−1,6	0,3	3,1	5,4	7,7	9,9	13,1	15,9	16,9
2	1142	−9,6	−8,6	−6,1	−3,3	−1,1	0,7	3,1	5,1	7,1	9,2	12,1	14,9	15,9
3	920	−9,6	−7,6	−5,1	−2,3	−0,3	2,0	4,7	6,9	9,1	11,4	14,4	17,4	17,9
4	823	−9,6	−7,6	−5,1	−2,2	0,1	2,5	5,2	7,7	10,2	12,4	15,8	18,4	19,9
5	708	−8,6	−6,6	−3,6	−0,9	1,2	3,5	6,2	8,7	10,9	13,7	17,1	19,9	20,9
6	626	−7,6	−6,1	−3,6	−0,9	1,4	3,7	6,4	8,9	11,3	13,9	17,1	19,9	20,9
7	613	−9,1	−6,6	−3,6	−0,7	1,1	3,1	5,7	7,9	10,3	12,7	15,6	18,4	19,9
8	560	−8,1	−6,1	−3,1	−0,4	1,7	3,7	6,4	8,9	11,2	13,5	16,8	19,4	20,9
9	518	−7,6	−5,6	−3,3	0,6	2,7	5,0	7,7	10,1	12,3	14,7	17,8	20,9	21,9
10	487	−7,6	−5,6	−2,6	0,1	2,2	4,5	7,2	9,6	11,7	14,2	17,1	20,4	21,4
11	407	−7,6	−5,6	−2,3	0,6	2,7	4,9	5,6	10,2	12,4	14,9	18,4	21,4	23,4
12	399	−8,1	−5,6	−2,6	0,3	2,2	4,3	6,9	9,4	11,7	14,2	17,4	20,4	21,9
13	385	−8,6	−5,6	−3,1	−0,4	1,7	4,0	6,9	9,6	12,1	14,4	18,1	20,9	21,9
14	357	−7,1	−5,1	−2,1	0,8	3,2	5,5	8,2	10,7	12,9	15,4	18,6	21,4	22,9
15	342	−7,6	−5,6	−2,6	0,3	2,4	5,0	7,9	10,7	13,2	15,7	19,1	22,4	23,9
16	315	−7,6	−4,6	−1,6	0,7	3,4	5,7	8,4	10,9	13,2	15,7	18,8	21,9	22,9
17	311	−7,6	−5,1	−2,1	0,8	3,2	5,5	8,2	10,7	13,7	15,4	18,8	21,4	22,9
18	269	−7,1	−4,6	−2,3	0,3	2,9	5,2	8,2	10,7	13,3	15,7	19,1	22,4	23,9
19	260	−6,6	−4,6	−1,3	1,6	3,9	6,0	8,7	10,9	13,1	15,3	18,4	21,4	22,9
20	246	−6,6	−4,6	−1,6	1,3	3,4	6,0	8,7	11,4	13,9	16,2	19,6	22,4	23,9
21	237	−7,6	−5,1	−2,1	0,8	2,9	5,2	8,2	10,9	13,4	15,9	19,1	21,9	23,4
22	234	−6,6	−4,6	−1,1	1,4	4,2	6,2	8,7	11,1	13,3	15,4	18,4	21,4	22,9
23	210	−8,1	−5,6	−2,1	1,4	3,9	6,2	8,9	11,3	13,5	15,9	19,1	21,4	22,9

* reduzierte Werte

Tab. 6.3. Tagesmaximum

Tabelle 6.3.1.
Quantilwerte der relativen Summenhäufigkeit (%) des Tagesmaximums der Lufttemperatur (°C)
Frühjahr (n), 1951/75*

Station	Höhe über NN (m)	Summenhäufigkeit (%) 3	5	10	20	30	40	50	60	70	80	90	95	97
1	1213	−7,1	−5,9	−3,9	−2,0	−0,5	0,7	2,1	4,1	6,1	8,2	10,7	12,4	14,9
2	1142	−7,1	−5,9	−4,1	−1,9	−0,5	0,5	1,8	3,4	5,1	7,4	9,7	11,4	13,9
3	920	−5,6	−4,4	−2,4	−0,2	1,3	2,7	3,9	5,8	7,7	9,7	12,0	14,4	16,9
4	823	−5,1	−4,1	−2,4	−0,3	1,4	3,1	4,7	6,8	8,7	10,9	13,4	15,9	17,9
5	708	−3,6	−1,9	−0,4	2,1	3,9	5,3	6,6	8,6	10,4	12,7	15,4	16,9	19,4
6	626	−3,1	−1,9	0,1	2,8	4,5	5,6	7,0	8,8	10,9	13,3	15,7	17,4	19,9
7	613	−3,1	−1,9	0,3	2,3	3,9	5,0	6,4	8,0	9,9	12,1	14,7	16,4	18,9
8	560	−2,3	−1,4	1,1	3,5	4,8	6,1	7,4	9,2	11,1	13,4	15,5	17,4	19,9
9	518	−2,1	−0,9	1,3	3,7	5,3	6,8	8,2	10,1	11,9	14,2	17,0	18,4	20,9
10	487	−1,6	−0,4	1,3	4,1	5,7	6,7	8,1	10,1	11,9	13,7	15,7	17,9	20,4
11	407	−1,3	−0,4	1,9	4,3	5,9	7,5	8,9	10,8	12,7	14,9	17,7	19,4	21,9
12	399	−1,3	−0,4	1,6	3,7	5,5	6,8	8,4	10,1	11,7	13,9	16,2	17,9	19,9
13	385	−1,9	−0,9	1,0	3,1	4,7	6,1	7,8	9,5	11,5	13,9	16,4	18,4	20,9
14	357	−1,1	−0,1	1,6	4,1	5,9	7,6	9,1	10,9	12,7	14,7	17,4	19,4	20,9
15	342	−1,6	−0,4	1,9	3,8	5,5	6,8	8,4	10,5	12,4	14,7	17,7	19,9	21,9
16	315	−0,6	0,3	2,3	5,1	6,7	8,1	9,7	11,4	13,2	15,3	17,7	19,9	21,9
17	311	−1,1	0,1	1,6	4,6	6,3	7,9	9,2	11,1	12,9	14,7	17,4	19,4	21,9
18	269	−0,6	0,6	2,4	4,5	6,4	7,6	9,3	11,3	13,3	15,7	18,7	20,4	22,9
19	260	−0,6	0,3	2,3	4,6	6,2	7,5	9,1	10,9	12,6	14,3	17,2	19,4	21,9
20	246	−1,1	0,1	2,3	4,5	6,2	7,6	9,3	11,2	13,2	15,2	18,0	20,4	22,4
21	237	−1,1	0,0	1,9	4,0	5,9	7,1	8,7	10,6	12,7	14,9	17,4	19,4	21,9
22	234	−1,1	0,1	1,9	4,3	6,1	7,6	9,0	10,8	12,3	14,3	16,7	18,9	20,9
23	210	−0,6	0,6	2,4	4,8	6,5	8,1	9,6	11,4	12,9	14,7	17,7	19,4	21,9

* reduzierte Werte

Tabelle 6.3.2.
Quantilwerte der relativen Summenhäufigkeit (%) des Tagesmaximums der Lufttemperatur (°C)
Sommer (n), 1951/75*

Station	Höhe über NN (m)	Summenhäufigkeit (%) 3	5	10	20	30	40	50	60	70	80	90	95	97
1	1213	3,4	4,9	6,6	8,9	10,6	12,1	13,4	14,9	16,4	18,0	20,6	22,1	23,6
2	1142	3,4	4,4	5,2	7,6	8,9	10,2	11,4	12,7	14,0	15,6	18,3	20,1	21,6
3	920	5,9	6,9	8,2	10,4	11,8	13,1	14,2	15,7	17,0	18,4	21,1	22,6	24,6
4	823	7,4	8,4	9,4	11,8	13,3	14,8	16,0	17,5	18,8	20,3	22,6	24,1	25,6
5	708	8,4	9,7	10,7	13,3	14,9	16,2	17,7	19,1	20,5	22,0	24,8	26,1	27,6
6	626	8,9	9,9	11,2	13,7	15,0	16,5	17,7	19,1	20,4	22,0	25,0	26,1	28,1
7	613	8,4	9,4	10,7	12,8	14,1	15,5	16,6	18,0	19,3	20,8	23,3	25,1	26,6
8	560	9,4	10,4	11,4	13,9	15,1	16,4	17,7	19,1	20,4	22,0	24,6	26,1	27,6
9	518	9,9	10,9	12,2	14,7	16,3	17,6	18,8	20,2	21,5	23,0	25,8	27,1	29,6
10	487	10,4	11,1	12,2	14,8	16,0	17,1	18,1	19,6	20,8	22,3	24,8	26,6	28,6
11	407	10,9	11,9	13,2	15,4	17,0	18,4	19,6	21,1	22,4	24,0	26,8	28,6	30,6
12	399	10,9	11,9	13,2	15,2	16,5	17,9	18,9	20,2	21,6	23,0	25,3	27,1	28,6
13	385	10,4	11,4	12,9	15,1	16,4	18,0	19,2	20,6	21,8	23,3	25,8	27,1	28,6
14	357	10,9	11,9	13,4	15,6	17,1	18,5	19,8	21,2	22,6	24,2	26,6	28,4	29,6
15	342	11,4	12,4	13,7	16,1	17,7	19,1	20,5	21,8	23,1	24,8	27,3	28,8	30,1
16	315	11,9	12,9	14,1	16,3	17,6	19,0	20,2	21,5	22,6	24,2	26,8	28,1	30,6
17	311	11,4	12,4	13,7	15,9	17,1	18,5	19,8	21,2	22,4	24,0	26,3	28,1	29,6
18	269	11,9	12,9	14,4	16,6	18,0	19,6	20,9	21,9	23,7	25,2	27,8	29,6	31,1
19	260	11,4	12,4	13,7	15,8	17,1	18,3	19,4	20,7	22,0	23,4	26,0	27,6	29,6
20	246	11,9	12,9	14,4	16,5	18,0	19,4	20,6	22,1	23,4	25,0	27,6	29,1	31,1
21	237	11,4	12,7	13,9	16,2	17,7	19,1	20,2	21,7	22,9	24,4	27,0	28,4	29,6
22	234	11,4	12,4	13,9	15,9	17,1	18,5	19,5	20,8	21,9	23,3	25,8	27,6	29,1
23	210	12,4	13,4	14,4	16,4	17,8	19,0	20,2	21,5	22,7	24,2	26,3	28,1	29,6

* reduzierte Werte

Tabelle 6.3.3.
Quantilwerte der relativen Summenhäufigkeit (%) des Tagesmaximums der Lufttemperatur (°C)
Herbst (n), 1951/75*

Station	Höhe über NN (m)	Summenhäufigkeit (%) 3	5	10	20	30	40	50	60	70	80	90	95	97
1	1213	−1,9	−1,2	0,2	2,6	4,0	5,7	7,0	8,4	10,2	11,9	13,8	16,2	16,4
2	1142	−2,1	−1,2	0,2	2,3	3,6	5,2	6,8	8,0	9,4	10,9	13,0	15,5	15,9
3	920	−0,8	0,1	2,2	4,1	5,1	6,4	7,9	9,1	10,4	11,8	14,2	16,0	16,4
4	823	0,9	1,6	3,2	5,2	6,6	7,7	9,2	10,5	11,8	13,4	15,2	17,2	17,4
5	708	1,9	3,1	4,6	6,6	8,2	9,7	11,1	12,4	14,0	15,8	18,0	19,5	19,4
6	626	1,9	3,1	4,9	6,6	7,7	9,0	10,2	11,8	13,4	14,7	17,2	19,0	19,2
7	613	1,9	3,1	4,9	7,0	8,2	9,3	10,6	12,1	13,4	14,7	17,5	19,5	19,9
8	560	2,4	3,4	5,2	7,1	8,3	9,5	10,7	12,2	13,5	14,8	17,2	19,5	19,6
9	518	2,2	3,1	5,1	8,0	9,2	10,7	12,2	13,5	15,1	16,6	19,2	21,2	21,4
10	487	3,2	4,1	6,9	7,7	8,9	10,0	11,2	12,4	13,8	15,3	17,2	18,8	18,9
11	407	4,4	5,1	6,7	8,7	9,9	11,3	12,6	13,8	15,5	17,1	19,5	21,2	21,9
12	399	3,9	4,8	6,4	8,5	9,7	10,8	12,1	13,3	14,6	16,1	18,5	19,8	20,9
13	385	4,2	5,1	6,7	8,3	9,4	10,5	11,4	12,5	14,0	15,3	17,5	19,5	19,9
14	357	5,2	5,9	7,1	9,1	10,5	11,7	12,9	14,3	15,9	17,7	19,5	21,2	21,9
15	342	4,9	5,8	7,1	7,9	10,2	11,4	12,4	13,6	15,0	16,4	18,7	20,5	21,4
16	315	4,4	5,4	6,9	9,1	10,4	11,6	12,7	14,2	15,5	17,8	18,7	21,0	21,9
17	311	4,9	5,8	7,1	8,9	10,3	11,7	12,8	14,1	15,6	17,3	19,2	21,5	21,9
18	269	4,4	5,3	6,7	8,6	10,7	12,0	13,2	14,3	15,6	17,1	19,2	21,5	21,9
19	260	4,9	5,8	7,2	9,5	10,6	12,0	13,1	14,4	15,8	17,2	19,0	21,0	21,4
20	246	5,9	6,4	7,6	9,8	11,0	12,1	13,4	14,5	15,8	17,1	19,5	21,5	21,9
21	237	5,2	5,9	7,5	9,2	10,4	11,6	12,7	13,7	15,1	16,6	18,7	20,5	20,9
22	234	4,9	5,8	7,2	9,5	10,7	11,9	13,2	14,4	15,6	17,0	18,9	21,5	21,9
23	210	4,9	6,1	7,3	9,7	10,9	12,3	13,3	14,6	16,1	17,6	20,0	22,0	23,9

*. reduzierte Werte

Tabelle 6.3.4.
Quantilwerte der relativen Summenhäufigkeit (%) des Tagesmaximums der Lufttemperatur (°C)
Winter (n), 1951/75*

Station	Höhe über NN (m)	Summenhäufigkeit (%) 3	5	10	20	30	40	50	60	70	80	90	95	97
1	1213	−10,6	−9,6	−7,5	−5,1	−2,9	−2,1	−1,3	−0,2	0,8	2,5	5,2	7,4	8,9
2	1142	−10,1	−8,6	−7,1	−4,5	−2,3	−1,4	−0,7	0,2	1,5	3,1	5,9	7,9	8,9
3	920	−9,6	−8,1	−6,3	−3,9	−1,6	−0,9	−0,4	0,7	2,0	3,4	5,7	7,4	8,9
4	823	−9,6	−8,1	−6,5	−3,9	−1,6	−0,8	−0,2	1,1	2,4	4,1	6,6	8,4	9,9
5	708	−7,6	−6,6	−4,6	−2,2	0,1	0,7	1,3	2,5	3,8	5,6	7,9	9,9	11,4
6	626	−8,6	−6,6	−4,8	−2,7	−0,4	0,2	0,8	2,0	3,1	4,7	6,9	8,4	9,4
7	613	−6,6	−5,6	−3,8	−1,5	0,9	1,4	1,9	3,1	4,3	5,7	7,9	9,9	10,9
8	560	−6,6	−5,1	−3,8	−1,4	0,6	1,2	1,7	3,0	4,0	5,4	7,4	9,4	10,4
9	518	−7,6	−5,6	−3,5	−0,9	1,6	2,4	3,0	4,1	5,4	6,8	8,9	10,9	12,4
10	487	−7,6	−5,6	−3,8	−1,6	0,6	1,3	1,9	3,1	4,5	6,0	7,7	9,4	10,9
11	407	−7,6	−6,6	−3,5	−0,7	1,4	2,2	2,8	4,1	5,3	6,6	8,9	10,9	11,9
12	399	−6,6	−5,1	−3,3	−0,7	1,6	2,2	2,8	4,0	5,3	6,7	8,9	10,9	11,9
13	385	−7,6	−6,1	−4,1	−1,5	0,6	1,2	1,7	2,9	4,1	5,5	7,7	9,4	10,4
14	357	−7,1	−5,1	−3,1	−0,4	1,9	2,6	3,5	4,9	6,2	7,6	9,9	11,9	12,9
15	342	−7,6	−6,1	−3,8	−1,1	1,0	1,7	2,3	3,4	4,6	6,1	8,2	9,9	10,9
16	315	−8,6	−6,6	−3,5	−0,5	2,0	2,9	3,6	5,0	6,3	7,8	9,9	11,9	12,9
17	311	−7,6	−5,6	−3,5	−0,7	1,7	2,7	3,4	4,7	4,9	7,5	9,7	11,9	12,9
18	269	−7,6	−5,6	−3,1	−0,4	1,7	2,4	2,1	4,1	5,3	6,8	8,9	10,6	11,9
19	260	−6,6	−4,6	−2,5	0,1	2,6	3,6	4,4	5,7	7,1	8,6	10,7	12,9	13,9
20	246	−6,6	−5,1	−2,8	−0,3	1,9	2,6	3,5	4,8	6,0	7,5	9,7	11,6	12,9
21	237	−7,6	−6,1	−3,8	−0,7	1,5	2,3	2,9	4,1	5,3	6,8	8,7	10,6	11,9
22	234	−6,6	−4,6	−2,8	0,0	2,7	3,6	4,5	5,8	7,0	8,6	10,5	12,9	13,9
23	210	−7,6	−5,6	−2,8	0,0	2,5	3,5	4,2	5,4	6,8	8,3	10,4	12,4	13,4

* reduzierte Werte

Tabelle 6.3.5.
Quantilwerte der relativen Summenhäufigkeit (%) des Tagesmaximums der Lufttemperatur (°C)
Jahr, 1951/75*

Station	Höhe über NN (m)	Summenhäufigkeit (%) 3	5	10	20	30	40	50	60	70	80	90	95	97
1	1213	−7,6	−6,6	−4,4	−1,5	0,4	2,8	6,2	9,1	11,5	14,1	17,9	19,9	21,4
2	1142	−7,6	−6,1	−3,7	−1,0	0,7	2,8	5,7	8,1	9,9	12,4	15,4	17,4	19,4
3	920	−6,6	−5,6	−2,7	−0,4	2,0	4,3	7,4	10,4	12,4	15,1	18,4	20,4	22,4
4	823	−6,6	−5,1	−3,0	−0,3	2,5	5,2	8,7	11,6	14,1	16,6	20,1	21,9	23,4
5	708	−4,6	−3,6	−1,2	1,3	4,0	6,8	10,2	13,4	15,7	18,4	21,7	23,9	25,4
6	626	−4,6	−3,6	−1,4	1,3	3,7	6,5	10,2	13,4	15,7	18,4	21,9	23,9	25,9
7	613	−5,1	−3,6	−1,4	1,0	4,3	6,8	9,9	12,7	14,9	17,4	20,7	22,4	24,4
8	560	−3,6	−2,6	−0,4	2,0	4,5	7,2	10,6	13,6	15,7	18,4	21,7	23,9	25,4
9	518	−3,6	−2,1	0,3	3,0	5,5	8,2	11,6	14,8	16,9	19,4	22,9	24,9	26,4
10	487	−3,6	−2,6	−0,4	2,3	5,0	7,8	11,2	14,4	16,4	18,9	22,1	23,9	25,9
11	407	−3,6	−2,1	0,3	3,0	5,5	8,2	11,9	15,1	17,4	20,1	23,7	25,9	27,9
12	399	−3,6	−1,6	0,5	3,0	5,5	8,2	11,9	14,9	17,1	19,6	23,1	24,4	26,4
13	385	−5,6	−2,6	−0,4	2,0	4,5	7,5	11,2	14,6	16,9	19,9	23,4	24,9	26,4
14	357	−3,6	−1,6	0,6	3,7	6,4	9,2	12,6	15,4	17,9	20,4	23,9	25,9	27,4
15	342	−3,6	−2,6	0,0	2,5	5,2	8,2	12,2	15,6	18,2	21,1	24,4	26,4	28,4
16	315	−3,6	−1,6	0,8	4,0	6,7	9,5	12,9	15,9	18,2	20,9	24,1	25,9	27,4
17	311	−3,6	−1,6	0,6	3,7	6,4	9,2	12,6	15,4	17,9	20,6	23,7	25,4	27,4
18	269	−4,6	−2,6	−0,4	2,3	6,0	8,8	12,9	16,1	18,7	21,4	26,1	26,9	28,9
19	260	−3,6	−2,1	0,3	4,3	7,0	9,5	12,7	15,5	17,7	20,1	23,4	24,9	27,4
20	246	−3,1	−1,6	0,6	3,7	6,5	9,2	12,9	16,1	18,6	21,4	24,9	26,9	28,4
21	237	−3,6	−2,1	0,3	3,0	5,7	8,5	12,6	15,8	18,2	20,9	24,1	25,9	27,9
22	234	−2,6	−1,6	1,3	4,3	7,0	9,5	12,9	15,6	17,7	20,1	23,4	24,9	26,4
23	210	−2,6	−1,1	1,3	4,3	7,0	9,5	12,9	15,9	18,2	20,7	23,9	25,4	27,4

* reduzierte Werte

Tab. 6.4. Tagesminimum

Tabelle 6.4.1.
Quantilwerte der relativen Summenhäufigkeit (%) des Tagesminimums der Lufttemperatur (°C)
Frühjahr (n), 1951/75*

Station	Höhe über NN (m)	Summenhäufigkeit (%) 3	5	10	20	30	40	50	60	70	80	90	95	97
1	1213	−12,6	−11,1	−9,6	−7,1	−5,4	−4,0	−3,0	−1,9	−0,7	0,9	3,2	3,9	5,2
2	1142	−11,6	−10,4	−9,0	−6,5	−4,9	−3,7	−2,6	−1,9	−0,4	1,2	3,6	5,4	6,9
3	920	−9,6	−8,4	−7,1	−4,7	−3,1	−1,9	−1,1	0,0	1,4	3,1	5,2	6,9	7,9
4	823	−10,6	−8,6	−7,1	−4,9	−3,3	−2,0	−1,1	0,0	1,2	3,1	5,2	6,9	7,9
5	708	−10,6	−9,1	−7,3	−4,0	−2,1	−0,8	0,0	0,8	2,0	3,9	5,9	7,9	8,9
6	626	−8,6	−7,1	−5,6	−2,9	−1,5	−0,3	0,5	1,5	2,6	4,1	5,9	7,9	8,9
7	613	−13,6	−11,1	−8,3	−4,8	−3,2	−2,2	−1,5	−0,8	0,1	1,2	2,3	4,4	5,4
8	560	−12,1	−10,1	−7,3	−3,9	−2,2	−1,1	−0,4	0,4	1,5	2,7	4,6	6,6	8,2
9	518	−9,1	−7,1	−5,3	−2,5	−1,1	0,1	1,0	2,0	3,1	5,5	6,9	8,6	9,9
10	487	−9,6	−7,6	−5,3	−2,8	−1,4	−0,4	0,4	1,2	2,3	3,2	5,9	7,2	7,9
11	407	−10,6	−7,6	−5,0	−2,5	−1,2	−0,3	0,6	1,6	3,0	4,3	6,6	7,7	8,9
12	399	−11,6	−8,6	−6,0	−3,4	−2,2	−1,1	−0,4	0,4	1,4	2,9	4,9	6,9	7,6
13	385	−11,1	−9,1	−6,3	−3,4	−2,2	−1,3	−0,7	0,2	1,5	3,3	5,9	7,6	8,9
14	357	−8,6	−7,1	−4,8	−1,9	−0,6	0,3	1,1	2,2	3,4	4,7	6,9	8,6	9,4
15	342	−9,6	−7,1	−5,0	−2,4	−1,1	0,0	0,7	1,7	2,8	4,5	7,2	8,6	9,4
16	315	−8,6	−6,1	−4,3	−1,7	−0,7	0,4	1,3	2,3	3,3	4,9	7,2	8,7	9,4
17	311	−8,6	−6,1	−4,3	−1,5	−0,6	0,5	1,3	2,3	3,4	4,9	7,2	8,6	9,4
18	269	−10,6	−8,1	−5,0	−2,5	−1,2	−0,2	0,6	1,5	2,7	4,4	7,9	8,4	9,4
19	260	−8,6	−6,1	−4,3	−1,8	−0,6	0,4	1,2	2,1	3,4	4,8	7,2	8,9	9,9
20	246	−7,1	−5,1	−3,8	−1,2	−0,1	0,9	2,0	2,9	4,1	5,5	7,9	9,6	10,4
21	237	−9,6	−7,1	−4,6	−2,3	−0,9	0,1	0,9	1,9	3,1	4,6	6,9	8,7	9,9
22	234	−9,6	−6,1	−4,3	−1,7	−0,7	0,4	1,2	2,2	3,5	4,9	6,9	8,4	8,9
23	210	−10,6	−7,1	−4,8	−2,4	−1,1	0,1	1,0	2,1	3,2	4,7	6,9	8,2	8,9

* reduzierte Werte

Tabelle 6.4.2.
Quantilwerte der relativen Summenhäufigkeit (%) des Tagesminimums der Lufttemperatur (°C)
Sommer (n), 1951/75*

Station	Höhe über NN (m)	Summenhäufigkeit (%) 3	5	10	20	30	40	50	60	70	80	90	95	97
1	1213	−0,6	−0,1	0,8	2,7	4,1	5,4	6,2	7,2	8,3	9,6	11,3	12,6	13,4
2	1142	−1,1	−0,3	0,8	2,6	3,8	5,0	5,8	6,8	7,9	9,2	11,0	12,6	13,4
3	920	0,4	1,7	2,8	4,7	6,0	7,1	8,0	8,9	9,9	11,2	13,0	14,6	15,9
4	823	1,4	2,4	3,6	5,5	6,8	7,9	8,8	9,8	10,9	12,1	13,8	15,2	15,9
5	708	0,9	1,9	3,3	5,0	6,5	7,6	8,6	9,6	10,6	11,8	13,3	14,6	15,4
6	626	2,4	3,4	4,6	6,4	7,8	8,8	9,6	10,6	11,5	12,6	14,4	15,4	15,9
7	613	−0,6	0,4	1,6	3,4	4,8	5,8	6,8	7,9	8,9	10,0	11,3	12,2	12,7
8	560	0,4	1,1	2,3	4,0	5,4	6,7	7,7	8,7	9,8	10,8	12,2	13,2	13,9
9	518	2,4	3,4	4,9	6,8	8,0	9,1	10,0	10,8	11,7	12,9	14,6	15,7	16,4
10	487	1,4	2,4	3,4	5,2	6,6	7,9	8,8	9,8	10,8	11,9	13,2	14,2	14,7
11	407	1,4	2,4	4,1	5,8	7,5	8,7	9,7	10,6	11,7	12,7	14,0	14,9	15,9
12	399	0,9	1,9	3,3	5,0	6,3	7,4	8,4	9,3	10,4	11,5	12,9	13,7	14,4
13	385	0,4	1,9	3,4	5,5	6,9	8,1	9,0	10,0	11,2	12,2	13,6	14,9	15,6
14	357	2,9	3,9	5,3	7,0	8,3	9,4	10,3	11,2	12,2	13,2	14,6	15,7	16,4
15	342	2,9	3,9	5,4	7,0	8,4	9,6	10,6	11,3	12,4	13,5	14,9	15,9	16,9
16	315	3,4	4,1	5,4	7,1	8,4	9,6	10,5	11,4	12,3	13,4	14,8	15,7	16,4
17	311	3,4	4,1	5,4	7,1	8,5	9,7	10,5	11,4	12,4	13,3	14,7	15,7	16,4
18	269	1,4	2,4	4,4	6,5	8,1	9,3	10,3	11,2	12,2	13,4	14,8	15,9	16,6
19	260	3,4	4,4	5,4	7,1	8,3	9,4	10,4	11,3	12,2	13,3	14,6	15,4	15,9
20	246	4,4	5,4	6,5	8,2	9,6	10,7	11,5	12,5	13,4	14,5	15,9	16,7	17,4
21	237	2,4	3,9	5,4	7,3	8,4	9,7	10,6	11,6	12,6	13,7	15,0	15,9	16,9
22	234	2,9	3,9	5,3	6,8	8,1	9,3	10,2	11,3	12,1	13,1	14,5	15,4	15,9
23	210	2,4	3,4	4,8	6,5	8,0	9,2	10,1	11,2	12,1	13,1	14,5	15,4	15,9

* reduzierte Werte

Tabelle 6.4.3.
Quantilwerte der relativen Summenhäufigkeit (%) des Tagesminimums der Lufttemperatur (°C)
Herbst (n), 1951/75*

Station	Höhe über NN (m)	Summenhäufigkeit (%) 3	5	10	20	30	40	50	60	70	80	90	95	97
1	1213	−4,1	−3,7	−2,9	−1,7	−0,8	0,4	1,7	2,6	3,5	5,1	6,9	8,4	8,6
2	1142	−4,1	−3,4	−2,5	−1,1	−0,1	1,0	2,2	3,1	4,0	5,7	7,2	8,9	8,9
3	920	−2,9	−2,2	−1,2	0,3	1,4	2,4	3,5	4,5	5,2	6,7	8,6	9,4	9,9
4	823	−1,4	−1,2	−0,5	0,6	1,6	2,7	3,9	4,7	5,6	7,1	8,7	10,1	10,2
5	708	−3,4	−2,7	−1,3	−0,9	1,5	2,2	3,9	4,8	5,7	7,1	8,8	9,9	9,9
6	626	−1,4	−1,0	0,0	1,3	2,4	3,4	4,4	5,2	6,2	7,7	9,3	10,4	10,6
7	613	−4,2	−3,7	−2,6	−1,2	0,1	1,2	2,4	3,4	4,4	5,9	7,2	8,4	8,9
8	560	−4,4	−3,9	−2,7	−1,3	0,4	1,4	2,9	3,9	5,0	6,3	7,9	9,1	9,9
9	518	−1,4	−0,9	0,3	1,7	2,8	3,9	5,2	6,0	6,9	8,4	10,1	11,2	11,4
10	487	−3,4	−3,0	−1,9	0,0	1,5	2,6	3,8	4,8	5,8	7,2	8,4	10,4	10,6
11	407	−3,9	−2,9	−1,2	0,3	2,0	3,3	4,6	5,5	6,4	7,8	9,4	10,4	10,9
12	399	−3,4	−2,9	−1,7	−0,3	0,9	2,3	3,5	4,5	5,7	7,0	8,4	9,3	9,9
13	385	−3,4	−2,9	−1,8	0,0	1,4	2,5	3,5	4,6	5,8	7,1	8,8	10,4	10,9
14	357	−1,4	−0,9	0,3	1,7	3,0	4,1	5,2	6,1	7,1	8,3	10,2	11,4	11,9
15	342	−1,9	−0,9	0,4	1,8	2,7	3,9	4,9	5,9	6,8	8,2	9,8	11,7	11,9
16	315	−2,1	−1,4	−0,1	1,5	3,1	4,1	5,2	6,2	7,3	8,7	10,2	11,2	11,4
17	311	−1,4	−1,0	0,1	2,0	3,3	4,4	5,5	6,2	7,3	8,6	9,9	11,1	11,4
18	269	−4,1	−3,4	−1,5	0,7	2,5	3,6	5,0	5,8	6,9	8,3	9,9	11,4	11,9
19	260	−1,7	−1,1	0,5	2,0	3,4	4,5	5,8	6,7	7,5	8,7	10,1	11,0	10,9
20	246	−0,2	0,3	1,5	3,1	4,3	5,3	6,3	7,2	8,2	9,4	10,9	12,2	12,4
21	237	−2,1	−1,4	−0,1	1,7	3,1	4,3	5,4	6,3	7,4	8,7	10,2	11,7	11,9
22	234	−2,4	−1,7	−0,5	1,6	3,2	4,5	5,6	6,4	7,4	8,8	10,1	11,2	11,9
23	210	−2,4	−1,7	−0,5	1,5	3,1	4,3	5,4	6,3	7,4	8,7	9,9	10,9	10,9

* reduzierte Werte

Tabelle 6.4.4.
Quantilwerte der relativen Summenhäufigkeit (%) des Tagesminimums der Lufttemperatur (°C)
Winter (n), 1951/75*

Station	Höhe über NN (m)	Summenhäufigkeit (%) 3	5	10	20	30	40	50	60	70	80	90	95	97
1	1213	−15,6	−14,1	−12,1	−9,5	−7,8	−6,4	−5,5	−4,3	−3,3	−1,8	−0,3	1,6	2,9
2	1142	−14,1	−13,1	−11,1	−8,6	−7,0	−5,7	−4,9	−3,7	−3,6	−1,3	0,4	2,1	3,9
3	920	−15,1	−12,1	−10,1	−7,8	−6,1	−4,7	−3,9	−2,7	−1,9	−0,7	0,9	2,6	3,9
4	823	−14,1	−12,6	−10,4	−7,9	−6,3	−4,9	−3,9	−2,6	−1,6	−0,4	1,2	3,1	4,4
5	708	−15,1	−13,6	−10,6	−7,6	−5,5	−3,8	−2,8	−1,6	−0,9	0,4	1,9	3,8	5,4
6	626	−13,1	−11,6	−9,1	−6,7	−4,8	−3,6	−2,7	−1,5	−0,8	0,5	2,2	3,8	4,9
7	613	−17,1	−15,1	−12,1	−8,3	−5,8	−3,8	−2,8	−1,5	−0,7	0,4	2,7	3,1	4,1
8	560	−16,1	−14,1	−11,6	−7,2	−5,3	−3,6	−2,5	−1,2	−0,5	0,7	2,4	3,9	4,9
9	518	−14,1	−12,1	−9,1	−5,8	−3,8	−2,2	−1,3	−0,1	0,8	2,0	3,7	5,1	6,1
10	487	−16,1	−13,6	−10,1	−7,1	−4,7	−2,9	−2,0	−0,8	0,0	1,2	3,1	4,4	5,4
11	407	−16,1	−14,1	−10,1	−6,1	−3,9	−2,4	−1,3	−0,2	0,6	1,9	3,5	4,9	5,9
12	399	−16,1	−14,1	−10,6	−7,0	−4,9	−3,1	−1,9	−0,8	−0,1	1,2	2,7	4,1	5,4
13	385	−16,6	−15,6	−11,4	−7,0	−4,7	−3,3	−2,3	−1,0	−0,3	0,7	2,4	4,6	5,9
14	357	−15,1	−13,1	−9,6	−6,1	−3,9	−2,2	−1,0	0,0	0,7	2,0	3,7	5,4	6,4
15	342	−16,1	−13,6	−9,8	−6,1	−4,1	−2,6	−1,7	−0,4	0,3	1,5	3,2	4,8	6,4
16	315	−15,1	−13,1	−9,6	−6,0	−3,7	−1,9	−0,8	0,4	1,1	2,3	4,1	5,6	6,9
17	311	−15,1	−13,6	−9,6	−5,8	−3,7	−2,1	−0,9	0,2	0,9	2,2	3,7	5,6	6,9
18	269	−17,6	−15,1	−10,1	−5,6	−3,5	−2,0	−1,0	0,2	0,8	2,0	3,7	5,6	6,9
19	260	−14,1	−12,1	−8,6	−5,3	−3,3	−1,5	−0,5	0,8	1,8	3,0	4,7	6,1	7,4
20	246	−14,1	−12,1	−8,1	−4,8	−2,8	−1,4	−0,5	0,6	1,3	2,7	4,4	6,1	7,1
21	237	−16,1	−14,1	−10,1	−5,4	−3,7	−2,0	−1,0	0,2	0,8	2,9	3,7	5,6	6,9
22	234	−16,1	−13,1	−9,1	−5,4	−3,3	−1,4	−0,5	0,8	1,7	3,0	4,7	6,1	7,4
23	210	−17,1	−14,6	−10,6	−6,0	−3,7	−1,8	−0,7	0,6	1,5	2,9	4,5	6,1	7,4

* reduzierte Werte

Tabelle 6.4.5.
Quantilwerte der relativen Summenhäufigkeit (%) des Tagesminimums der Lufttemperatur (°C)
Jahr, 1951/75*

Station	Höhe über NN (m)	Summenhäufigkeit (%) 3	5	10	20	30	40	50	60	70	80	90	95	97
1	1213	−13,1	−11,1	−8,6	−5,9	−3,7	−1,7	0,4	2,7	4,7	6,9	9,1	10,9	11,9
2	1142	−12,1	−10,1	−7,8	−5,4	−3,2	−1,3	0,7	2,9	4,5	6,5	8,9	10,4	11,9
3	920	−11,1	−9,1	−6,6	−4,2	−1,9	−0,1	2,3	4,5	6,3	8,5	10,9	12,4	13,9
4	823	−11,1	−9,1	−6,8	−4,2	−1,7	0,1	2,7	5,1	7,1	9,4	11,8	13,4	14,4
5	708	−11,6	−9,1	−6,1	−3,2	−1,1	0,6	2,8	5,1	6,9	9,1	10,4	12,9	13,9
6	626	−10,1	−8,1	−5,6	−2,7	−0,7	1,3	3,6	5,9	8,1	10,1	12,4	13,9	14,9
7	613	−13,1	−11,1	−7,1	−3,4	−1,5	−0,2	1,5	3,4	5,1	7,4	9,8	10,9	11,9
8	560	−12,6	−10,1	−6,1	−3,2	−1,1	0,4	2,2	4,1	5,9	8,3	10,6	11,9	12,9
9	518	−10,1	−8,1	−4,6	−1,7	0,4	2,1	4,2	6,5	8,4	10,5	12,6	13,9	14,9
10	487	−11,1	−9,1	−5,1	−2,4	−0,4	1,1	3,2	5,3	7,1	9,3	11,6	12,9	13,6
11	407	−11,6	−9,1	−4,6	−1,9	−0,1	1,5	3,6	5,7	7,7	10,1	12,4	13,6	14,4
12	399	−11,6	−9,1	−5,6	−2,7	−0,6	0,7	2,8	4,9	6,7	8,9	11,1	12,6	13,4
13	385	−11,6	−9,6	−5,6	−2,7	−0,9	0,5	2,8	5,4	7,3	9,6	11,9	14,2	14,9
14	357	−10,6	−8,1	−4,6	−1,4	0,5	2,3	4,4	6,7	8,7	10,7	12,9	14,2	14,9
15	342	−9,6	−8,1	−4,6	−1,9	0,2	1,9	4,3	6,7	8,7	10,9	13,1	14,6	15,4
16	315	−10,6	−8,1	−4,1	−1,2	0,8	2,5	4,6	6,9	8,7	10,9	13,1	14,4	15,4
17	311	−10,6	−7,6	−4,1	−1,4	0,6	2,4	4,6	6,9	8,9	10,9	13,1	14,2	14,9
18	269	−11,6	−8,6	−4,1	−1,7	0,2	1,7	4,0	6,4	8,5	10,7	13,1	14,4	15,4
19	260	−9,6	−7,1	−4,1	−0,9	0,9	2,7	4,8	6,1	8,6	10,9	12,9	14,2	14,9
20	246	−8,6	−6,1	−3,4	−0,7	1,1	3,1	5,4	7,9	9,7	11,9	14,1	15,6	16,4
21	237	−11,1	−8,1	−4,1	−1,4	0,4	2,1	4,5	6,9	8,7	11,1	13,4	14,6	15,4
22	234	−10,6	−7,6	−4,1	−0,9	0,9	2,7	4,8	6,9	8,6	10,7	12,9	13,9	14,9
23	210	−11,6	−9,6	−5,6	−1,4	0,7	3,4	5,4	6,5	7,3	10,6	12,9	13,9	14,9

* reduzierte Werte

Tab. 7. Quantilwerte der relativen Summenhäufigkeit (%), Korrelationskoeffizienten *r* für die Höhenabhängigkeit 1951/75*

	3	5	10	20	30	40	50	60	70	80	90	95	97
Tagesmittel der Lufttemperatur													
Frühjahr (n)	–0,97	–0,98	–0,98	–0,97	–0,97	–0,96	–0,96	–0,96	–0,95	–0,94	–0,94	–0,92	–0,89
Sommer (n)	–0,99	–0,99	–0,98	–0,98	–0,97	–0,97	–0,97	–0,95	–0,95	–0,95	–0,93	–0,92	–0,88
Herbst (n)	–0,97	–0,98	–0,98	–0,97	–0,97	–0,96	–0,96	–0,95	–0,95	–0,92	–0,92	–0,89	–0,89
Winter (n)	–0,67	–0,83	–0,95	–0,97	–0,97	–0,97	–0,96	–0,95	–0,94	–0,94	–0,93	–0,91	–0,91
Jahr	–0,91	–0,97	–0,97	–0,97	–0,97	–0,97	–0,97	–0,97	–0,97	–0,96	–0,95	–0,93	–0,92
ausgewählte Stundenwerte der Lufttemperatur													
Frühjahr (n)	–0,94	–0,97	–0,97	–0,97	–0,97	–0,96	–0,93	–0,96	–0,96	–0,97	–0,96	–0,96	–0,97
Sommer (n)	–0,97	–0,98	–0,98	–0,98	–0,98	–0,98	–0,97	–0,97	–0,97	–0,96	–0,95	–0,96	–0,94
Herbst (n)	–0,74	–0,80	–0,89	–0,95	–0,96	–0,98	–0,98	–0,97	–0,97	–0,98	–0,96	–0,94	–0,93
Winter (n)	–0,60	–0,84	–0,94	–0,97	–0,85	–0,87	–0,98	–0,95	–0,94	–0,99	–0,93	–0,91	–0,83
Jahr	–0,88	–0,93	–0,96	–0,97	–0,96	–0,97	–0,98	–0,98	–0,97	–0,97	–0,96	–0,96	–0,96
Tagesmaximum der Lufttemperatur													
Frühjahr (n)	–0,98	–0,98	–0,97	–0,96	–0,97	–0,97	–0,98	–0,97	–0,97	–0,96	–0,96	–0,93	–0,96
Sommer (n)	–0,99	–0,99	–0,99	–0,98	–0,97	–0,97	–0,96	–0,96	–0,95	–0,95	–0,94	–0,95	–0,93
Herbst (n)	–0,98	–0,99	–0,98	–0,99	–0,99	–0,98	–0,98	–0,97	–0,96	–0,93	–0,93	–0,93	–0,93
Winter (n)	–0,79	–0,86	–0,95	–0,97	–0,95	–0,95	–0,92	–0,94	–0,93	–0,93	–0,90	–0,85	–0,84
Jahr	–0,89	–0,95	–0,95	–0,94	–0,97	–0,98	–0,98	–0,98	–0,97	–0,97	–0,94	–0,93	–0,94
Tagesminimum der Lufttemperatur													
Frühjahr (n)	–0,49	–0,73	–0,90	–0,93	–0,92	–0,90	–0,88	–0,83	–0,85	–0,79	–0,77	–0,79	–0,74
Sommer (n)	–0,75	–0,87	–0,83	–0,82	–0,84	–0,84	–0,86	–0,86	–0,87	–0,84	–0,78	–0,69	–0,63
Herbst (n)	–0,40	–0,45	–0,59	–0,70	–0,79	–0,82	–0,82	–0,84	–0,87	–0,83	–0,80	–0,77	–0,83
Winter (n)	0,27	0,15	–0,54	–0,90	–0,95	–0,96	–0,97	–0,97	–0,96	–0,95	–0,95	–0,95	–0,93
Jahr	–0,51	–0,63	–0,90	–0,96	–0,95	–0,90	–0,88	–0,84	–0,81	–0,85	–0,85	–0,80	–0,76

* reduzierte Werte

Tab. 8. Quantilwerte der relativen Summenhäufigkeit der Lufttemperatur (°C), Regressionskoeffizienten, $t = a + bh$, 1951/75

Tabelle 8.1.
Quantilwerte der relativen Summenhäufigkeit (%) des Tagesmittels der Lufttemperatur (°C), Regressionskoeffizienten, $t = a + bh$ 1951/75*

		Summenhäufigkeit (%)												
		3	5	10	20	30	40	50	60	70	80	90	95	97
Frühjahr (n)	a	–2,78	–1,64	0,86	2,65	4,35	5,67	6,68	8,00	9,37	10,92	12,78	14,89	16,36
	$b \cdot 10^2$	–0,62	–0,62	–0,62	–0,59	–0,59	–0,59	–0,60	–0,59	–0,57	–0,56	–0,55	–0,60	–0,59
Sommer (n)	a	9,27	10,54	11,93	13,48	14,67	15,83	16,74	17,65	18,57	19,99	21,57	23,04	23,72
	$b \cdot 10^2$	–0,72	–0,72	–0,71	–0,68	–0,67	–0,67	–0,66	–0,64	–0,62	–0,61	–0,58	–0,54	–0,52
Herbst (n)	a	4,50	5,15	6,11	7,35	8,36	9,15	10,01	11,06	12,16	13,17	14,11	15,42	16,39
	$b \cdot 10^2$	–0,59	–0,59	–0,58	–0,56	–0,54	–0,52	–0,53	–0,52	–0,48	–0,44	–0,41	–0,42	–0,44
Winter (n)	a	–10,97	–8,99	–4,93	–1,70	0,17	1,62	2,74	3,79	4,75	6,20	7,98	9,08	9,95
	$b \cdot 10^2$	–0,21	–0,25	–0,38	–0,46	–0,49	–0,51	–0,52	–0,51	–0,52	–0,52	–0,48	–0,43	–0,42
Jahr	a	–6,42	–3,45	–0,24	2,77	5,03	7,44	9,85	12,70	14,88	17,14	19,42	21,39	22,80
	$b \cdot 10^2$	–0,39	–0,56	–0,52	–0,54	–0,56	–0,58	–0,57	–0,61	–0,63	–0,63	–0,61	–0,58	–0,57

* reduzierte Werte

Tabelle 8.2.
Quantilwerte der relativen Summenhäufigkeit (%) ausgewählter Stundenwerte der Lufttemperatur 07, 14, 21 Uhr (°C), Regressionskoeffizienten, $t = a + bh$
1951/75*

		Summenhäufigkeit (%)												
		3	5	10	20	30	40	50	60	70	80	90	95	97
Frühjahr (n)	a	−3,56	−2,01	0,25	2,51	3,65	5,08	6,51	8,02	9,82	11,78	14,93	17,34	19,42
	$b \cdot 10^2$	−0,54	−0,59	−0,61	−0,55	−0,55	−0,56	−0,56	−0,59	−0,62	−0,62	−0,66	−0,71	−0,72
Sommer (n)	a	8,15	9,13	10,85	12,73	14,25	15,51	16,62	17,83	19,22	21,01	23,98	26,36	28,02
	$b \cdot 10^2$	−0,66	−0,65	−0,65	−0,65	−0,65	−0,65	−0,64	−0,64	−0,65	−0,66	−0,68	−0,74	−0,75
Herbst (n)	a	1,48	2,37	4,24	5,91	7,67	8,95	10,17	11,32	12,67	14,18	16,77	18,77	20,23
	$b \cdot 10^2$	−0,33	−0,37	−0,47	−0,53	−0,52	−0,53	−0,54	−0,52	−0,52	−0,54	−0,56	−0,59	−0,61
Winter (n)	a	−10,89	−8,14	−5,08	−1,64	0,12	1,54	2,72	3,70	4,96	6,54	8,27	10,07	10,85
	$b \cdot 10^2$	−0,15	−0,27	−0,40	−0,47	−0,44	−0,46	−0,53	−0,51	−0,52	−0,56	−0,49	−0,51	−0,44
Jahr	a	−6,33	−4,09	−0,56	2,33	4,72	7,11	9,91	12,55	15,01	17,40	20,72	23,67	25,25
	$b \cdot 10^2$	−0,34	−0,36	−0,49	−0,49	−0,53	−0,56	−0,57	−0,61	−0,63	−0,64	−0,66	−0,67	−0,73

* reduzierte Werte

Tabelle 8.3.
Quantilwerte der relativen Summenhäufigkeit (%) des Tagesmaximums der Lufttemperatur (°C), Regressionskoeffizienten, $t = a + bh$
1951/75*

		Summenhäufigkeit (%)												
		3	5	10	20	30	40	50	60	70	80	90	95	97
Frühjahr (n)	a	1,08	2,13	4,09	6,55	8,35	9,82	11,43	13,28	15,07	17,11	19,88	22,40	24,11
	$b \cdot 10^2$	−0,69	−0,67	−0,67	−0,70	−0,73	−0,75	−0,78	−0,78	−0,77	−0,75	−0,79	−0,75	−0,78
Sommer (n)	a	14,15	15,09	16,44	18,57	19,91	21,27	22,44	23,76	25,01	26,53	28,98	30,62	32,31
	$b \cdot 10^2$	−0,88	−0,86	−0,87	−0,85	−0,83	−0,83	−0,83	−0,81	−0,80	−0,80	−0,78	−0,79	−0,79
Herbst (n)	a	7,07	7,96	9,40	11,28	12,66	13,79	14,83	16,04	17,40	18,92	20,99	22,90	23,69
	$b \cdot 10^2$	−0,78	−0,78	−0,75	−0,74	−0,75	−0,72	−0,68	−0,66	−0,65	−0,65	−0,63	−0,62	−0,68
Winter (n)	a	−6,19	−4,23	−1,76	1,05	3,40	4,20	4,80	6,22	7,41	8,94	10,82	12,76	13,79
	$b \cdot 10^2$	−0,32	−0,39	−0,46	−0,51	−0,52	−0,53	−0,52	−0,56	−0,56	−0,55	−0,49	−0,49	−0,46
Jahr	a	−2,10	−0,28	2,07	5,08	8,13	11,01	14,78	17,95	20,33	23,03	26,48	28,03	29,91
	$b \cdot 10^2$	−0,45	−0,52	−0,52	−0,56	−0,65	−0,69	−0,74	−0,77	−0,79	−0,80	−0,81	−0,76	−0,78

* reduzierte Werte

Tabelle 8.4.
Quantilwerte der relativen Summenhäufigkeit (%) des Tagesminimums der Lufttemperatur (°C), Regressionskoeffizienten, $t = a + bh$
1951/75*

		Summenhäufigkeit (%)												
		3	5	10	20	30	40	50	60	70	80	90	95	97
Frühjahr (n)	a	−8,81	−5,79	−3,29	−0,62	0,42	1,36	2,12	2,95	4,19	5,65	8,02	9,57	10,31
	$b \cdot 10^2$	−0,26	−0,42	−0,51	−0,50	−0,44	−0,41	−0,39	−0,38	−0,38	−0,36	−0,40	−0,39	−0,34
Sommer (n)	a	3,62	4,73	6,23	7,97	9,37	10,54	11,50	12,43	13,37	14,33	15,57	16,32	16,94
	$b \cdot 10^2$	−0,38	−0,40	−0,45	−0,43	−0,44	−0,44	−0,45	−0,44	−0,43	−0,40	−0,36	−0,29	−0,27
Herbst (n)	a	−1,81	−1,14	0,36	2,26	3,84	5,01	6,12	7,02	8,12	9,43	10,73	11,91	12,29
	$b \cdot 10^2$	−0,17	−0,18	−0,24	−0,32	−0,36	−0,37	−0,35	−0,35	−0,37	−0,35	−0,31	−0,29	−0,31
Winter (n)	a	−16,01	−13,78	−9,19	−4,81	−2,48	−0,69	0,41	1,61	2,41	3,59	5,20	6,76	7,89
	$b \cdot 10^2$	0,11	0,06	−0,19	−0,37	−0,42	−0,46	−0,48	−0,48	−0,49	−0,43	−0,45	−0,44	−0,42
Jahr	a	−10,12	−7,45	−3,23	−0,08	1,71	3,43	5,61	7,66	9,50	11,87	14,07	15,25	15,94
	$b \cdot 10^2$	−0,19	−0,26	−0,42	−0,47	−0,43	−0,42	−0,43	−0,40	−0,40	−0,42	−0,41	−0,37	−0,32

* reduzierte Werte

Tab. 9. Quantilwerte der relativen Summenhäufigkeit der Lufttemperatur (°C), Abweichungen Δ von der Regressionsgeraden (K), 1951/75

Tab. 9.1. Tagesmittel

Tabelle 9.1.1.
Quantilwerte der relativen Summenhäufigkeit (%) des Tagesmittels der Lufttemperatur (°C), Abweichungen Δ von der Regressionsgeraden (K)
Frühjahr (n), 1951/75*

Station	Höhe über NN	Summenhäufigkeit (%)												
	(m)	3	5	10	20	30	40	50	60	70	80	90	95	97
1	1213	−0,2	−0,2	−0,2	−0,4	0,0	−0,1	−0,1	0,0	0,0	0,0	0,1	0,2	0,3
2	1142	0,1	0,1	0,0	0,0	−0,4	−0,3	−0,4	−0,5	−0,5	−0,5	−0,3	−0,3	−0,5
3	920	0,2	0,1	0,2	0,2	0,1	0,1	0,1	0,3	0,3	0,4	0,5	0,4	0,5
4	823	−0,4	−0,4	−0,2	−0,5	−0,5	−0,4	−0,1	−0,1	0,2	0,3	0,3	0,4	0,3
5	708	−0,1	0,2	0,1	0,2	0,3	0,3	0,5	0,5	0,5	0,4	0,5	0,4	0,5
6	626	0,7	0,4	0,7	0,6	0,6	0,7	0,5	0,7	0,6	0,8	0,6	1,0	0,8
7	613	−0,5	−0,4	−0,3	−0,3	−0,4	−0,5	−0,8	−1,1	−1,4	−1,7	−1,9	−2,3	−2,8
8	560	−0,3	−0,3	−0,1	0,4	0,3	0,3	0,1	−0,2	−0,3	−0,4	−0,5	−0,7	0,4
9	518	0,9	0,5	0,4	0,6	0,6	0,8	1,0	1,0	1,0	0,9	0,8	0,6	1,1
10	487	0,7	0,8	0,7	0,7	0,8	0,7	0,6	0,4	0,4	0,2	0,0	0,0	−0,5
11	407	0,2	0,3	−0,0	0,4	0,4	0,3	0,4	0,4	0,4	0,2	0,0	−0,1	−0,6
12	399	−0,3	−0,3	−0,2	−0,5	−0,5	−0,4	−0,6	−0,7	−0,8	−0,8	−0,9	−1,1	−0,6
13	385	−0,9	−0,6	−1,0	−0,7	−0,9	−1,1	−1,1	−1,1	−1,2	−0,7	−0,6	−0,7	−0,7
14	357	−0,1	0,3	−0,4	0,2	0,1	0,1	0,3	0,3	0,3	0,2	0,4	0,6	0,2
15	342	−0,2	−0,1	−0,1	−0,2	−0,4	−0,3	−0,1	0,0	0,1	0,1	0,1	0,5	0,6
16	315	0,1	0,2	0,4	0,6	0,7	0,6	0,5	0,6	0,4	0,4	0,4	0,4	0,9
17	311	0,6	0,4	0,3	0,1	0,4	0,3	0,3	0,5	0,3	0,4	0,1	0,4	0,4
18	269	−0,7	−0,3	−0,2	−0,3	−0,3	−0,3	−0,4	−0,3	−0,1	−0,1	0,1	0,1	0,1
19	260	0,3	0,1	0,0	−0,2	0,0	−0,1	−0,1	−0,3	−0,3	−0,4	−0,3	−0,4	−0,4
20	246	0,2	0,0	0,3	0,0	−0,1	−0,1	0,2	0,3	0,5	0,5	0,6	1,0	1,0
21	237	−0,3	−0,5	−0,7	−0,6	−0,7	−0,7	−0,6	−0,5	−0,4	−0,2	−0,1	0,4	0,4
22	234	0,1	−0,1	0,1	−0,1	−0,1	0,0	−0,2	−0,2	−0,1	−0,2	−0,3	−0,6	−1,1
23	210	0,0	0,1	0,4	0,0	0,0	0,2	0,1	0,0	−0,1	0,1	0,4	−0,2	−0,2
S		0,45	0,35	0,39	0,40	0,45	0,46	0,48	0,53	0,55	0,56	0,58	0,73	0,84

* reduzierte Werte

Tabelle 9.1.2.
Quantilwerte der relativen Summenhäufigkeit (%) des Tagesmittels der Lufttemperatur (°C), Abweichungen Δ von der Regressionsgeraden (K)
Sommer (n), 1951/75*

Station	Höhe über NN	Summenhäufigkeit (%)												
	(m)	3	5	10	20	30	40	50	60	70	80	90	95	97
1	1213	0,1	0,2	0,3	0,2	0,4	0,6	0,4	0,4	0,4	0,4	0,4	0,4	0,3
2	1142	−0,6	−0,6	−0,6	−0,7	−0,8	−0,9	−0,8	−0,9	−0,8	−0,8	−0,8	−0,6	−0,6
3	920	0,3	0,3	0,0	0,0	0,0	0,0	0,0	0,0	0,0	0,2	0,3	0,4	0,3
4	823	0,2	0,2	0,3	0,3	0,4	0,4	0,6	0,6	0,5	0,7	0,7	0,6	0,5
5	708	0,2	0,2	0,4	0,3	0,4	0,5	0,6	0,7	0,7	0,4	−0,2	−0,5	−1,0
6	626	0,6	0,5	0,5	0,6	0,4	0,4	0,4	0,7	0,7	1,0	1,2	1,5	1,8
7	613	−0,5	−0,6	−0,7	−0,7	−1,0	−1,1	−1,0	−1,2	−1,3	−1,3	−1,3	−1,6	−1,6
8	560	0,0	−0,3	−0,2	−0,2	−0,1	−0,3	−0,4	−0,4	−0,5	−0,6	−0,6	−0,4	−0,4
9	518	0,4	0,7	0,2	0,6	0,6	0,5	0,5	0,5	0,3	0,4	0,6	0,2	0,9
10	487	0,2	0,2	0,2	0,1	0,0	0,0	−0,1	−0,2	−0,2	−0,4	−0,4	−0,3	−0,3

Tab. 9.1.2. (Fortsetzung)

Station	Höhe über NN (m)	Summenhäufigkeit (%) 3	5	10	20	30	40	50	60	70	80	90	95	97
11	407	0,1	0,1	0,3	0,3	0,2	0,3	0,2	0,3	0,3	0,4	0,5	0,3	0,3
12	399	−0,5	−0,2	−0,6	−0,7	−0,7	−0,8	−0,8	−0,9	−0,9	−0,9	−1,1	−1,1	−1,3
13	385	−0,6	−0,6	−0,6	−0,6	−0,6	−0,4	−0,4	−0,4	−0,4	−0,3	−0,5	−0,4	−0,3
14	357	0,2	−0,1	0,0	0,1	0,2	0,2	0,2	0,3	0,4	0,4	0,4	0,5	0,5
15	342	0,1	0,1	0,3	0,3	0,4	0,4	0,6	0,5	0,7	0,7	0,8	0,7	0,5
16	315	0,4	0,4	0,4	0,5	0,4	0,4	0,3	0,3	0,2	0,2	0,4	0,5	0,3
17	311	0,4	0,2	0,2	0,2	0,2	0,2	0,2	0,2	0,2	0,2	0,1	0,2	0,3
18	269	−0,4	−0,4	−0,1	−0,1	−0,1	0,1	0,2	0,2	0,1	0,1	0,2	0,2	0,1
19	260	−0,5	−0,2	−0,2	−0,3	−0,3	−0,5	−0,5	−0,6	−0,7	−0,7	−0,6	−0,5	−0,5
20	246	0,4	0,4	0,3	0,3	0,5	0,5	0,6	0,7	0,7	0,9	0,7	0,7	1,0
21	237	−0,2	−0,3	−0,1	−0,3	−0,1	−0,1	0,0	0,1	0,2	0,2	0,2	0,3	0,4
22	234	−0,2	−0,2	−0,2	−0,3	−0,3	−0,4	−0,5	−0,6	−0,5	−0,6	−0,5	−0,4	−0,6
23	210	0,1	0,2	0,0	−0,1	−0,2	−0,1	−0,2	−0,3	−0,3	−0,4	−0,5	−0,5	−0,7
S		0,35	0,36	0,36	0,40	0,44	0,47	0,49	0,55	0,57	0,61	0,65	0,66	0,76

* reduzierte Werte

Tabelle 9.1.3.

Quantilwerte der relativen Summenhäufigkeit (%) des Tagesmittels der Lufttemperatur (°C), Abweichungen Δ von der Regressionsgeraden (K) Herbst (n), 1951/75*

Station	Höhe über NN (m)	Summenhäufigkeit (%) 3	5	10	20	30	40	50	60	70	80	90	95	97
1	1213	0,2	0,1	−0,1	−0,2	−0,1	0,0	0,0	0,1	0,4	0,2	0,1	0,4	0,4
2	1142	−0,3	−0,2	0,0	−0,1	0,0	0,2	0,1	0,1	0,0	−0,1	−0,1	0,2	0,2
3	920	−0,3	−0,2	0,2	0,3	0,2	0,1	0,1	0,1	0,0	0,0	0,2	0,0	−0,2
4	823	0,3	0,2	0,4	0,2	0,2	0,2	0,2	0,1	0,0	0,3	0,3	0,1	0,5
5	708	0,4	0,2	0,2	0,3	0,4	0,2	0,4	0,4	0,5	0,7	0,5	0,3	0,4
6	626	0,2	0,4	0,2	0,6	0,4	0,2	0,1	0,1	0,2	0,5	0,6	0,4	0,2
7	613	−0,2	−0,4	−0,7	−0,7	−0,8	−0,9	−0,8	−0,7	−0,8	−1,0	−1,1	−1,3	−1,3
8	560	−0,2	−0,2	−0,8	−0,3	−0,3	−0,3	−0,5	−0,7	−0,8	−0,7	−0,8	−0,7	−0,7
9	518	0,2	0,4	0,6	0,8	0,6	0,7	0,7	0,7	0,8	0,8	0,7	0,6	0,5
10	487	−0,4	−0,1	0,0	−0,1	−0,2	−0,3	−0,3	−0,4	−0,5	−0,8	−0,6	−0,9	−1,3
11	407	0,3	0,2	0,0	−0,1	0,0	0,1	0,0	0,0	0,0	0,1	0,1	−0,1	0,3
12	399	−0,8	−0,8	−0,8	−0,8	−0,8	−0,9	−0,9	−0,9	−0,7	−0,9	−1,2	−1,4	−1,2
13	385	−0,3	−0,6	−0,7	−0,9	−0,8	−0,7	−0,9	−1,0	−0,8	−1,1	−0,7	−0,9	−0,8
14	357	0,5	0,4	0,3	0,2	0,2	0,3	0,6	0,6	0,5	0,4	0,7	1,0	0,8
15	342	0,5	0,7	0,4	0,0	−0,1	−0,1	−0,1	−0,1	−0,2	−0,2	0,1	−0,1	0,0
16	315	0,1	−0,1	0,0	0,2	0,1	0,2	0,2	0,2	0,3	0,3	0,1	0,8	0,6
17	311	0,0	0,0	0,2	0,1	0,2	0,2	0,3	0,3	0,2	0,2	0,2	0,3	0,4
18	269	−0,2	−0,4	0,0	−0,2	−0,3	−0,3	−0,5	−0,4	−0,3	0,0	0,0	0,1	−0,3
19	260	−0,3	−0,1	0,1	0,3	0,3	0,2	0,3	0,4	0,3	0,3	−0,1	0,1	0,6
20	246	0,6	0,5	0,5	0,4	0,6	0,5	0,4	0,4	0,4	0,3	0,6	0,3	0,6
21	237	0,6	0,3	0,0	−0,2	−0,3	−0,2	−0,4	−0,3	−0,1	0,0	0,1	0,0	0,0
22	234	−0,4	0,0	0,1	0,3	0,3	0,3	0,4	0,5	0,3	0,2	0,2	0,8	0,5
23	210	−0,6	−0,4	−0,2	0,0	0,1	0,4	0,4	0,4	0,5	0,5	0,2	0,1	−0,1
S		0,39	0,36	0,38	0,41	0,41	0,41	0,45	0,46	0,46	0,53	0,52	0,62	0,64

* reduzierte Werte

Tabelle 9.1.4.

Quantilwerte der relativen Summenhäufigkeit (%) des Tagesmittels der Lufttemperatur (°C), Abweichungen Δ von der Regressionsgeraden (K)
Winter (n), 1951/75*

Station	Höhe über NN (m)	Summenhäufigkeit (%) 3	5	10	20	30	40	50	60	70	80	90	95	97
1	1213	–0,6	–0,4	–0,5	–0,1	–0,1	0,1	0,1	0,2	0,2	0,2	0,4	0,3	0,3
2	1142	0,1	0,3	0,4	0,4	0,3	0,3	0,4	0,4	0,5	0,5	0,7	0,7	0,8
3	920	–0,4	0,2	0,3	0,1	0,0	–0,1	–0,2	–0,1	–0,1	0,0	–0,3	–0,3	–0,5
4	823	–0,7	–0,6	–0,5	–0,7	–0,5	–0,5	–0,5	–0,5	–0,5	–0,3	–0,4	–0,3	–0,4
5	708	0,4	0,5	0,2	0,2	0,3	0,2	0,1	0,1	0,1	0,2	0,2	0,4	0,5
6	626	2,0	0,8	0,4	–0,1	–0,3	–0,3	–0,4	–0,5	–0,6	–0,5	–0,5	–0,6	–0,7
7	613	0,2	–0,6	–0,2	–0,1	0,1	0,2	0,2	0,0	–0,1	–0,1	–0,3	–0,5	–0,5
8	560	0,0	0,3	–0,1	–0,1	–0,1	–0,2	–0,1	–0,2	–0,3	–0,4	–0,6	–0,5	–0,7
9	518	0,5	0,2	0,5	0,7	0,8	0,8	0,8	0,8	0,8	0,8	0,9	0,8	0,6
10	487	0,4	0,1	–0,1	0,0	–0,1	0,0	–0,1	–0,1	–0,3	–0,1	–0,3	–0,5	–0,5
11	407	–0,3	–0,1	0,1	0,0	0,1	0,2	0,2	0,1	0,1	–0,1	0,1	0,1	0,2
12	399	0,2	–0,1	–0,3	–0,4	–0,2	–0,1	–0,2	0,0	–0,3	–0,2	–0,5	–0,4	–0,4
13	385	–0,3	–1,1	–0,7	–0,8	–0,9	–0,9	–0,9	–1,0	–1,1	–1,2	–1,2	–1,0	–0,9
14	357	0,6	0,8	0,2	0,3	0,2	0,1	0,2	0,2	0,3	0,2	0,1	0,4	0,5
15	342	–0,4	–0,2	–0,2	–0,3	–0,3	–0,5	–0,6	–0,5	–0,7	–0,6	–0,4	–0,7	–0,6
16	315	–0,5	–0,3	–0,3	0,1	0,1	0,2	0,1	0,1	0,2	0,3	0,1	0,2	0,3
17	311	–0,5	–0,3	–0,1	–0,1	0,0	–0,1	0,0	0,0	0,2	0,1	0,1	0,2	0,3
18	269	–1,1	–0,4	0,0	–0,2	0,0	–0,2	–0,3	–0,3	–0,5	–0,5	–0,4	–0,3	0,1
19	260	0,9	0,6	0,5	0,5	0,3	0,5	0,6	0,8	0,9	0,9	1,0	0,9	0,2
20	246	0,4	0,5	0,5	0,2	0,0	–0,1	–0,2	–0,1	0,0	0,0	0,1	0,2	0,0
21	237	–0,6	–0,5	–0,6	–0,4	–0,4	–0,4	–0,5	–0,6	–0,6	–0,7	–0,4	–0,5	–0,5
22	234	0,4	0,5	0,4	0,4	0,5	0,5	0,7	0,8	1,0	1,0	0,9	0,8	0,9
23	210	–0,7	–0,1	–0,2	0,3	0,2	0,3	0,6	0,6	0,6	0,7	0,7	0,7	0,8
S		0,65	0,49	0,36	0,35	0,34	0,37	0,42	0,45	0,53	0,54	0,56	0,55	0,55

* reduzierte Werte

Tabelle 9.1.5.

Quantilwerte der relativen Summenhäufigkeit (%) des Tagesmittels der Lufttemperatur (°C), Abweichungen Δ von der Regressionsgeraden (K)
Jahr, 1951/75*

Station	Höhe über NN (m)	Summenhäufigkeit (%) 3	5	10	20	30	40	50	60	70	80	90	95	97
1	1213	0,1	0,6	0,0	–0,1	0,2	0,1	0,1	0,3	0,3	0,4	0,2	0,3	0,5
2	1142	–0,2	–0,2	0,4	0,3	0,1	–0,1	–0,2	–0,4	–0,7	–0,8	–0,7	–0,6	–0,9
3	920	–0,1	–0,5	0,0	0,0	0,0	0,1	0,1	0,0	0,1	0,0	0,2	0,1	0,3
4	823	0,1	0,0	–0,5	–0,5	–0,3	0,0	0,2	0,2	0,4	0,5	0,6	0,5	0,3
5	708	–0,9	–0,7	0,4	0,2	0,1	0,3	0,4	0,5	0,5	0,7	0,9	0,8	0,6
6	626	0,8	0,4	–0,1	–0,1	–0,1	0,1	0,3	0,5	0,4	0,4	0,7	0,9	1,2
7	613	–0,3	–0,2	–0,1	0,1	–0,3	–0,6	–1,0	–1,1	–1,1	–1,2	–1,4	–1,7	–1,4
8	560	0,5	0,0	–0,4	–0,1	–0,2	–0,3	–0,4	–0,4	–0,2	–0,3	–0,5	–0,5	–0,7
9	518	0,4	0,7	0,4	0,8	0,8	0,8	0,8	0,6	0,5	0,4	0,4	0,7	0,5
10	487	0,3	0,1	0,2	0,0	0,1	0,1	0,1	–0,1	–0,1	–0,1	–0,4	–0,4	–0,6
11	407	–0,1	0,1	0,1	0,2	0,1	0,1	0,2	0,2	0,2	0,3	0,3	0,1	0,4
12	399	–0,1	–0,4	–0,3	–0,3	–0,4	–0,4	–0,7	–0,7	–0,9	–0,9	–1,0	–1,0	–1,1
13	385	–0,7	–0,5	–0,8	–0,9	–1,0	–1,0	–0,8	–0,8	–0,5	–0,3	–0,4	–0,4	–0,2
14	357	0,7	0,3	0,0	0,3	0,3	0,3	0,4	0,2	0,3	0,2	0,4	0,3	0,1
15	342	–0,3	–0,2	–0,3	–0,6	–0,4	–0,3	0,0	0,1	0,5	0,5	0,7	0,7	0,5
16	315	0,6	0,1	0,3	0,3	0,4	0,5	0,3	0,3	0,4	0,3	0,3	0,5	0,4
17	311	0,0	0,1	0,3	0,0	0,1	0,3	0,3	0,3	0,2	0,1	0,2	0,2	0,4
18	269	–1,1	–0,1	0,1	–0,2	–0,4	–0,5	–0,4	–0,2	0,0	0,2	0,2	0,3	0,1
19	260	0,8	0,8	0,3	0,4	0,5	0,4	0,0	0,0	–0,3	–0,6	–0,5	–0,8	–0,4
20	246	–0,7	0,2	0,2	0,0	0,0	0,2	0,4	0,4	0,6	0,7	0,8	0,8	1,0
21	237	–0,2	–0,3	–0,6	–0,7	–0,5	–0,4	–0,3	–0,2	–0,1	0,0	0,0	0,1	–0,1
22	234	0,2	0,2	0,4	0,6	0,5	0,3	0,2	0,0	–0,3	–0,4	–0,5	–0,4	–0,6
23	210	0,1	–0,5	0,2	0,3	0,3	0,1	0,0	0,1	–0,2	–0,3	–0,3	–0,4	–0,2
S		0,51	0,40	0,34	0,40	0,39	0,40	0,42	0,41	0,46	0,52	0,59	0,65	0,65

* reduzierte Werte

Tab. 9.2. Ausgewählte Stundenwerte

Tabelle 9.2.1.
Quantilwerte der relativen Summenhäufigkeit (%) ausgewählter Stundenwerte der Lufttemperatur 07, 14, 21 Uhr (°C), Abweichungen Δ von der Regressionsgeraden (K)
Frühjahr (n), 1951/75*

Station	Höhe über NN (m)	Summenhäufigkeit (%) 3	5	10	20	30	40	50	60	70	80	90	95	97
1	1213	−0,5	−0,4	−0,1	−0,3	−0,2	0,0	−0,2	−0,1	0,0	0,1	0,0	0,2	0,1
2	1142	0,2	0,2	0,0	−0,3	−0,2	−0,3	−0,5	−0,5	−0,5	−0,6	−0,7	−0,7	−0,3
3	920	0,4	0,4	0,2	0,1	0,1	0,1	0,1	0,3	0,4	0,2	0,1	−0,4	0,1
4	823	−0,1	−0,2	−0,4	−0,5	−0,3	−0,4	−0,3	0,0	−0,1	0,2	0,4	−0,1	0,4
5	708	−0,2	0,1	0,3	0,3	0,3	0,3	0,4	0,4	0,4	0,5	0,7	1,1	0,5
6	626	0,9	0,4	0,4	0,5	0,6	0,8	0,5	0,7	0,6	0,3	0,6	0,5	0,0
7	613	−0,7	−1,0	−0,7	−0,7	−0,6	−0,7	−1,0	−1,0	−1,1	−1,3	−1,5	−1,0	−1,1
8	560	−0,5	−0,3	0,2	0,4	0,3	0,3	0,1	0,1	−0,2	−0,1	0,2	0,0	−0,5
9	518	0,8	0,5	0,4	0,5	0,9	0,8	1,1	0,9	0,9	0,9	0,9	0,7	0,2
10	487	0,6	0,8	0,6	0,5	0,5	0,6	0,5	0,5	0,3	0,2	0,2	0,1	0,0
11	407	0,2	0,3	0,2	0,0	0,2	0,2	0,3	0,3	0,3	0,2	0,2	0,5	0,4
12	399	−0,9	−0,2	−0,3	−0,4	−0,6	−0,5	−0,5	−0,6	0,4	−0,4	−0,4	−0,1	0,3
13	385	−1,0	−0,8	−0,7	−0,9	−0,9	−1,0	−1,0	−1,0	−1,0	−0,7	−0,5	−0,2	−0,8
14	357	−0,1	0,0	0,1	0,2	0,0	0,2	0,3	0,3	0,1	0,3	0,3	0,6	0,0
15	342	−0,2	−0,1	−0,4	−0,1	−0,2	−0,3	−0,1	−0,1	−0,2	0,0	0,2	0,5	0,9
16	315	0,7	0,3	0,9	0,2	0,4	0,5	0,5	0,4	0,4	0,5	0,4	0,3	−0,3
17	311	0,7	0,3	0,1	0,1	0,2	0,2	0,1	0,3	0,3	0,4	0,0	0,3	0,7
18	269	−0,6	0,0	−0,1	−0,3	−0,3	−0,4	−0,2	−0,2	−0,3	−0,2	0,3	0,0	0,4
19	260	0,4	0,0	0,0	0,0	0,0	0,0	0,0	−0,1	−0,1	−0,3	−0,3	−0,6	−0,7
20	246	0,3	−0,1	0,0	−0,1	0,1	0,2	0,2	0,0	0,1	0,2	0,3	0,3	0,2
21	237	−0,8	−0,7	−0,8	−0,5	−0,5	−0,5	−0,5	−0,5	−0,5	−0,4	−0,5	−0,3	0,2
22	234	0,2	0,3	0,0	−0,2	−0,1	0,0	0,0	−0,1	−0,3	−0,4	−0,8	−1,3	−0,8
23	210	0,1	0,2	0,2	0,1	0,2	0,1	0,1	0,1	0,1	0,2	−0,1	−0,4	0,0
S		0,56	0,42	0,40	0,38	0,42	0,46	0,47	0,47	0,47	0,47	0,53	0,57	0,50

* reduzierte Werte

Tabelle 9.2.2.
Quantilwerte der relativen Summenhäufigkeit (%) ausgewählter Stundenwerte der Lufttemperatur 07, 14, 21 Uhr (°C), Abweichungen Δ von der Regressionsgeraden (K)
Sommer (n), 1951/75*

Station	Höhe über NN (m)	Summenhäufigkeit (%) 3	5	10	20	30	40	50	60	70	80	90	95	97
1	1213	0,2	0,1	0,2	0,3	0,3	0,3	0,4	0,4	0,4	0,5	0,5	0,5	1,0
2	1142	−0,7	−0,5	−0,7	−0,6	−0,8	−0,8	−0,9	−0,9	−1,0	−1,0	−1,1	−1,0	−1,5
3	920	0,3	0,2	0,2	0,1	0,0	0,0	−0,1	−0,1	−0,2	−0,3	−0,2	−0,2	−0,2
4	823	0,2	0,1	0,4	0,4	0,4	0,6	0,5	0,5	0,6	0,5	0,5	0,1	0,0
5	708	0,4	0,4	0,3	0,4	0,5	0,6	0,7	0,7	0,8	1,0	1,0	0,8	1,2
6	626	0,9	0,8	0,4	0,5	0,3	0,4	0,4	0,5	0,6	0,6	0,5	0,7	0,6
7	613	−0,7	−0,8	−0,8	−0,8	−0,8	−0,8	−0,9	−0,9	−1,1	−1,1	−1,3	−1,4	−1,5
8	560	−0,6	−0,3	−0,3	−0,2	−0,2	−0,2	−0,2	−0,2	−0,2	−0,2	0,0	0,2	0,1
9	518	0,7	0,6	0,6	0,5	0,6	0,5	0,5	0,5	0,6	0,6	0,7	0,9	0,8
10	487	0,0	0,0	0,1	0,1	0,0	−0,1	−0,1	−0,1	−0,2	−0,4	−0,4	−0,3	−0,4
11	407	−0,1	−0,1	0,0	0,0	0,1	0,1	0,1	0,2	0,2	0,4	0,5	0,5	0,9

Tabelle 9.2.2. (Fortsetzung)

Station	Höhe über NN (m)	Summenhäufigkeit (%) 3	5	10	20	30	40	50	60	70	80	90	95	97
12	399	–0,6	–0,6	–0,7	–0,6	–0,7	–0,7	–0,7	–0,8	–0,7	–0,8	–0,6	–0,5	–0,1
13	385	–0,7	–0,7	–0,8	–0,6	–0,5	–0,4	–0,3	–0,3	–0,3	–0,2	–0,2	–0,1	–0,2
14	357	0,1	0,1	0,2	0,1	0,2	0,1	0,2	0,3	0,3	0,2	0,3	0,2	0,5
15	342	0,5	0,3	0,3	0,3	0,4	0,4	0,5	0,6	0,6	0,7	0,8	1,1	0,4
16	315	0,3	0,3	0,4	0,4	0,3	0,2	0,2	0,2	0,2	0,3	0,4	0,4	0,2
17	311	–0,2	0,1	0,1	0,1	0,1	0,0	0,1	0,1	0,0	–0,1	0,0	–0,2	0,2
18	269	–0,5	–0,5	–0,2	–0,2	–0,1	0,0	0,0	0,1	0,1	0,3	–0,2	0,5	0,9
19	260	0,0	0,0	–0,1	–0,2	–0,3	–0,3	–0,3	–0,5	–0,5	–0,7	–0,5	–0,5	–1,2
20	246	0,4	0,4	0,4	0,4	0,3	0,4	0,3	0,4	0,5	0,5	0,6	0,4	0,7
21	237	–0,2	–0,2	–0,4	–0,2	–0,1	–0,1	0,0	0,0	0,1	0,1	–0,2	–0,2	–0,3
22	234	0,3	0,3	0,0	–0,1	–0,2	–0,3	–0,3	–0,4	–0,5	–0,8	–0,9	–1,2	–1,4
23	210	0,1	0,1	0,2	0,1	0,0	0,0	–0,1	–0,2	–0,3	–0,2	–0,4	–0,4	–0,5
S		0,45	0,41	0,41	0,38	0,39	0,40	0,43	0,46	0,51	0,58	0,62	0,65	0,80

* reduzierte Werte

Tabelle 9.2.3.

Quantilwerte der relativen Summenhäufigkeit (%) ausgewählter Stundenwerte der Lufttemperatur 07, 14, 21 Uhr (°C), Abweichungen Δ von der Regressionsgeraden (K)
Herbst (n), 1951/75*

Station	Höhe über NN (m)	Summenhäufigkeit (%) 3	5	10	20	30	40	50	60	70	80	90	95	97
1	1213	–0,3	–0,2	–0,1	–0,1	–0,2	0,1	0,1	0,3	0,3	0,3	0,5	0,3	0,1
2	1142	–0,3	–0,3	0,1	0,0	0,1	–0,1	–0,1	0,0	0,1	0,0	–0,2	–0,3	–0,6
3	920	0,4	0,2	0,3	0,4	0,3	0,1	0,0	–0,2	–0,2	–0,2	–0,7	–0,7	–1,0
4	823	1,1	0,7	0,6	0,4	0,2	0,2	0,1	0,0	0,0	0,0	–0,2	0,2	–0,1
5	708	0,7	1,4	0,3	0,3	0,2	0,2	0,4	0,4	0,4	0,5	1,0	1,3	1,0
6	626	1,0	0,9	0,7	0,4	0,4	0,2	0,1	–0,1	0,0	0,0	–0,1	–0,1	0,5
7	613	–1,3	–1,5	–1,3	–1,0	–0,9	–0,5	–0,5	–0,6	–0,5	–0,6	–0,2	–0,7	0,4
8	560	–0,8	–0,7	–0,7	–0,6	–0,3	–0,3	–0,4	–0,4	–0,4	–0,4	–0,5	–0,5	0,1
9	518	1,1	0,9	1,2	0,7	0,9	0,7	0,7	0,6	0,7	0,5	0,6	0,2	0,3
10	487	–1,0	–0,7	–1,5	–0,6	–0,3	–0,1	–0,2	–0,3	–0,4	–0,4	–0,6	–0,4	–0,3
11	407	–0,8	–0,8	–0,3	–0,2	–0,1	–0,1	–0,2	–0,1	–0,1	0,2	0,6	1,1	1,2
12	399	–1,3	–1,3	–1,2	–1,0	–0,9	–0,6	–0,4	0,5	–0,5	–0,3	0,1	0,5	1,1
13	385	–1,3	–1,0	–0,8	–0,7	–0,7	–0,7	–0,7	–0,8	–0,7	–0,5	–1,0	–1,1	–1,0
14	357	0,6	0,6	0,4	0,3	0,2	0,2	0,3	0,4	0,4	0,5	0,6	1,3	0,9
15	342	1,0	0,8	0,4	0,2	0,0	0,0	–0,2	–0,2	0,1	–0,1	0,0	–0,3	–0,2
16	315	0,4	0,4	0,3	0,2	0,1	0,1	0,2	0,1	0,2	–0,1	0,1	–0,3	–0,4
17	311	–0,1	0,4	0,2	–0,1	0,1	0,1	0,1	0,0	–0,1	0,0	0,4	0,5	0,6
18	269	–1,2	–1,3	–0,4	0,2	–0,3	–0,2	–0,2	–0,2	–0,1	0,2	–0,2	0,2	–0,2
19	260	0,3	0,2	0,4	0,2	0,3	0,2	0,2	0,1	0,2	0,1	0,1	–0,3	–0,7
20	246	1,2	1,1	0,9	0,6	0,4	0,2	0,3	0,3	0,4	0,3	0,0	0,1	0,2
21	237	0,2	0,1	0,0	–0,1	–0,1	–0,3	–0,3	–0,4	–0,2	–0,3	–0,3	–0,8	–0,9
22	234	0,2	0,1	0,5	0,3	0,3	0,4	0,3	0,3	0,2	0,2	–0,3	–0,5	–0,9
23	210	0,1	0,0	0,1	0,1	0,2	0,4	0,3	0,4	0,3	0,2	0,3	0,4	0,0
S		0,81	0,80	0,69	0,47	0,42	0,33	0,33	0,35	0,34	0,31	0,47	0,63	0,66

* reduzierte Werte

Tabelle 9.2.4.
Quantilwerte der relativen Summenhäufigkeit (%) ausgewählter Stundenwerte der Lufttemperatur 07, 14, 21 Uhr (°C), Abweichungen Δ von der Regressionsgeraden (K)
Winter (n), 1951/75*

Station	Höhe über NN (m)	Summenhäufigkeit (%)												
		3	5	10	20	30	40	50	60	70	80	90	95	97
1	1213	–0,4	–0,7	–0,4	–0,1	–0,5	–0,5	0,2	0,2	0,3	0,4	0,4	0,5	0,4
2	1142	0,5	0,2	0,4	0,4	–0,1	–0,4	0,5	0,4	0,4	0,6	0,6	0,7	0,6
3	920	0,2	0,5	0,1	–0,1	–0,3	–0,2	–0,1	–0,1	–0,2	0,1	–0,3	–0,5	–0,9
4	823	0,0	0,3	–0,2	–0,5	–0,7	–0,6	–0,4	–0,4	0,2	–0,3	–0,3	0,0	–0,3
5	708	–0,1	0,0	0,3	0,1	0,1	0,0	0,1	0,1	0,1	0,2	0,1	0,4	0,7
6	626	0,7	0,8	0,3	–0,2	0,5	–0,3	–0,4	–0,6	–0,6	–0,4	–0,7	–1,0	–1,2
7	613	–0,8	–0,3	–0,1	0,1	0,2	0,2	0,1	0,1	0,1	0,0	–0,1	–0,4	–0,3
8	560	–0,4	–0,4	0,0	–0,1	–0,1	–0,1	–0,1	–0,1	–0,2	–0,3	–0,6	–0,6	–0,5
9	518	0,6	0,4	0,5	0,7	0,7	0,7	0,8	0,7	0,7	0,7	0,7	0,9	0,8
10	487	0,5	0,4	–0,1	0,0	–0,2	–0,1	–0,1	0,3	–0,1	–0,2	–0,3	–0,7	–0,8
11	407	–1,1	–0,9	–0,4	0,1	0,3	0,2	0,1	0,1	0,0	0,0	–0,1	–0,1	–0,2
12	399	–0,1	–0,4	–0,4	–0,1	0,0	0,0	–0,2	–0,3	–0,2	–0,4	–0,1	–0,5	–0,2
13	385	–0,6	–0,9	–1,0	–0,8	–0,7	–1,3	–1,0	–1,0	–1,1	–1,2	–1,2	–1,2	–1,3
14	357	0,3	0,0	0,4	0,2	0,3	0,4	0,2	0,2	0,3	0,3	0,4	0,6	0,6
15	342	–0,2	0,0	–0,2	–0,4	–0,2	–0,4	–0,5	–0,7	–0,7	–0,7	–0,7	–0,7	–0,4
16	315	0,3	–0,1	–0,3	0,0	0,3	0,3	0,1	0,3	0,4	0,3	0,2	0,4	0,4
17	311	–0,7	–0,1	–0,3	–0,1	–0,1	0,1	–0,1	0,1	0,1	0,0	0,2	0,4	0,4
18	269	–0,8	–0,2	0,1	0,0	0,1	–0,1	–0,3	–0,4	–0,6	–0,6	–0,2	–0,3	–0,3
19	260	1,1	0,7	0,5	0,5	0,5	0,6	0,7	0,7	0,9	0,8	0,9	0,8	1,2
20	246	0,7	0,7	0,5	0,2	0,2	0,0	–0,2	–0,1	–0,1	–0,1	0,1	0,1	0,1
21	237	–0,4	–0,3	–0,6	–0,3	–0,3	–0,2	–0,6	–0,6	–0,7	–0,8	–0,7	–0,7	–0,9
22	234	0,6	0,7	0,4	0,3	0,6	0,7	0,6	0,9	1,0	0,8	1,1	1,0	1,1
23	210	0,1	–0,4	0,3	0,0	0,4	0,4	0,5	0,7	0,7	0,7	0,7	0,9	1,0
S		0,57	0,50	0,39	0,31	0,39	0,44	0,43	0,48	0,52	0,55	0,56	0,61	0,72

* reduzierte Werte

Tabelle 9.2.5.
Quantilwerte der relativen Summenhäufigkeit (%) ausgewählter Stundenwerte der Lufttemperatur 07, 14, 21 Uhr (°C), Abweichungen Δ von der Regressionsgeraden (K)
Jahr, 1951/75*

Station	Höhe über NN (m)	Summenhäufigkeit (%)												
		3	5	10	20	30	40	50	60	70	80	90	95	97
1	1213	–0,6	–1,1	–0,1	0,0	0,1	0,0	0,2	0,3	0,4	0,3	0,4	0,4	0,5
2	1142	0,7	–0,3	0,1	0,1	0,3	0,0	–0,2	–0,4	–0,6	–0,8	–1,0	–1,0	–0,9
3	920	–0,1	–0,2	–0,3	–0,1	–0,2	0,0	0,1	0,0	–0,1	–0,1	–0,2	–0,1	–0,6
4	823	–0,5	–0,5	–0,5	–0,5	–0,3	0,0	0,0	0,2	0,4	0,3	0,5	0,3	0,7
5	708	0,2	0,1	0,4	0,3	0,2	0,3	0,4	0,5	0,4	0,8	1,1	1,0	0,8
6	626	0,9	0,3	0,0	–0,1	0,0	0,1	0,1	0,2	0,3	0,5	0,5	0,5	0,3
7	613	–0,7	–0,3	0,0	0,0	–0,4	–0,6	–0,7	–0,9	–0,8	–0,8	–1,1	–1,1	–0,9
8	560	0,1	0,3	0,2	0,0	–0,1	–0,3	–0,3	–0,2	–0,3	–0,3	–0,2	–0,5	–0,2
9	518	0,5	0,4	–0,2	0,8	0,7	0,8	0,8	0,7	0,6	0,6	0,5	0,7	0,4
10	487	0,4	0,3	0,4	0,2	0,1	0,1	0,1	0,1	–0,2	–0,3	–0,4	0,1	–0,2
11	407	0,1	0,0	0,3	0,3	0,1	0,1	0,0	0,1	0,0	0,1	0,4	0,5	0,6
12	399	–0,4	–0,6	–0,1	–0,1	–0,4	–0,6	–0,7	–0,7	–0,8	–0,6	–0,7	–0,6	–0,4

Tabelle 9.2.5. (Fortsetzung)

Station	Höhe über NN (m)	Summenhäufigkeit (%) 3	5	10	20	30	40	50	60	70	80	90	95	97
13	385	−1,0	−0,1	−0,7	−0,8	−1,0	−1,0	−0,8	−0,6	−0,5	−0,5	−0,1	−0,2	−0,5
14	357	0,5	0,3	0,2	0,2	0,4	0,4	0,3	0,3	0,2	0,3	0,2	0,1	0,3
15	342	−0,1	−0,3	−0,4	−0,3	−0,5	−0,2	0,0	0,2	0,4	0,5	0,6	1,0	1,2
16	315	−0,2	0,6	0,5	−0,1	0,3	0,3	0,3	0,3	0,2	0,3	0,2	0,4	0,0
17	311	−0,2	0,1	0,0	0,1	0,1	0,1	0,1	0,1	0,7	0,0	0,1	−0,2	−0,1
18	269	0,2	0,5	−0,4	−0,7	−0,4	−0,4	−0,2	−0,2	0,0	0,0	0,2	0,5	0,6
19	260	0,6	0,4	0,5	0,5	0,5	0,3	0,3	−0,1	−0,3	−0,4	−0,6	−0,5	−0,4
20	246	0,6	0,4	0,2	0,2	0,0	0,3	0,2	0,4	0,5	0,4	0,5	0,4	0,5
21	237	−0,5	−0,1	−0,4	−0,4	−0,6	−0,6	−0,3	−0,2	−0,1	0,0	−0,1	−0,2	−0,1
22	234	0,5	0,3	0,6	0,2	0,7	0,4	0,1	0,0	−0,2	−0,5	−0,8	−0,7	−0,6
23	210	−1,0	−0,7	−0,7	0,1	0,3	0,3	0,2	0,0	−0,2	−0,2	−0,2	−0,9	−0,8
S		0,52	0,41	0,37	0,36	0,42	0,40	0,37	0,38	0,41	0,45	0,55	0,60	0,59

* reduzierte Werte

Tab. 9.3. Tagesmaximum

Tabelle 9.3.1.

Quantilwerte der relativen Summenhäufigkeit (%) des Tagesmaximums der Lufttemperatur (°C), Abweichungen Δ von der Regressionsgeraden (K)

Frühjahr (n), 1951/75*

Station	Höhe über NN (m)	Summenhäufigkeit (%) 3	5	10	20	30	40	50	60	70	80	90	95	97
1	1213	0,1	0,1	0,2	−0,1	0,0	−0,2	0,1	0,2	0,3	0,2	0,4	0,3	0,2
2	1142	−0,3	−0,3	−0,4	−0,4	−0,5	−0,7	−0,7	−0,9	−1,2	−1,1	−1,1	−1,1	−1,2
3	920	−0,4	−0,4	−0,3	−0,3	−0,4	−0,2	−0,4	−0,3	−0,3	−0,5	−0,6	−0,3	0,0
4	823	−0,5	−0,7	−1,0	−1,2	−1,0	−0,5	−0,3	−0,1	−0,1	−0,1	0,0	−0,1	0,2
5	708	0,2	0,7	0,3	0,4	0,7	0,8	0,7	0,8	0,7	0,9	1,1	0,9	0,8
6	626	0,1	0,2	0,2	0,6	0,7	0,5	0,5	0,4	0,7	0,9	0,8	0,7	0,7
7	613	0,0	0,1	0,3	−0,1	0,0	−0,2	−0,3	−0,5	−0,5	−0,4	−0,4	−0,4	−0,4
8	560	0,5	0,2	0,8	0,8	0,5	0,5	0,3	0,3	0,3	0,5	0,0	0,1	0,1
9	518	0,4	0,4	0,7	0,7	0,7	0,9	0,8	0,8	0,8	1,0	1,2	1,0	0,8
10	487	0,7	0,8	0,5	0,9	0,9	0,6	0,5	0,7	0,6	0,3	−0,3	0,0	0,1
11	407	0,4	0,2	0,5	0,5	0,5	0,7	0,6	0,7	0,7	0,8	1,0	1,0	1,0
12	399	0,4	0,1	0,2	−0,2	0,1	0,0	0,1	−0,1	−0,3	−0,2	−0,5	−0,7	−1,1
13	385	−0,3	−0,4	−0,5	−0,9	−0,8	−0,8	−0,6	−0,8	−0,6	−0,3	−0,5	−0,3	−0,2
14	357	0,3	0,2	−0,1	−0,1	0,1	0,5	0,4	0,4	0,4	0,3	0,3	0,0	−0,4
15	342	−0,3	−0,2	0,1	−0,5	−0,4	−0,5	−0,4	−0,1	−0,1	0,1	0,5	0,4	0,4
16	315	0,5	0,3	0,3	0,7	0,6	0,6	0,7	0,6	0,5	0,5	0,3	0,2	0,2
17	311	0,0	0,1	−0,4	0,1	0,2	0,4	0,2	0,2	0,2	−0,1	0,0	0,1	0,2
18	269	0,2	0,3	0,1	−0,3	0,0	−0,2	0,0	0,1	0,3	0,6	0,9	0,9	0,9
19	260	0,1	−0,1	0,0	−0,2	−0,3	−0,4	−0,3	−0,4	−0,5	−0,9	−0,6	−0,4	−0,2
20	246	−0,5	−0,4	−0,1	−0,4	−0,4	−0,4	−0,2	−0,2	0,0	−0,1	0,0	0,1	0,2
21	237	−0,6	−0,5	−0,6	−1,0	−0,7	−0,9	−0,9	−0,8	−0,6	−0,4	−0,6	−0,5	−0,4
22	234	−0,6	−0,5	−0,6	−0,7	−0,5	−0,5	−0,6	−0,7	−1,0	−1,1	−1,3	−1,4	−1,4
23	210	−0,2	−0,1	−0,3	−0,4	−0,3	−0,1	−0,2	−0,3	−0,6	−0,8	−0,5	−0,6	−0,6
S		0,37	0,38	0,45	0,57	0,56	0,54	0,45	0,51	0,56	0,62	0,64	0,64	0,65

* reduzierte Werte

Tabelle 9.3.2.
Quantilwerte der relativen Summenhäufigkeit (%) des Tagesmaximums der Lufttemperatur (°C), Abweichungen Δ von der Regressionsgeraden (K)
Sommer (n), 1951/75*

Station	Höhe über NN (m)	Summenhäufigkeit (%) 3	5	10	20	30	40	50	60	70	80	90	95	97
1	1213	−0,1	0,2	0,8	0,6	0,8	0,9	1,0	1,0	1,1	1,2	1,1	1,1	0,9
2	1142	−0,6	−0,8	−1,2	−1,2	−1,4	−1,5	−1,5	−1,7	−1,8	−1,7	−1,7	−1,4	−1,6
3	920	−0,2	−0,3	−0,2	−0,4	−0,4	−0,5	−0,6	−0,6	−0,6	−0,8	−0,7	−0,8	−0,4
4	823	0,5	0,4	0,2	0,2	0,3	0,4	0,4	0,4	0,4	0,3	0,0	0,0	−0,2
5	708	0,5	0,7	0,4	0,7	0,9	0,8	1,1	1,1	1,2	1,1	1,3	1,1	0,9
6	626	0,3	0,2	0,3	0,5	0,3	0,5	0,5	0,5	0,4	0,5	0,9	0,5	0,8
7	613	−0,4	−0,4	−0,4	−0,6	−0,7	−0,7	−0,8	−0,8	−0,8	−0,8	−0,9	−0,7	−0,9
8	560	0,2	0,1	−0,1	0,1	−0,1	−0,2	−0,1	−0,1	−0,1	−0,1	0,0	−0,1	−0,3
9	518	0,3	0,3	0,3	0,5	0,7	0,6	0,6	0,6	0,6	0,6	0,8	0,6	1,4
10	487	0,6	0,2	0,1	0,4	0,2	−0,1	−0,3	−0,1	−0,2	−0,3	−0,3	−0,1	0,2
11	407	0,3	0,3	0,3	0,3	0,5	0,5	0,5	0,6	0,7	0,7	1,0	1,2	1,5
12	399	0,2	0,2	0,2	0,0	−0,1	−0,1	−0,2	−0,3	−0,2	−0,3	−0,6	−0,4	−0,6
13	385	−0,4	−0,4	−0,2	−0,2	−0,3	−0,1	−0,1	0,0	−0,1	−0,2	−0,2	−0,5	−0,7
14	357	−0,1	−0,1	0,1	0,1	0,2	0,2	0,3	0,3	0,5	0,5	0,4	0,6	0,1
15	342	0,2	0,2	0,3	0,4	0,6	0,7	0,9	0,8	0,8	1,0	1,0	0,9	0,5
16	315	0,5	0,5	0,4	0,4	0,3	0,4	0,4	0,3	0,1	0,2	0,3	0,0	0,8
17	311	0,0	0,0	0,0	0,0	−0,2	−0,2	−0,1	0,0	−0,1	0,0	−0,3	−0,1	−0,2
18	269	0,1	0,1	0,3	0,3	0,3	0,6	0,7	0,3	0,8	0,8	0,9	1,1	0,9
19	260	−0,5	−0,5	−0,5	−0,6	−0,6	−0,8	−0,9	−0,9	−0,9	−1,1	−1,0	−1,0	−0,7
20	246	−0,1	−0,1	0,1	0,0	0,1	0,2	0,2	0,3	0,4	0,4	0,5	0,4	0,7
21	237	−0,7	−0,4	−0,5	−0,4	−0,2	−0,2	−0,3	−0,1	−0,2	−0,2	−0,1	−0,3	−0,8
22	234	−0,7	−0,7	−0,5	−0,7	−0,9	−0,9	−1,0	−1,1	−1,2	−1,4	−1,4	−1,2	−1,4
23	210	0,1	0,1	−0,2	−0,4	−0,4	−0,5	−0,5	−0,6	−0,6	−0,6	−1,0	−0,9	−1,0
S		0,38	0,37	0,41	0,47	0,56	0,60	0,67	0,69	0,74	0,78	0,86	0,77	0,86

* reduzierte Werte

Tabelle 9.3.3.
Quantilwerte der relativen Summenhäufigkeit (%) des Tagesmaximums der Lufttemperatur (°C), Abweichungen Δ von der Regressionsgeraden (K)
Herbst (n), 1951/75*

Station	Höhe über NN (m)	Summenhäufigkeit (%) 3	5	10	20	30	40	50	60	70	80	90	95	97
1	1213	0,5	0,3	−0,1	0,3	0,4	0,6	0,4	0,4	0,7	0,8	0,5	0,8	0,9
2	1142	−0,1	−0,2	−0,5	−0,5	−0,5	−0,3	−0,2	−0,4	−0,5	−0,6	−0,7	−0,3	0,0
3	920	−0,7	−0,7	−0,3	−0,4	−0,7	−0,8	−0,7	−0,8	−1,0	−1,2	−1,0	−1,2	−1,1
4	823	0,3	0,1	0,0	0,0	0,1	−0,2	−0,1	−0,1	−0,3	−0,2	−0,6	−0,6	−0,7
5	708	0,4	0,7	0,5	0,5	0,8	1,0	1,1	1,0	1,2	1,5	1,5	1,0	0,5
6	626	−0,2	0,1	0,2	0,0	−0,3	−0,3	−0,4	−0,1	0,1	−0,2	0,2	0,0	−0,2
7	613	−0,4	−0,1	0,1	0,2	0,1	−0,1	−0,1	0,1	0,0	−0,3	0,4	0,4	0,4
8	560	−0,3	−0,2	0,0	−0,1	−0,2	−0,3	−0,3	−0,1	−0,3	−0,5	−0,2	0,1	−0,3
9	518	−0,8	−0,8	−0,4	0,5	0,4	0,6	0,9	0,9	1,1	1,0	1,5	1,5	1,2
10	487	0,0	0,0	1,2	0,1	−0,1	−0,3	−0,3	−0,4	−0,4	−0,4	−0,7	−1,1	−1,4
11	407	0,5	0,3	0,4	0,4	0,3	0,4	0,5	0,5	0,7	0,8	1,1	0,8	1,0
12	399	0,0	0,0	0,0	0,2	0,0	−0,1	0,0	−0,1	−0,2	−0,2	0,0	−0,6	−0,1

Tabelle 9.3.3. (Fortsetzung)

Station	Höhe über NN (m)	Summenhäufigkeit (%) 3	5	10	20	30	40	50	60	70	80	90	95	97
13	385	0,1	0,1	0,2	−0,1	−0,4	−0,5	−0,8	−1,0	−0,9	−1,1	−1,1	−1,0	−1,2
14	357	0,9	0,7	0,4	0,4	0,5	0,5	0,5	0,6	0,8	1,1	0,8	0,5	0,6
15	342	0,5	0,5	0,3	−0,9	0,1	0,1	−0,1	−0,2	−0,2	−0,3	−0,1	−0,3	0,0
16	315	−0,2	−0,1	−0,1	0,1	0,1	0,1	0,0	0,2	0,1	0,9	−0,3	0,0	0,3
17	311	0,3	0,3	0,0	−0,1	0,0	0,1	0,1	0,1	0,2	0,4	0,2	0,5	0,3
18	269	−0,6	−0,6	−0,7	−0,7	0,1	0,1	0,2	0,0	−0,1	−0,1	−0,1	0,3	0,0
19	260	−0,1	−0,1	−0,2	0,1	−0,1	0,1	0,0	0,1	0,1	0,0	−0,3	−0,3	−0,5
20	246	0,8	0,4	0,0	0,3	0,2	0,1	0,2	0,1	0,0	−0,2	0,1	0,1	−0,1
21	237	0,0	−0,2	−0,1	−0,3	−0,5	−0,5	−0,5	−0,8	−0,8	−0,8	−0,8	−0,9	−1,2
22	234	−0,3	−0,3	−0,4	−0,1	−0,2	−0,2	0,0	−0,1	−0,3	−0,4	−0,6	0,0	−0,2
23	210	−0,5	−0,2	−0,5	0,0	−0,2	0,0	−0,1	0,0	0,1	0,0	0,3	0,4	1,6
S		0,45	0,39	0,40	0,36	0,34	0,41	0,44	0,49	0,57	0,70	0,71	0,69	0,78

* reduzierte Werte

Tabelle 9.3.4.

Quantilwerte der relativen Summenhäufigkeit (%) des Tagesmaximums der Lufttemperatur (°C), Abweichungen Δ von der Regressionsgeraden (K)
Winter (n), 1951/75*

Station	Höhe über NN (m)	Summenhäufigkeit (%) 3	5	10	20	30	40	50	60	70	80	90	95	97
1	1213	−0,5	−0,7	−0,1	0,0	0,0	0,1	0,3	0,3	0,1	0,2	0,3	0,6	0,7
2	1142	−0,2	0,1	0,0	0,3	0,3	0,5	0,5	0,4	0,5	0,5	0,7	0,8	0,4
3	920	−0,4	−0,3	−0,3	−0,3	−0,2	−0,3	−0,4	−0,4	−0,3	−0,5	−0,6	−0,9	−0,7
4	823	−0,8	−0,7	−0,9	−0,8	−0,7	−0,7	−0,7	−0,5	−0,4	−0,3	−0,2	−0,3	−0,1
5	708	0,9	0,4	0,4	0,3	0,4	0,2	0,2	0,2	0,3	0,6	0,5	0,6	0,9
6	626	−0,4	0,1	−0,1	−0,6	−0,5	−0,7	−0,7	−0,7	−0,8	−0,8	−0,8	−1,3	−1,5
7	613	1,6	1,0	0,8	0,6	0,7	0,4	0,3	0,3	0,3	0,1	0,1	0,1	−0,1
8	560	1,4	1,3	0,6	0,4	0,1	−0,1	−0,2	−0,1	−0,3	−0,5	−0,7	−0,6	−0,8
9	518	0,3	0,6	0,7	0,7	0,9	0,9	0,9	0,8	0,9	0,7	0,6	0,7	1,0
10	487	0,2	0,5	0,3	−0,1	−0,2	−0,3	−0,3	−0,4	−0,2	−0,2	−0,7	−0,9	−0,6
11	407	−0,1	−0,8	0,1	0,3	0,1	0,1	0,1	0,1	0,1	−0,1	0,1	0,1	0,0
12	399	0,9	0,7	0,3	0,3	0,3	0,1	0,1	0,0	0,1	0,0	0,0	0,1	−0,1
13	385	−0,2	−0,4	−0,6	−0,6	−0,8	−1,0	−1,1	−1,2	−1,2	−1,3	−1,2	−1,5	−1,6
14	357	0,2	0,5	0,3	0,4	0,3	0,3	0,6	0,7	0,8	0,6	0,8	0,9	0,8
17	342	−0,3	−0,5	−0,5	−0,4	−0,6	−0,7	−0,7	−0,9	−0,9	−1,0	−1,0	−1,2	−1,3
16	315	−1,4	−1,1	−0,3	0,0	0,2	0,4	0,4	0,5	0,6	0,6	0,6	0,7	0,6
15	311	−0,4	−0,2	−0,3	−0,2	−0,1	0,1	0,2	0,2	−0,8	0,3	0,4	0,7	0,5
18	269	−0,5	−0,3	−0,1	−0,1	−0,3	−0,4	−1,3	−0,6	−0,6	−0,7	−0,6	−0,8	−0,6
19	260	0,4	0,6	0,5	0,4	0,5	0,8	1,0	0,9	1,1	1,1	1,1	1,4	1,3
20	246	0,4	0,1	0,1	−0,1	−0,2	−0,3	0,0	−0,1	0,0	−0,1	0,1	0,0	0,2
21	237	−0,6	−0,9	−0,9	−0,5	−0,7	−0,7	−0,7	−0,8	−0,8	−0,8	−1,0	−1,2	−0,8
22	234	0,3	0,5	0,0	0,1	0,5	0,6	0,9	0,9	0,9	1,0	0,8	1,3	1,2
23	210	−0,7	−0,6	−0,1	0,0	0,2	0,4	0,5	0,3	0,6	0,5	0,6	0,7	0,6
S		0,70	0,65	0,45	0,39	0,46	0,51	0,63	0,59	0,64	0,63	0,68	0,82	0,84

* reduzierte Werte

Tabelle 9.3.5.
Quantilwerte der relativen Summenhäufigkeit (%) des Tagesmaximums der Lufttemperatur (°C), Abweichungen Δ von der Regressionsgeraden (K)
Jahr, 1951/75*

Station	Höhe über NN	Summenhäufigkeit (%)												
	(m)	3	5	10	20	30	40	50	60	70	80	90	95	97
1	1213	0,0	−0,1	−0,2	0,3	0,1	0,1	0,4	0,5	0,8	0,8	1,3	1,1	0,9
2	1142	−0,3	0,1	0,2	0,4	0,0	−0,3	−0,5	−1,0	−1,3	−1,4	−1,7	−1,9	−1,6
3	920	−0,3	−0,6	0,0	−0,3	−0,2	−0,4	−0,6	−0,5	−0,6	−0,5	−0,6	−0,6	−0,4
4	823	−0,8	−0,6	−0,8	−0,7	−0,3	−0,1	0,0	0,0	0,3	0,2	0,3	0,1	−0,1
5	708	0,7	0,3	0,4	0,2	0,4	0,7	0,7	0,9	1,0	1,1	1,0	1,3	1,0
6	626	0,4	−0,1	−0,2	−0,2	−0,4	−0,2	0,1	0,3	0,4	0,4	0,5	0,7	0,9
7	613	−0,2	−0,2	−0,3	−0,6	0,1	0,0	−0,3	−0,5	−0,6	−0,7	−0,8	−1,0	−0,7
8	560	1,0	0,6	0,4	0,1	0,0	0,0	0,0	0,0	−0,2	−0,1	−0,2	0,1	−0,2
9	518*	0,8	0,9	0,9	0,8	0,7	0,8	0,7	0,8	0,7	0,5	0,6	0,8	0,5
10	487	0,7	0,2	0,1	0,0	0,1	0,2	0,1	0,3	0,0	−0,2	−0,4	−0,4	−0,2
11	407	0,3	0,3	0,3	0,2	0,0	0,0	0,1	0,3	0,3	0,3	0,5	1,0	1,2
12	399	0,3	0,7	0,5	0,2	−0,1	−0,1	0,1	0,0	−0,1	−0,2	−0,3	−0,6	−0,4
13	385	−1,8	−0,3	−0,5	−0,9	−1,1	−0,9	−0,7	−0,4	−0,4	0,0	0,0	−0,2	−0,5
14	357	0,1	0,5	0,4	0,6	0,6	0,6	0,5	0,2	0,4	0,2	0,3	0,6	0,3
15	342	0,0	−0,6	−0,3	−0,7	−0,7	−0,5	0,0	0,3	0,6	0,8	0,7	1,0	1,2
16	315	−0,1	0,3	0,4	0,7	0,6	0,7	0,5	0,4	0,4	0,4	0,2	0,3	−0,1
17	311	−0,1	0,3	0,1	0,4	0,3	0,3	0,1	−0,1	0,0	0,1	−0,2	−0,2	−0,1
18	269	−1,3	−0,9	−1,1	−1,3	−0,4	−0,4	0,1	0,2	0,5	0,5	1,8	0,9	1,1
19	260	−0,3	−0,5	−0,4	0,7	0,6	0,3	−0,2	−0,4	−0,6	−0,8	−1,0	−1,1	−0,5
20	246	0,1	−0,1	−0,2	0,0	0,0	−0,1	−0,1	0,0	0,2	0,3	0,4	0,7	0,4
21	237	−0,4	−0,6	−0,5	−0,7	−0,9	−0,9	−0,4	−0,3	−0,3	−0,2	−0,5	−0,3	−0,2
22	234	0,6	−0,1	0,4	0,5	0,4	0,1	−0,1	−0,5	−0,8	−1,0	−1,2	−1,3	−1,7
23	210	0,4	0,3	0,3	0,4	0,2	−0,1	−0,3	−0,4	−0,5	−0,6	−0,9	−1,0	−0,9
S		0,65	0,46	0,46	0,57	0,47	0,43	0,37	0,45	0,56	0,62	0,81	0,87	0,79

* reduzierte Werte

Tab. 9.4. Tagesminimum

Tabelle 9.4.1.
Quantilwerte der relativen Summenhäufigkeit (%) des Tagesminimums der Lufttemperatur (°C), Abweichungen Δ von der Regressionsgeraden (K)
Frühjahr (n), 1951/75*

Station	Höhe über NN	Summenhäufigkeit (%)												
	(m)	3	5	10	20	30	40	50	60	70	80	90	95	97
1	1213	−0,6	−0,2	−0,2	−0,4	−0,5	−0,4	−0,3	−0,3	−0,2	−0,3	0,0	−0,9	−1,0
2	1142	0,2	0,2	0,1	−0,1	−0,3	−0,4	−0,2	−0,5	−0,2	−0,3	0,2	0,3	0,5
3	920	1,6	1,3	0,8	0,6	0,5	0,5	0,4	0,5	0,7	0,8	0,8	0,9	0,7
4	823	0,4	0,6	0,4	−0,1	−0,1	0,0	0,0	0,2	0,2	0,4	0,5	0,6	0,4
5	708	0,1	−0,3	−0,4	0,2	0,6	0,7	0,7	0,5	0,5	0,8	0,7	1,1	1,0
6	626	1,8	1,3	0,9	0,9	0,9	0,9	0,9	0,9	0,8	0,7	0,4	0,8	0,7
7	613	−3,2	−2,7	−1,9	−1,1	−0,9	−1,1	−1,2	−1,4	−1,7	−2,2	−3,3	−2,8	−2,8
8	560	−1,8	−2,0	−1,2	−0,5	−0,2	−0,2	−0,3	−0,4	−0,5	−0,9	−1,2	−0,8	−0,2
9	518	1,1	0,9	0,6	0,7	0,8	0,9	0,9	1,0	0,9	1,7	0,9	1,1	1,4
10	487	0,5	0,3	0,5	0,3	0,4	0,3	0,2	0,1	0,0	−0,2	−0,2	−0,4	−0,7

Tabelle 9.4.1. (Fortsetzung)

Station	Höhe über NN (m)	Summenhäufigkeit (%) 3	5	10	20	30	40	50	60	70	80	90	95	97
11	407	–0,7	–0,1	0,3	0,2	0,2	0,0	0,1	0,2	0,4	0,1	0,2	–0,3	0,0
12	399	–1,8	–1,1	–0,7	–0,7	–0,9	–0,8	–0,9	–1,0	–1,3	–1,3	–1,5	–1,1	–1,3
13	385	–1,3	–1,7	–1,1	–0,8	–0,9	–1,1	–1,3	–1,3	–1,2	–1,0	–0,6	–0,5	–0,1
14	357	1,1	0,2	0,3	0,5	0,6	0,4	0,4	0,6	0,6	0,3	0,3	0,4	0,3
15	342	0,1	0,1	0,0	–0,1	0,0	0,0	–0,1	0,0	–0,1	0,1	0,5	0,4	0,3
16	315	1,0	1,0	0,6	0,5	0,3	0,3	0,4	0,5	0,3	0,4	0,4	0,4	0,2
17	311	1,0	1,0	0,6	0,7	0,4	0,4	0,4	0,5	0,4	0,4	0,4	0,3	0,2
18	269	–1,1	–1,2	–0,3	–0,5	–0,4	–0,5	–0,5	–0,4	–0,5	–0,3	0,9	–0,1	0,0
19	260	0,9	0,8	0,3	0,1	0,1	0,1	0,1	0,1	0,2	0,1	0,2	0,4	0,5
20	246	2,3	1,7	0,7	0,7	0,6	0,5	0,9	0,9	0,9	0,7	0,9	1,0	0,9
21	237	–0,2	–0,3	–0,1	–0,5	–0,3	–0,3	–0,3	–0,2	–0,2	–0,2	–0,2	0,1	0,4
22	234	–0,2	0,7	0,2	0,1	–0,1	0,0	0,0	0,1	0,2	0,1	–0,2	–0,3	–0,6
23	210	–1,2	–0,4	–0,4	–0,7	–0,6	–0,4	–0,3	–0,1	–0,2	–0,2	–0,3	–0,5	–0,7
S		1,18	1,10	0,69	0,56	0,52	0,54	0,59	0,65	0,68	0,81	0,93	0,86	0,88

* reduzierte Werte

Tabelle 9.4.2.

Quantilwerte der relativen Summenhäufigkeit (%) des Tagesminimums der Lufttemperatur (°C), Abweichungen Δ von der Regressionsgeraden (K)

Sommer (n), 1951/75*

Station	Höhe über NN (m)	Summenhäufigkeit (%) 3	5	10	20	30	40	50	60	70	80	90	95	97
1	1213	0,4	0,1	–0,1	0,1	0,1	0,2	0,1	0,[illegible]	0,2	0,1	0,0	0,2	0,2
2	1142	–0,3	–0,4	–0,3	–0,4	–0,5	–0,5	–0,5	–0,5	–0,5	–0,5	–0,5	–0,4	–0,4
3	920	0,3	0,7	0,7	0,7	0,7	0,6	0,6	0,6	0,5	0,6	0,7	1,0	1,5
4	823	0,9	1,0	1,0	1,1	1,0	1,0	1,0	1,0	1,1	1,1	1,2	1,3	1,2
5	708	0,0	0,0	0,2	0,1	0,2	0,2	0,3	0,3	0,3	0,3	0,2	0,3	0,4
6	626	1,2	1,2	1,1	1,1	1,2	1,0	0,9	1,0	0,8	0,8	1,1	0,9	0,7
7	613	–1,9	–1,9	–1,9	–1,9	–1,9	–2,0	–1,9	–1,8	–1,8	–1,9	–2,1	–2,3	–2,6
8	560	–1,1	–1,4	–1,5	–1,6	–1,5	–1,4	–1,3	–1,2	–1,2	–1,3	–1,4	–1,5	–1,5
9	518	0,7	0,8	0,9	1,1	0,9	0,8	0,8	0,7	0,6	0,7	0,9	0,9	0,9
10	487	–0,3	–0,3	–0,7	–0,6	–0,6	–0,5	–0,5	–0,4	–0,4	–0,4	–0,6	–0,7	–0,9
11	407	–0,7	–0,7	–0,3	–0,4	–0,1	–0,1	0,0	0,0	0,1	0,0	–0,1	–0,2	0,1
12	399	–1,2	–1,2	–1,2	–1,3	–1,3	–1,4	–1,3	–1,4	–1,3	–1,2	–1,3	–1,5	–1,5
13	385	–1,8	–1,3	–1,1	–0,8	–0,8	–0,7	–0,8	–0,7	–0,5	–0,6	–0,6	–0,3	–0,3
14	357	0,6	0,6	0,6	0,6	0,5	0,4	0,4	0,4	0,4	0,3	0,3	0,4	0,4
15	342	0,6	0,6	0,7	0,5	0,5	0,6	0,6	0,4	0,5	0,5	0,5	0,6	0,9
16	315	1,0	0,6	0,5	0,5	0,4	0,4	0,4	0,4	0,3	0,3	0,3	0,3	0,3
17	311	1,0	0,6	0,5	0,5	0,5	0,5	0,4	0,4	0,4	0,2	0,2	0,3	0,3
18	269	–1,2	–1,2	–0,7	–0,3	–0,1	–0,1	0,0	0,0	0,0	0,1	0,2	0,4	0,4
19	260	0,8	0,7	0,3	0,3	0,1	0,0	0,1	0,0	0,0	0,0	0,0	–0,2	–0,3
20	246	1,7	1,7	1,3	1,3	1,3	1,2	1,1	1,2	1,1	1,2	1,2	1,1	1,1
21	237	–0,3	0,1	0,2	0,4	0,1	0,2	0,2	0,2	0,3	0,3	0,3	0,3	0,6
22	234	0,2	0,1	0,1	–0,2	–0,2	–0,2	–0,2	–0,1	–0,3	–0,3	–0,2	–0,2	–0,4
23	210	–0,4	–0,5	–0,5	–0,6	–0,5	–0,4	–0,5	–0,3	–0,4	–0,4	–0,3	–0,3	–0,5
S		0,95	0,91	0,86	0,85	0,83	0,81	0,77	0,74	0,71	0,73	0,81	0,86	0,95

* reduzierte Werte

Tabelle 9.4.3.
Quantilwerte der relativen Summenhäufigkeit (%) des Tagesminimums der Lufttemperatur (°C), Abweichungen Δ von der Regressionsgeraden (K)
Herbst (n), 1951/75*

Station	Höhe über NN (m)	Summenhäufigkeit (%) 3	5	10	20	30	40	50	60	70	80	90	95	97
1	1213	−0,3	−0,3	−0,3	−0,1	−0,3	−0,1	−0,1	−0,2	−0,1	−0,1	−0,1	0,0	0,0
2	1142	−0,4	−0,1	−0,1	0,3	0,2	0,2	0,1	0,1	0,2	0,3	0,0	0,4	0,1
3	920	0,5	0,6	0,7	0,9	0,9	0,8	0,6	0,7	0,5	0,5	0,7	0,2	0,4
4	823	1,8	1,5	1,1	0,9	0,7	0,7	0,7	0,6	0,5	0,5	0,5	0,6	0,4
5	708	−0,4	−0,3	0,1	−0,9	0,2	−0,2	0,3	0,3	0,2	0,1	0,3	0,1	−0,2
6	626	1,5	1,3	1,2	1,0	0,8	0,7	0,5	0,4	0,4	0,5	0,5	0,3	0,2
7	613	−1,4	−1,4	−1,5	−1,5	−1,5	−1,5	−1,6	−1,5	−1,4	−1,4	−1,6	−1,7	−1,5
8	560	−1,7	−1,7	−1,7	−1,8	−1,4	−1,5	−1,2	−1,2	−1,0	−1,2	−1,1	−1,2	−0,7
9	518	1,3	1,2	1,2	1,1	0,8	0,8	0,9	0,8	0,7	0,8	1,0	0,8	0,7
10	487	−0,8	−0,9	−1,1	−0,7	−0,6	−0,6	−0,6	−0,5	−0,5	−0,5	−0,8	−0,1	−0,2
11	407	−1,4	−1,0	−0,6	−0,7	−0,4	−0,2	−0,1	−0,1	−0,2	−0,2	−0,1	−0,3	−0,1
12	399	−0,9	−1,0	−1,1	−1,3	−1,5	−1,2	−1,2	−1,1	−0,9	−1,0	−1,1	−1,4	−1,2
13	385	−0,9	−1,1	−1,2	−1,0	−1,1	−1,1	−1,3	−1,1	−0,9	−1,0	−0,7	−0,4	−0,2
14	357	1,0	0,9	0,8	0,6	0,4	0,4	0,3	0,3	0,3	0,1	0,6	0,5	0,7
15	342	0,5	0,9	0,9	0,6	0,1	0,2	0,0	0,1	0,0	0,0	0,1	0,8	0,7
16	315	0,2	0,3	0,3	0,2	0,4	0,3	0,2	0,3	0,4	0,4	0,4	0,2	0,1
17	311	0,9	0,7	0,5	0,7	0,6	0,5	0,5	0,3	0,3	0,3	0,1	0,1	0,1
18	269	−1,8	−1,8	−1,2	−0,7	−0,4	−0,4	−0,2	−0,3	−0,2	−0,2	0,0	0,3	0,4
19	260	0,5	0,5	0,8	0,6	0,5	0,5	0,6	0,6	0,3	0,2	0,2	−0,2	−0,6
20	246	2,0	1,9	1,7	1,6	1,3	1,2	1,0	1,0	1,0	0,8	0,9	1,0	0,9
21	237	0,1	0,2	0,1	0,2	0,1	0,2	0,1	0,1	0,2	0,1	0,2	0,5	0,3
22	234	−0,2	−0,1	−0,3	0,1	0,2	0,4	0,3	0,2	0,2	0,2	0,1	0,0	0,3
23	210	−0,2	−0,2	−0,3	−0,1	0,0	0,1	0,0	0,0	0,1	0,0	−0,2	−0,4	−0,7
S		1,07	1,03	0,95	0,90	0,78	0,75	0,70	0,64	0,59	0,59	0,66	0,67	0,60

* reduzierte Werte

Tabelle 9.4.4.
Quantilwerte der relativen Summenhäufigkeit (%) des Tagesminimums der Lufttemperatur (°C), Abweichungen Δ von der Regressionsgeraden (K)
Winter (n), 1951/75*

Station	Höhe über NN (m)	Summenhäufigkeit (%) 3	5	10	20	30	40	50	60	70	80	90	95	97
1	1213	−1,0	−1,0	−0,6	−0,2	−0,2	−0,1	−0,1	−0,1	0,3	0,2	0,0	0,2	0,1
2	1142	0,6	0,0	0,3	0,5	0,4	0,3	0,2	0,2	−0,3	0,4	0,4	0,4	0,8
3	920	−0,2	1,2	0,9	0,4	0,3	0,2	0,1	0,1	0,2	−0,1	−0,1	−0,1	−0,1
4	823	1,0	0,7	0,4	0,0	−0,3	−0,4	−0,4	−0,3	−0,2	−0,2	−0,3	0,0	0,0
5	708	0,1	−0,2	−0,1	−0,2	0,0	0,1	0,2	0,2	0,2	0,1	−0,1	0,2	0,5
6	626	2,2	1,8	1,3	0,4	0,4	0,0	−0,1	−0,1	−0,1	−0,2	−0,2	−0,2	−0,3
7	613	−1,8	−1,7	−1,7	−1,2	−0,7	−0,3	−0,3	−0,2	−0,1	−0,4	0,3	−0,9	−1,2
8	560	−0,7	−0,6	−1,3	−0,3	−0,4	−0,3	−0,2	−0,1	−0,2	−0,3	−0,3	−0,4	−0,6
9	518	1,3	1,4	1,1	0,9	0,9	0,9	0,8	0,8	0,9	0,8	0,8	0,6	0,4
10	487	−0,7	−0,1	0,0	−0,5	−0,1	0,1	0,0	0,0	0,0	−0,1	0,1	−0,2	−0,4
11	407	−0,6	−0,6	−0,1	0,2	0,3	0,2	0,2	0,1	0,2	0,2	0,1	−0,1	−0,3
12	399	−0,6	−0,5	−0,6	−0,7	−0,7	−0,6	−0,4	−0,5	−0,5	−0,6	−0,7	−0,9	−0,8
13	385	−1,0	−2,0	−1,5	−0,8	−0,6	−0,8	−0,9	−0,8	−0,8	−1,1	−1,1	−0,5	−0,4

Tabelle 9.4.4. (Fortsetzung)

Station	Höhe über NN (m)	Summenhäufigkeit (%) 3	5	10	20	30	40	50	60	70	80	90	95	97
14	357	0,5	0,5	0,3	0,0	0,1	0,1	0,3	0,1	0,0	0,0	0,1	0,2	0,0
15	342	−0,5	0,0	0,0	0,0	−0,2	−0,3	−0,5	−0,4	−0,4	−0,5	−0,5	−0,4	−0,1
16	315	0,5	0,5	0,2	0,0	0,1	0,2	0,3	0,3	0,2	0,2	0,3	0,2	0,3
17	311	0,5	0,0	0,2	0,2	0,1	0,0	0,2	0,1	0,0	0,0	−0,1	0,2	0,3
18	269	−1,9	−1,5	−0,4	0,2	0,1	−0,1	−0,1	−0,1	−0,3	−0,4	−0,3	0,0	0,1
19	260	1,6	1,5	1,1	0,5	0,3	0,4	0,3	0,4	0,7	0,6	0,7	0,5	0,6
20	246	2,6	1,5	1,6	0,9	0,7	0,4	0,3	0,2	0,1	0,2	0,3	0,4	0,2
21	237	−0,4	−0,5	−0,5	0,1	−0,2	−0,2	−0,3	−0,3	−0,4	0,4	−0,4	−0,1	0,0
22	234	−0,4	0,5	0,5	0,1	0,2	0,4	0,2	0,3	0,4	0,5	0,6	0,4	0,5
23	210	−1,3	−0,9	−1,0	−0,4	−0,3	−0,1	−0,1	0,0	0,1	0,3	0,2	0,3	0,4
S		1,16	1,04	0,86	0,50	0,41	0,38	0,34	0,32	0,38	0,42	0,43	0,41	0,48

* reduzierte Werte

Tabelle 9.4.5.

Quantilwerte der relativen Summenhäufigkeit (%) des Tagesminimums der Lufttemperatur (°C), Abweichungen Δ von der Regressionsgeraden (K)
Jahr, 1951/75*

Station	Höhe über NN (m)	Summenhäufigkeit (%) 3	5	10	20	30	40	50	60	70	80	90	95	97
1	1213	−0,6	−0,5	−0,3	−0,1	−0,2	0,0	0,0	−0,1	0,0	0,2	0,0	0,1	−0,2
2	1142	0,3	0,4	0,3	0,1	0,0	0,1	0,0	−0,1	−0,4	−0,5	−0,4	−0,6	−0,4
3	920	0,8	0,8	0,5	0,2	0,3	0,4	0,6	0,5	0,5	0,5	0,6	0,6	0,9
4	823	0,6	0,5	−0,1	−0,2	0,1	0,2	0,6	0,8	0,9	1,0	1,1	1,2	1,1
5	708	−0,1	0,2	0,1	0,2	0,2	0,2	0,2	0,3	0,2	0,2	0,2	0,3	0,2
6	626	1,2	1,0	0,3	0,3	0,3	0,5	0,7	0,8	1,1	0,9	0,9	1,0	1,0
7	613	−1,8	−2,0	−1,3	−0,4	−0,6	−1,0	−1,5	−1,8	−2,0	−1,9	−1,8	2,1	−2,1
8	560	−1,4	−1,2	−0,5	−0,5	−0,4	−0,7	−1,0	−1,3	−1,4	−1,2	−1,2	−1,3	−1,2
9	518	1,0	0,7	0,8	0,8	0,9	0,9	0,8	0,9	1,0	0,8	0,7	0,6	0,6
10	487	0,0	−0,4	0,2	0,0	0,0	−0,2	−0,3	−0,4	−0,4	−0,5	−0,4	−0,5	−0,8
11	407	−0,7	−0,6	0,3	0,1	−0,1	−0,2	−0,3	−0,3	−0,2	0,0	0,0	−0,1	−0,2
12	399	−0,7	−0,6	−0,7	−0,7	−0,6	−1,0	−1,1	−1,2	−1,2	−1,3	−1,3	−1,2	−1,3
13	385	−0,7	−1,1	−0,8	−0,8	−1,0	−1,3	−1,2	−0,7	−0,7	−0,6	−0,6	0,4	0,2
14	357	0,2	0,3	0,1	0,4	0,3	0,4	0,3	0,5	0,6	0,3	0,3	0,3	0,1
15	342	1,2	0,2	0,1	−0,2	−0,1	−0,1	0,1	0,4	0,6	0,5	0,4	0,6	0,6
16	315	0,1	0,2	0,5	0,4	0,4	0,4	0,3	0,5	0,5	0,4	0,3	0,3	0,5
17	311	0,1	0,7	0,4	0,2	0,2	0,3	0,3	0,5	0,6	0,3	0,3	0,1	0,0
18	269	−1,0	−0,4	0,3	−0,4	−0,4	−0,6	−0,5	−0,2	0,1	0,0	0,1	0,1	0,3
19	260	1,0	1,0	0,2	0,4	0,3	0,4	0,3	−0,5	0,1	0,1	−0,1	−0,1	−0,2
20	246	2,0	2,0	0,9	0,5	0,4	0,7	0,8	1,2	1,2	1,1	1,0	1,3	1,3
21	237	−0,5	0,0	0,1	−0,2	−0,3	−0,3	−0,1	0,2	0,1	0,2	0,3	0,2	0,2
22	234	0,0	0,5	0,1	0,3	0,2	0,3	0,2	0,2	0,0	−0,2	−0,2	−0,5	−0,3
23	210	−1,1	−1,6	−1,5	−0,3	−0,1	0,9	0,7	−0,3	−1,4	−0,4	−0,3	−0,6	−0,4
S		0,92	0,91	0,58	0,44	0,41	0,59	0,65	0,73	0,83	0,73	0,71	0,78	0,77

* reduzierte Werte

Tab. 10. Statistische Parameter der Lufttemperatur 1951/75

Tab. 10.1. Hinterhermsdorf, fiktive Bezugsstation

Tabelle 10.1.1.
Statistische Parameter des Tagesmittels der Lufttemperatur
Hinterhermsdorf, fiktive Bezugsstation, 1951/65

	Mittelwerte (°C)					Regression					HV der Differenzen Δ (K)					
	$\overline{Hi}$	$\overline{BZ}$	d	σ_{Hi}	σ_{BZ}	r	a	b	χ^2	α (%)	Quantile 25%	50%	75%	$P(\Delta \geqq 0{,}0\ K)$ (%)	Randklassen (KUG)	
Jan	−2,9	−1,6	−1,3	4,7	4,8	0,92	−1,50	0,90	36,28	5	0,0	0,8	2,2	76,8	−4,5	9,5
Feb	−2,9	−1,7	−1,2	5,4	5,6	0,95	−1,36	0,91	29,83	—	0,0	0,7	2,0	76,7	−3,5	8,0
Mrz	0,9	2,2	−1,3	4,4	4,6	0,95	−1,05	0,90	41,42	1	0,3	1,0	2,0	82,6	−2,0	7,0
Apr	6,4	7,3	−0,9	4,4	4,4	0,95	−0,50	0,94	24,87	—	−0,1	0,8	1,8	76,0	−4,0	4,0
Mai	10,7	11,4	−0,7	4,0	4,0	0,94	−0,06	0,94	15,19	—	−0,2	0,6	1,5	72,3	−4,0	5,5
Jun	14,8	15,4	−0,6	3,5	3,6	0,94	0,83	0,91	21,00	—	−0,4	0,5	1,3	66,0	−4,5	5,5
Jul	16,0	16,5	−0,5	3,4	3,6	0,94	1,44	0,88	20,40	—	−0,4	0,4	1,3	65,4	−3,5	4,5
Aug	15,2	16,0	−0,8	3,2	3,2	0,92	0,39	0,93	23,08	—	−0,1	0,8	1,5	74,8	−5,5	4,5
Sep	12,0	13,0	−1,0	3,6	3,6	0,92	0,05	0,91	31,05	5	0,0	0,8	2,0	77,1	−5,0	6,0
Okt	7,4	8,6	−1,2	3,2	3,3	0,88	0,11	0,85	42,40	1	0,0	0,8	2,0	76,3	−3,5	7,0
Nov	2,8	3,8	−1,0	3,7	3,8	0,89	−0,56	0,88	20,37	—	−0,3	0,6	1,7	70,2	−4,5	10,0
Dez	−1,0	0,5	−1,5	4,4	4,7	0,91	−1,38	0,85	39,03	5	−0,2	0,8	2,3	79,6	−5,5	10,5
mF	6,0	7,0	−1,0	5,8	5,8	0,97	−0,87	0,98	45,72	5	0,0	0,8	1,8	77,0	−4,0	7,0
mS	15,3	16,0	−0,7	3,4	3,5	0,93	0,88	0,91	29,04	5	−0,3	0,5	1,4	68,8	−5,5	5,5
mH	7,4	8,5	−1,1	5,1	5,2	0,95	−0,57	0,94	48,19	1	−0,1	0,7	1,9	74,6	−5,0	10,0
mW	−2,3	−0,9	−1,4	4,9	5,1	0,93	−1,44	0,89	85,40	1	−0,1	0,8	2,2	77,7	−5,5	10,5
nF	3,6	4,7	−1,1	5,2	5,2	0,96	−0,89	0,95	49,25	1	0,0	0,9	1,9	79,3	−4,0	7,0
nS	13,7	14,5	−0,8	4,1	4,1	0,95	0,07	0,94	51,36	1	−0,2	0,6	1,5	71,1	−5,5	6,0
nH	7,4	8,6	−1,2	3,2	3,3	0,88	0,11	0,85	42,40	1	0,0	0,8	2,0	76,3	−3,5	7,0
nW	−1,0	0,3	−1,3	5,1	5,2	0,94	−1,24	0,92	78,81	1	−0,1	0,7	2,0	75,8	−5,5	10,5
Jahr	6,6	7,7	−1,1	7,9	7,8	0,98	−1,00	1,00	73,63	1	−0,1	0,7	1,8	74,5	−5,5	10,5

Tabelle 10.1.2.
Statistische Parameter des Tagesmaximums der Lufttemperatur
Hinterhermsdorf, fiktive Bezugsstation, 1951/65

	Mittelwerte (°C)					Regression					HV der Differenzen Δ (K)					
	$\overline{Hi}$	$\overline{BZ}$	d	σ_{Hi}	σ_{BZ}	r	a	b	χ^2	α (%)	Quantile 25%	50%	75%	$P(\Delta \geqq 0{,}0\ K)$ (%)	Randklassen (KUG)	
Jan	−0,3	1,2	−1,5	4,2	4,8	0,84	−1,20	0,74	60,16	1	−0,1	0,8	2,4	74,6	−6,0	13,5
Feb	0,4	1,7	−1,3	4,8	5,6	0,89	−0,88	0,77	41,09	1	−0,4	0,6	2,2	67,2	−7,0	11,5
Mrz	5,2	6,4	−1,2	5,1	5,6	0,93	−0,30	0,85	42,77	1	−0,2	0,8	2,1	73,8	−4,0	8,5
Apr	11,7	12,1	−0,4	5,4	5,4	0,95	0,27	0,94	14,92	—	−0,5	0,4	1,2	66,0	−6,0	7,0
Mai	15,8	16,1	−0,3	4,8	4,8	0,95	0,52	0,94	24,08	—	−0,5	0,3	1,1	63,9	−5,5	5,0
Jun	20,1	20,3	−0,2	4,4	4,5	0,94	1,55	0,91	14,15	—	−0,6	0,2	1,0	61,1	−7,0	6,0
Jul	21,1	21,4	−0,3	4,4	4,7	0,96	1,93	0,90	17,41	—	−0,6	0,3	1,0	62,4	−5,5	4,5
Aug	20,9	21,3	−0,4	4,1	4,1	0,93	1,14	0,90	17,75	—	−0,4	0,5	1,3	66,0	−9,0	5,0
Sep	17,6	18,5	−0,9	4,3	4,7	0,92	2,03	0,84	40,07	—	−0,2	0,6	1,8	73,1	−7,0	11,0
Okt	12,0	13,3	−1,3	3,8	4,3	0,86	1,85	0,76	38,61	1	−0,2	0,8	2,4	73,8	−5,0	9,5
Nov	5,3	6,8	−1,5	3,8	4,2	0,80	0,43	0,71	42,48	1	−0,1	0,8	2,4	75,3	−7,5	12,0
Dez	1,3	3,2	−1,9	4,3	4,8	0,83	−1,09	0,75	56,24	1	−0,2	1,0	3,0	77,4	−4,5	14,0

Tabelle 10.1.2. (Fortsetzung)

	Mittelwerte (°C)					Regression					HV der Differenzen Δ (K)					
	$\overline{Hi}$	$\overline{BZ}$	d	σ_{Hi}	σ_{BZ}	r	a	b	χ^2	α (%)	Quantile 25%	50%	75%	$P(\Delta \geqq 0{,}0\,K)$ (%)	Randklassen (KUG)	
mF	10,9	11,5	−0,6	6,7	6,6	0,96	−0,41	0,98	35,11	—	−0,1	0,5	1,4	67,9	−6,0	8,5
mS	20,7	21,0	−0,3	4,3	4,5	0,94	1,58	0,91	16,52	—	−0,6	0,3	1,1	63,2	−9,0	6,0
mH	11,6	12,8	−1,2	6,4	6,5	0,94	−0,30	0,93	50,03	5	−0,2	0,7	2,1	74,1	−7,5	12,0
mW	0,5	2,0	−1,5	4,5	5,1	0,86	−1,07	0,76	111,64	1	−0,2	0,8	2,5	73,3	−7,0	14,0
nF	8,4	9,2	−0,8	6,2	6,2	0,95	−0,37	0,95	31,76	—	−0,3	0,6	1,6	69,9	−6,0	8,5
nS	19,1	19,5	−0,4	4,9	5,0	0,95	1,04	0,92	39,91	—	−0,5	0,4	1,2	65,3	−9,0	7,0
nH	12,0	13,3	−1,3	3,8	4,3	0,86	1,85	0,76	38,61	1	−0,2	0,8	2,4	73,8	−5,0	9,5
nW	1,7	3,2	−1,5	4,8	5,3	0,87	−0,87	0,79	129,25	1	−0,2	0,8	2,5	73,8	−7,5	14,0
Jahr	11,0	11,9	−0,9	9,1	8,8	0,97	−0,91	1,00	91,77	1	−0,4	0,6	1,7	69,6	−9,0	14,0

Tabelle 10.1.3.
Statistische Parameter des Tagesminimums der Lufttemperatur
Hinterhermsdorf, fiktive Bezugsstation, 1951/65

	Mittelwerte (°C)					Regression					HV der Differenzen Δ (K)					
	$\overline{Hi}$	$\overline{BZ}$	d	σ_{Hi}	σ_{BZ}	r	a	b	χ^2	α (%)	Quantile 25%	50%	75%	$P(\Delta \geqq 0{,}0\,K)$ (%)	Randklassen (KUG)	
Jan	−5,6	−4,5	−1,1	5,6	5,4	0,91	−1,36	0,94	44,41	1	−0,4	0,7	2,2	68,8	−9,0	11,5
Feb	−6,1	−4,9	−1,2	6,5	6,5	0,93	−1,57	0,93	41,28	5	−0,5	0,8	2,6	73,3	−6,0	9,5
Mrz	−2,9	−1,3	−1,6	4,6	4,6	0,88	−1,71	0,88	47,90	1	−0,2	1,1	2,7	73,5	−7,0	10,5
Apr	1,4	3,1	−1,7	4,0	3,7	0,84	−1,32	0,89	76,20	1	−0,1	1,2	2,9	76,0	−4,5	8,5
Mai	5,4	6,7	−1,3	3,8	3,5	0,84	−0,73	0,91	33,70	1	−0,2	0,9	1,6	72,3	−6,0	7,0
Jun	9,3	10,3	−1,0	3,4	3,1	0,80	0,24	0,88	28,12	5	−0,5	0,5	2,4	64,4	−5,5	8,5
Jul	11,2	12,0	−0,8	3,2	2,8	0,79	0,90	0,36	23,10	—	−0,6	0,4	1,8	61,1	−5,0	6,5
Aug	10,2	11,5	−1,3	3,2	2,6	0,79	−0,65	0,94	63,95	1	−0,1	1,1	2,8	75,1	−6,0	6,0
Sep	7,1	8,8	−1,7	3,8	3,5	0,84	−0,94	0,92	63,08	1	0,2	1,4	2,9	80,2	−5,0	9,5
Okt	3,5	5,0	−1,5	3,7	3,5	0,83	−0,91	0,89	56,50	1	−0,1	1,0	2,9	74,4	−5,5	7,5
Nov	0,3	1,2	−0,9	4,0	3,8	0,88	−0,82	0,93	19,16	—	−0,4	0,6	1,8	69,6	−6,5	8,0
Dez	−3,3	−2,3	−1,0	4,9	5,0	0,91	−1,27	0,88	31,01	—	−0,4	0,7	1,9	68,2	−8,0	9,0
mF	1,3	2,8	−1,5	5,4	5,2	0,91	−1,35	0,95	91,66	1	−0,2	1,0	2,7	73,9	−7,0	10,5
mS	10,2	11,3	−1,1	3,3	2,9	0,80	−0,08	0,91	81,29	1	−0,4	0,7	2,4	66,9	−6,0	8,5
mH	3,6	5,0	−1,4	4,8	4,7	0,90	−0,88	0,91	69,50	1	−0,1	1,0	2,6	74,7	−6,5	9,5
mW	−5,0	−3,9	−1,1	5,8	5,8	0,92	−1,39	0,93	82,89	1	−0,4	0,7	2,2	70,0	−9,0	11,5
nF	−0,7	0,9	−1,6	4,8	4,8	0,89	−1,52	0,90	92,02	1	−0,1	1,1	2,8	74,8	−7,0	10,5
nS	8,7	9,9	−1,2	4,1	3,7	0,86	−0,81	0,96	117,95	1	−0,3	0,9	2,6	70,6	−6,0	9,5
nH	3,5	5,0	−1,5	3,7	3,5	0,83	−0,91	0,89	56,50	1	−0,1	1,0	2,9	74,4	−5,5	7,5
nW	−3,7	−2,6	−1,1	5,9	5,8	0,93	−1,20	0,94	75,86	5	−0,4	0,7	2,1	69,9	−9,0	11,5
Jahr	2,6	3,8	−1,2	7,3	7,2	0,96	−1,14	0,97	140,76	1	−0,3	0,8	2,5	71,4	−9,0	11,5

Tabelle 10.1.4.
Statistische Parameter der Tagesschwankung der Lufttemperatur
Hinterhermsdorf, fiktive Bezugsstation, 1951/65

	Mittelwerte (°C)					Regression					HV der Differenzen Δ (K)					
	$\overline{Hi}$	$\overline{BZ}$	d	σ_{Hi}	σ_{BZ}	r	a	b	χ^2	α (%)	Quantile 25%	Quantile 50%	Quantile 75%	$P(\Delta \geqq 0{,}0\,K)$ (%)	Randklassen (KUG)	
Jan	5,3	5,7	−0,4	3,1	3,1	0,47	2,67	0,46	24,97	—	−1,4	0,1	1,7	54,0	−11,5	13,5
Feb	6,5	6,5	0,0	3,8	3,6	0,69	1,72	0,73	32,13	—	−1,7	−0,3	1,3	43,9	−9,5	10,0
Mrz	8,0	7,7	0,3	4,2	3,7	0,73	1,68	0,82	25,40	—	−2,1	−0,5	1,3	42,4	−9,5	11,5
Apr	10,3	9,0	1,3	4,6	3,7	0,84	0,92	1,04	66,11	1	−2,9	−1,0	0,5	32,0	−9,5	4,5
Mai	10,3	9,4	0,9	4,4	3,5	0,84	0,55	1,04	72,49	1	−2,5	−1,0	0,6	36,3	−9,0	6,0
Jun	10,8	10,0	0,8	4,3	3,7	0,84	0,91	0,99	68,36	1	−2,4	−0,7	0,6	38,0	−9,5	6,5
Jul	9,9	9,4	0,5	4,3	3,8	0,84	1,00	0,95	47,25	5	−1,9	−0,4	0,9	45,4	−9,5	5,0
Aug	10,7	9,9	0,8	3,9	3,4	0,82	1,45	0,94	40,28	—	−2,4	−0,9	0,4	31,4	−9,5	8,0
Sep	10,5	9,6	0,9	4,2	4,0	0,83	2,18	0,86	32,05	—	−2,3	−0,9	0,6	35,6	−10,5	9,0
Okt	8,4	8,3	0,1	4,2	4,0	0,79	1,50	0,84	27,38	—	−1,8	−0,4	1,2	44,9	−8,0	9,5
Nov	5,0	5,6	−0,6	2,6	2,8	0,50	2,38	0,46	30,38	—	−1,2	0,1	1,8	53,3	−7,5	13,0
Dez	4,7	5,6	−0,9	2,6	2,8	0,48	2,21	0,44	43,24	—	−0,8	0,5	2,0	63,2	−10,0	12,0
mF	9,5	8,7	0,8	4,5	3,7	0,81	0,99	0,98	115,75	1	−2,5	−0,9	0,7	37,0	−9,5	11,5
mS	10,5	9,7	0,8	4,2	3,6	0,83	1,09	0,96	94,97	1	−2,3	−0,7	0,7	38,3	−9,5	8,0
mH	8,0	7,8	0,2	4,4	4,0	0,80	1,12	0,87	57,32	5	−1,8	−0,4	1,2	44,6	−10,5	13,0
mW	5,5	5,9	−0,4	3,3	3,2	0,57	1,99	0,59	47,89	5	−1,2	0,1	1,7	54,0	−11,5	13,5
nF	9,1	8,3	0,8	4,5	3,8	0,80	1,18	0,95	70,24	1	−2,5	−0,8	0,8	37,3	−9,5	11,5
nS	10,4	9,6	0,8	4,2	3,7	0,83	1,25	0,95	138,31	1	−2,3	−0,8	0,6	37,3	−10,5	9,0
nH	8,4	8,3	0,1	4,2	4,0	0,79	1,50	0,84	27,38	—	−1,8	−0,4	1,2	44,9	−8,0	9,5
nW	5,3	5,8	−0,5	3,1	3,1	0,56	2,05	0,56	59,41	1	−1,2	0,1	1,7	53,8	−11,5	13,5
Jahr	8,4	8,1	0,3	4,5	3,9	0,80	0,87	0,93	208,46	1	−2,0	−0,4	1,1	43,4	−11,5	13,5

Tab. 10.2. Annaberg-Buchholz, fiktive Bezugsstation

Tabelle 10.2.1.
Statistische Parameter des Tagesmittels der Lufttemperatur
Annaberg-Buchholz, fiktive Bezugsstation, 1951/65

	Mittelwerte (°C)					Regression					HV der Differenzen Δ (K)					
	$\overline{A-B}$	$\overline{BZ}$	d	σ_{A-B}	σ_{BZ}	r	a	b	χ^2	α (%)	Quantile 25%	Quantile 50%	Quantile 75%	$P(\Delta \geqq 0{,}0\,K)$ (%)	Randklassen (KUG)	
Jan	−2,5	−2,5	0,0	4,7	4,8	0,97	−0,09	0,95	13,36	—	−0,6	0,0	0,5	57,0	−5,0	3,5
Feb	−2,6	−2,7	0,1	5,5	5,6	0,98	−0,01	0,96	17,06	—	−0,6	0,0	0,4	54,0	−7,0	2,5
Mrz	1,1	1,0	0,1	4,8	4,6	0,98	0,18	1,00	12,27	—	−0,8	−0,1	0,4	48,2	−5,5	2,5
Apr	6,2	5,9	0,3	4,5	4,4	0,98	0,33	1,00	12,78	—	−0,8	−0,3	0,2	36,7	−3,5	1,5
Mai	10,3	9,9	0,4	4,2	4,0	0,99	0,03	1,03	15,91	—	−1,0	−0,5	0,0	28,8	−2,5	1,5
Jun	14,2	13,9	0,3	3,8	3,6	0,98	0,13	1,01	10,97	—	−0,9	−0,4	0,1	32,4	−4,5	1,5
Jul	15,4	15,1	0,3	3,8	3,6	0,98	0,01	1,02	18,42	—	−0,9	−0,4	0,0	28,8	−3,0	2,0
Aug	14,9	14,6	0,3	3,3	3,2	0,98	−0,02	1,02	11,65	—	−0,9	−0,4	0,1	36,8	−3,0	2,0
Sep	12,0	11,8	0,2	3,8	3,6	0,98	0,06	1,01	4,78	—	−0,6	−0,2	0,2	46,4	−4,5	1,5
Okt	7,6	7,5	0,1	3,4	3,3	0,97	0,26	0,98	12,75	—	−0,7	−0,1	0,3	48,8	−5,5	1,5
Nov	2,6	2,6	0,0	3,7	3,8	0,96	0,15	0,96	13,94	—	−0,5	−0,1	0,3	50,2	−8,5	2,5
Dez	−0,5	−0,7	0,2	4,6	4,7	0,97	0,18	0,96	15,13	—	−0,8	−0,1	0,4	52,3	−7,5	2,5

Tabelle 10.2.1. (Fortsetzung)

	Mittelwerte (°C)					Regression					HV der Differenzen Δ (K)					
	$\overline{A-B}$	$\overline{BZ}$	d	σ_{A-B}	σ_{BZ}	r	a	b	χ^2	α (%)	Quantile 25%	50%	75%	$P(\Delta \geqq 0{,}0\,K)$ (%)	Randklassen (KUG)	
mF	5,9	5,6	0,3	5,8	5,7	0,99	0,21	1,01	23,61	—	—0,9	—0,3	0,2	37,9	—5,5	2,5
mS	14,8	14,5	0,3	3,7	3,5	0,98	0,04	1,02	19,70	—	—0,9	—0,4	0,1	32,7	—4,5	2,0
mH	7,4	7,3	0,1	5,3	5,2	0,98	0,11	1,00	14,36	—	—0,6	—0,1	0,3	48,5	—8,5	2,5
mW	—1,8	—2,0	0,2	5,0	5,1	0,97	0,04	0,96	22,89	—	—0,7	0,0	0,4	54,4	—7,5	3,5
nF	3,6	3,4	0,2	5,3	5,2	0,98	0,23	1,00	18,68	—	—0,8	—0,2	0,3	42,5	—5,5	2,5
nS	13,4	13,1	0,3	4,2	4,1	0,98	0,09	1,02	22,86	—	—0,9	—0,4	0,1	34,6	—4,5	2,0
nH	7,6	7,5	0,1	3,4	3,3	0,97	0,26	0,98	12,75	—	—0,7	—0,1	0,3	48,8	—5,5	1,5
nW	—0,7	—0,8	0,1	5,1	5,2	0,98	0,07	0,96	26,88	—	—0,6	0,0	0,4	53,4	—8,5	3,5
Jahr	6,6	6,4	0,2	7,8	7,7	0,99	0,17	1,00	34,39	—	—0,8	—0,2	0,3	43,3	—8,5	3,5

Tabelle 10.2.2.
Statistische Parameter des Tagesmaximums der Lufttemperatur
Annaberg-Buchholz, fiktive Bezugsstation, 1951/65

	Mittelwerte (°C)					Regression					HV der Differenzen Δ (K)					
	$\overline{A-B}$	$\overline{BZ}$	d	σ_{A-B}	σ_{BZ}	r	a	b	χ^2	α (%)	Quantile 25%	50%	75%	$P(\Delta \geqq 0{,}0\,K)$ (%)	Randklassen (KUG)	
Jan	0,4	0,1	0,3	4,7	4,8	0,94	0,32	0,93	14,23	—	—1,0	0,0	0,5	51,4	—11,5	5,0
Feb	0,6	0,5	0,1	5,4	5,6	0,95	0,21	0,93	19,90	—	—1,0	—0,1	0,6	48,8	—8,0	4,5
Mrz	5,3	4,9	0,4	5,6	5,6	0,96	0,65	0,96	16,40	—	—1,3	—0,4	0,5	40,4	—10,0	5,5
Apr	11,0	10,3	0,7	5,6	5,4	0,98	0,62	1,01	16,50	—	—1,4	—0,7	0,0	26,7	—6,0	5,0
Mai	15,1	14,3	0,8	4,9	4,8	0,98	0,68	1,01	27,25	—	—1,6	—0,8	—0,2	21,9	—6,0	2,5
Jun	19,3	18,4	0,9	4,6	4,5	0,98	0,94	1,00	32,84	—	—1,6	—0,9	—0,2	16,4	—6,0	4,0
Jul	20,4	19,6	0,8	4,9	4,7	0,98	0,41	1,02	16,62	5	—1,5	—0,9	—0,4	15,1	—6,0	2,0
Aug	20,2	19,5	0,7	4,3	4,1	0,98	0,53	1,01	25,90	—	—1,4	—0,8	—0,2	20,0	—5,5	2,5
Sep	17,4	16,9	0,5	4,8	4,7	0,97	0,74	1,00	12,73	—	—1,4	—0,7	—0,1	24,9	—6,5	2,5
Okt	12,2	11,7	0,5	4,6	4,3	0,94	0,55	1,00	16,55	—	—1,5	—0,5	0,2	35,9	—10,0	4,0
Nov	5,5	5,5	0,0	4,4	4,2	0,94	0,16	0,97	9,41	—	—0,7	0,1	0,8	60,2	—10,0	4,0
Dez	2,3	2,0	0,3	4,8	4,8	0,95	0,36	0,96	12,14	—	—0,9	—0,1	0,5	49,0	—7,0	3,5
mF	10,4	9,8	0,6	6,7	6,5	0,98	0,58	1,01	39,00	—	—1,4	—0,7	0,1	29,7	—10,0	5,5
mS	20,0	19,2	0,8	4,6	4,5	0,98	0,64	1,01	43,30	5	—1,5	—0,9	—0,3	17,2	—6,0	4,0
mH	11,7	11,3	0,4	6,7	6,4	0,98	0,10	1,02	20,79	—	—1,3	—0,4	0,3	40,3	—10,0	4,0
mW	1,1	0,9	0,2	5,1	5,1	0,95	0,31	0,94	35,14	—	—1,0	—0,1	0,5	49,8	—11,5	5,0
nF	8,1	7,5	0,6	6,2	6,1	0,97	0,61	0,99	25,60	—	—1,4	—0,6	0,2	33,7	—10,0	5,5
nS	18,5	17,7	0,8	5,1	5,0	0,98	0,66	1,01	51,93	1	—1,5	—0,8	—0,2	19,7	—6,5	4,0
nH	12,2	11,7	0,5	4,6	4,3	0,94	0,55	1,00	16,55	—	—1,5	—0,5	0,2	35,9	—10,0	4,0
nW	2,2	2,0	0,2	5,3	5,3	0,95	0,30	0,95	39,12	—	—0,9	0,0	0,6	52,4	—11,5	5,0
Jahr	10,9	10,3	0,6	8,9	8,6	0,99	0,36	1,02	60,35	—	—1,4	—0,5	0,2	34,1	—11,5	5,5

Tabelle 10.2.3.
Statistische Parameter des Tagesminimums der Lufttemperatur
Annaberg-Buchholz, fiktive Bezugsstation, 1951/65

	Mittelwerte (°C)					Regression					HV der Differenzen Δ (K)					
	$\overline{A-B}$	$\overline{BZ}$	d	σ_{A-B}	σ_{BZ}	r	a	b	χ^2	α	Quantile			$P(\Delta \geqq 0{,}0\ K)$	Randklassen (KUG)	
										(%)	25%	50%	75%	(%)		
Jan	−5,2	−5,4	0,2	5,1	5,4	0,95	−0,33	0,89	13,01	—	−1,0	−0,1	0,6	48,8	−9,5	4,5
Feb	−5,4	−5,6	0,2	6,0	6,5	0,96	−0,42	0,89	28,08	—	−0,9	0,0	0,7	56,8	−10,5	4,0
Mrz	−2,2	−2,2	0,0	4,9	4,6	0,96	0,06	1,00	20,65	—	−0,7	−0,1	0,9	56,6	−5,5	4,0
Apr	2,3	2,1	0,2	3,8	3,7	0,96	0,28	0,98	8,75	—	−0,9	−0,2	0,3	44,4	−5,0	3,0
Mai	5,9	5,8	0,1	3,6	3,5	0,96	0,20	0,98	17,57	—	−0,7	−0,1	0,6	51,0	−5,0	3,0
Jun	9,5	9,4	0,1	3,2	3,1	0,96	0,00	1,01	11,37	—	−0,8	−0,2	0,4	47,8	−4,5	4,0
Jul	11,2	11,0	0,2	3,0	2,8	0,95	0,17	1,00	7,21	—	−0,8	−0,2	0,3	43,7	−4,5	6,5
Aug	10,7	10,7	0,0	2,8	2,6	0,93	−0,02	1,01	11,80	—	−0,7	−0,1	0,5	51,4	−3,0	5,5
Sep	8,1	8,1	0,0	3,4	3,5	0,94	0,59	0,93	6,76	—	−0,7	0,0	0,7	55,8	−4,5	8,0
Okt	4,4	4,3	0,1	3,3	3,5	0,92	0,66	0,87	12,97	—	−1,0	0,0	0,8	55,5	−8,0	3,5
Nov	0,3	0,2	0,1	3,8	3,8	0,94	0,13	0,93	15,23	—	−0,8	0,0	0,6	52,7	−7,0	3,5
Dez	−3,0	−3,2	0,2	4,8	5,0	0,95	−0,05	0,92	16,31	—	−0,9	0,1	0,6	53,3	−9,5	5,5
mF	2,0	1,9	0,1	5,3	5,2	0,98	0,14	1,00	23,46	—	−0,8	−0,1	0,5	50,7	−5,5	4,0
mS	10,5	10,4	0,1	3,1	2,9	0,95	0,03	1,01	17,33	—	−0,8	−0,2	0,4	47,6	−4,5	6,5
mH	4,3	4,2	0,1	4,7	4,8	0,96	0,31	0,94	23,74	—	−0,8	0,0	0,7	54,7	−8,0	8,0
mW	−4,5	−4,7	0,2	5,4	5,8	0,96	−0,24	0,90	32,32	—	−0,9	0,0	0,6	52,9	−10,5	5,5
nF	0,0	−0,1	0,1	4,9	4,8	0,97	0,15	1,00	21,37	—	−0,9	−0,1	0,5	50,6	−5,5	4,0
nS	9,1	9,0	0,1	3,8	3,7	0,96	0,19	0,99	35,90	5	−0,7	−0,1	0,5	49,9	−5,0	8,0
nH	4,4	4,3	0,1	3,3	3,5	0,92	0,66	0,87	12,97	—	−1,0	0,0	0,8	55,5	−8,0	3,5
nW	−3,3	−3,5	0,2	5,5	5,7	0,96	−0,10	0,92	33,87	—	−0,9	0,0	0,6	52,8	−10,5	5,5
Jahr	3,1	3,0	0,1	7,1	7,2	0,98	0,21	0,97	59,49	5	−0,8	−0,1	0,6	51,5	−10,5	8,0

Tabelle 10.2.4.
Statistische Parameter der Tagesschwankung der Lufttemperatur
Annaberg-Buchholz, fiktive Bezugsstation, 1951/65

	Mittelwerte (°C)					Regression					HV der Differenzen Δ (K)					
	$\overline{A-B}$	$\overline{BZ}$	d	σ_{A-B}	σ_{BZ}	r	a	b	χ^2	α	Quantile			$P(\Delta \geqq 0{,}0\ K)$	Randklassen (KUG)	
										(%)	25%	50%	75%	(%)		
Jan	5,6	5,5	0,1	3,1	3,1	0,79	1,19	0,80	31,16	—	−1,1	−0,1	0,8	50,3	−9,0	11,5
Feb	6,1	6,1	0,0	3,4	3,6	0,86	1,17	0,81	27,79	—	−1,1	−0,1	0,9	49,5	−5,5	7,5
Mrz	7,5	7,1	0,4	3,5	3,7	0,86	1,73	0,81	40,29	—	−1,4	−0,4	0,6	38,9	−7,5	8,5
Apr	8,6	8,2	0,4	3,6	3,7	0,93	1,29	0,90	34,76	—	−1,4	−0,6	0,3	35,6	−5,5	6,0
Mai	9,2	8,5	0,7	3,3	3,5	0,92	1,86	0,86	38,33	—	−1,7	−0,8	0,0	27,1	−7,0	4,5
Jun	9,9	9,1	0,8	3,6	3,7	0,93	1,50	0,92	37,80	—	−1,7	−0,9	−0,1	23,6	−10,0	4,0
Jul	9,2	8,6	0,6	3,8	3,8	0,94	1,16	0,94	40,19	—	−1,6	−0,8	0,0	28,0	−6,5	3,5
Aug	9,5	8,8	0,7	3,3	3,4	0,91	1,72	0,88	37,69	—	−1,7	−0,8	0,2	31,0	−6,5	4,0
Sep	9,3	8,6	0,7	3,7	4,0	0,92	2,04	0,84	49,34	5	−1,7	−0,8	0,2	30,9	−12,0	5,0
Okt	7,8	7,4	0,4	3,7	4,0	0,88	1,65	0,83	35,81	—	−1,6	−0,6	0,4	36,8	−11,5	6,0
Nov	5,2	5,3	−0,1	3,0	2,8	0,85	0,41	0,90	11,78	—	−0,8	0,0	0,8	53,1	−6,5	6,0
Dez	5,3	5,2	0,1	2,9	2,8	0,83	0,72	0,88	21,41	—	−1,0	−0,1	0,8	49,9	−7,5	7,5
mF	8,4	7,9	0,5	3,5	3,7	0,90	1,58	0,86	62,35	1	−1,5	−0,6	0,3	33,8	−7,5	8,5
mS	9,5	8,8	0,7	3,6	3,6	0,93	1,43	0,92	62,73	1	−1,7	−0,8	0,0	27,5	−10,0	4,0
mH	7,4	7,1	0,3	3,9	3,9	0,90	1,06	0,89	37,11	—	−1,4	−0,5	0,5	40,2	−12,0	6,0
mW	5,6	5,6	0,0	3,2	3,2	0,83	1,04	0,82	36,27	—	−1,1	−0,1	0,8	49,9	−9,0	11,5
nF	8,1	7,6	0,5	3,6	3,7	0,90	1,51	0,86	52,80	1	−1,4	−0,5	0,4	37,3	−7,5	8,5
nS	9,4	8,7	0,7	3,6	3,7	0,92	1,66	0,89	94,05	1	−1,7	−0,8	0,0	28,1	−12,0	5,0
nH	7,8	7,4	0,4	3,7	4,0	0,88	1,65	0,83	35,81	—	−1,6	−0,6	0,4	36,8	−11,5	6,0
nW	5,5	5,5	0,0	3,1	3,1	0,83	0,89	0,84	28,55	—	−1,0	−0,1	0,8	50,7	−9,0	11,5
Jahr	7,8	7,4	0,4	3,8	3,8	0,90	1,06	0,91	75,25	5	−1,5	−0,5	0,4	37,8	−12,0	11,5

Tab. 10.3. Brotterode, fiktive Bezugsstation

Tabelle 10.3.1.
Statistische Parameter des Tagesmittels der Lufttemperatur
Brotterode, fiktive Bezugsstation, 1951/65

	Mittelwerte (°C)					Regression					HV der Differenzen Δ (K)					
	$\overline{Br}$	$\overline{BZ}$	d	σ_{Br}	σ_{BZ}	r	a	b	χ^2	α (%)	Quantile 25%	50%	75%	$P(\Delta \geqq 0{,}0\,K)$ (%)	Randklassen (KUG)	
Jan	−3,0	−2,3	−0,7	4,5	4,8	0,95	−0,94	0,88	31,21	—	−0,2	0,6	1,3	72,5	−5,5	6,0
Feb	−2,6	−2,5	−0,1	5,2	5,6	0,95	−0,39	0,88	30,37	—	−1,0	0,1	0,9	56,6	−8,0	4,5
Mrz	1,0	1,2	−0,2	4,6	4,6	0,94	−0,19	0,93	33,55	—	−0,7	0,1	1,1	57,2	−6,0	6,0
Apr	5,8	6,2	−0,4	4,0	4,4	0,95	0,45	0,86	22,84	—	−0,6	0,3	1,3	60,9	−3,5	4,0
Mai	9,8	10,2	−0,4	4,0	4,0	0,93	0,35	0,93	14,63	—	−0,6	0,3	1,4	61,9	−4,0	5,0
Jun	13,6	14,2	−0,6	3,4	3,6	0,92	1,29	0,86	14,70	—	−0,4	0,5	1,4	67,1	−4,5	5,0
Jul	14,8	15,4	−0,6	3,6	3,6	0,92	0,85	0,91	22,32	—	−0,2	0,5	1,5	71,8	−6,0	5,0
Aug	14,0	14,9	−0,9	2,9	3,2	0,89	1,83	0,82	31,65	5	−0,2	0,7	1,7	72,5	−4,0	6,0
Sep	11,3	12,1	−0,8	3,5	3,6	0,92	0,55	0,89	28,98	5	−0,1	0,8	1,7	75,1	−6,5	5,0
Okt	6,7	7,7	−1,0	3,2	3,3	0,89	0,13	0,86	46,00	1	−0,1	0,8	1,9	75,5	−3,5	5,5
Nov	2,2	2,8	−0,6	3,6	3,8	0,94	−0,33	0,91	22,43	—	−0,3	0,4	1,2	68,7	−5,0	5,0
Dez	−1,0	−0,5	−0,5	4,3	4,7	0,94	−0,61	0,88	25,02	—	−0,3	0,4	1,3	69,2	−8,0	5,0
mF	5,5	5,9	−0,4	5,6	5,7	0,97	−0,01	0,94	37,48	—	−0,7	0,2	1,2	59,7	−6,0	6,0
mS	14,1	14,8	−0,7	3,4	3,5	0,91	1,23	0,87	36,38	5	−0,3	0,6	1,5	70,5	−6,0	6,0
mH	6,7	7,6	−0,9	5,0	5,2	0,96	−0,28	0,93	51,88	1	−0,2	0,6	1,6	73,1	−6,5	5,5
mW	−2,2	−1,7	−0,5	4,7	5,1	0,95	−0,66	0,88	37,07	—	−0,5	0,4	1,2	66,4	−8,0	6,0
nF	3,4	3,7	−0,3	5,0	5,2	0,96	−0,03	0,92	41,27	—	−0,7	0,2	1,2	59,0	−6,0	6,0
nS	12,7	13,4	−0,7	3,9	4,1	0,94	0,66	0,90	49,87	1	−0,3	0,5	1,5	69,5	−6,5	6,0
nH	6,7	7,7	−1,0	3,2	3,3	0,89	0,13	0,86	46,00	1	−0,1	0,8	1,9	75,5	−3,5	5,5
nW	−1,1	−0,6	−0,5	4,9	5,2	0,96	−0,54	0,90	40,20	—	−0,4	0,4	1,2	67,0	−8,0	6,0
Jahr	6,1	6,7	−0,6	7,5	7,7	0,98	−0,27	0,95	70,20	5	−0,4	0,5	1,4	67,4	−8,0	6,0

Tabelle 10.3.2.
Statistische Parameter des Tagesmaximums der Lufttemperatur
Brotterode, fiktive Bezugsstation, 1951/65

	Mittelwerte (°C)					Regression					HV der Differenzen Δ (K)					
	$\overline{Br}$	$\overline{BZ}$	d	σ_{Br}	σ_{BZ}	r	a	b	χ^2	α (%)	Quantile 25%	50%	75%	$P(\Delta \geqq 0{,}0\,K)$ (%)	Randklassen (KUG)	
Jan	−0,3	0,3	−0,6	3,8	4,8	0,89	−0,52	0,72	55,07	1	−0,7	0,4	1,7	62,4	−8,5	12,5
Feb	0,8	0,7	0,1	5,0	5,6	0,92	0,20	0,83	25,25	—	−1,3	0,0	1,3	53,1	−8,0	6,0
Mrz	5,5	5,2	0,3	5,3	5,6	0,91	0,92	0,87	20,67	—	−1,8	−0,2	1,0	47,1	−8,0	10,0
Apr	10,7	10,7	0,0	5,3	5,4	0,92	1,11	0,90	22,53	—	−1,6	−0,3	1,2	45,8	−7,5	6,5
Mai	14,8	14,7	0,1	4,7	4,8	0,90	1,82	0,88	208,75	1	−1,6	−0,2	1,1	47,1	−6,5	7,5
Jun	18,6	18,9	−0,3	4,2	4,5	0,89	2,87	0,83	224,99	1	−1,2	0,1	1,2	55,1	−7,0	8,0
Jul	19,5	20,0	−0,5	4,7	4,7	0,89	1,95	0,88	191,81	1	−0,8	0,5	1,6	60,6	−10,5	6,5
Aug	19,2	19,9	−0,7	4,1	4,1	0,88	1,79	0,87	258,11	1	−0,8	0,4	1,8	60,9	−7,5	9,0
Sep	16,6	17,1	−0,5	4,6	4,7	0,89	1,55	0,88	31,92	—	−1,0	0,4	1,8	57,6	−6,5	10,0
Okt	11,2	12,0	−0,8	4,3	4,3	0,88	0,63	0,88	38,31	5	−0,6	0,6	2,1	64,7	−7,5	9,0
Nov	4,9	5,8	−0,9	3,9	4,2	0,88	0,25	0,80	40,39	5	−0,4	0,7	1,9	68,7	−6,5	9,5
Dez	1,4	2,2	−0,8	4,2	4,8	0,90	−0,33	0,78	45,61	5	−0,3	0,8	2,0	70,3	−8,0	6,0
mF	10,3	10,2	0,1	6,4	6,5	0,94	0,96	0,92	36,76	—	−1,6	−0,2	1,1	46,7	−8 0	10,0
mS	19,1	19,6	−0,5	4,4	4,5	0,89	2,23	0,91	25,98	—	−0,9	0,3	1,6	58,9	−10,5	9,0
mH	10,9	11,6	−0,7	6,4	6,4	0,95	−0,13	0,95	45,49	—	−0,6	0,6	1,9	63,7	−7,5	10,0
mW	0,6	1,1	−0,5	4,4	5,1	0,90	−0,22	0,78	71,18	1	−0,7	0,4	1,7	62,2	−8,5	12,5
nF	8,1	7,9	0,2	5,9	6,1	0,93	0,94	0,90	28,10	—	−1,5	−0,2	1,1	46,4	−8,0	10,0
nS	17,7	18,1	−0,4	4,8	5,0	0,91	1,90	0,87	46,86	5	−1,1	0,2	1,6	56,3	−10,5	10,0
nH	11,2	12,0	−0,8	4,3	4,3	0,88	0,63	0,88	38,31	5	−0,6	0,6	2,1	64,7	−7,5	9,0
nW	1,7	2,3	−0,6	4,7	5,3	0,91	−0,12	0,80	81,02	1	−0,7	0,5	1,7	63,8	−8,5	12,5
Jahr	10,3	10,7	−0,4	8,5	8,7	0,97	0,13	0,95	76,38	5	−0,9	0,3	1,6	57,8	−10,5	12,5

Tabelle 10.3.3.
Statistische Parameter des Tagesminimums der Lufttemperatur
Brotterode, fiktive Bezugsstation, 1951/65

	Mittelwerte (°C)					Regression					HV der Differenzen Δ (K)					
	$\overline{Br}$	$\overline{BZ}$	d	σ_{Br}	σ_{BZ}	r	a	b	χ^2	α (%)	Quantile 25%	50%	75%	$P(\Delta \geqq 0{,}0\,K)$ (%)	Randklassen (KUG)	
Jan	−5,8	−5,2	−0,6	5,5	5,4	0,90	−1,07	0,92	43,30	—	−0,6	0,5	1,6	65,4	−7,5	11,0
Feb	−6,1	−5,5	−0,6	6,3	6,5	0,90	−1,32	0,88	40,71	—	−0,9	0,5	1,8	62,5	−11,5	12,0
Mrz	−3,2	−2,0	−1,2	5,2	4,6	0,87	−1,28	0,97	33,83	—	−0,4	0,8	2,2	69,9	−7,0	11,0
Apr	1,2	2,3	−1,1	3,5	3,7	0,86	−0,75	0,82	38,45	5	−0,2	0,8	2,1	73,6	−4,5	10,0
Mai	4,3	6,0	−1,7	3,7	3,5	0,83	−0,93	0,88	61,67	1	0,3	1,4	2,8	81,5	−5,5	11,5
Jun	7,8	9,6	−1,8	3,2	3,1	0,80	−0,23	0,84	70,85	1	0,4	1,5	2,9	81,3	−4,0	7,5
Jul	9,5	11,3	−1,8	3,3	2,8	0,79	−0,79	0,91	83,01	1	0,4	1,6	3,2	83,0	−4,5	8,0
Aug	8,7	10,9	−2,2	3,0	2,6	0,74	−0,56	0,85	114,10	1	0,6	1,9	3,4	86,9	−3,5	8,0
Sep	6,3	8,3	−2,0	3,8	3,5	0,83	−1,16	0,90	76,19	1	0,5	1,7	3,2	84,7	−4,5	9,0
Okt	2,6	4,4	−1,8	3,7	3,5	0,79	−1,18	0,85	58,63	1	0,1	1,6	3,2	79,1	−5,5	9,0
Nov	−0,5	0,4	−0,9	4,1	3,8	0,87	−0,94	0,94	42,61	5	−0,2	0,8	2,0	72,9	−5,5	10,0
Dez	−3,7	−3,0	−0,7	5,1	5,0	0,91	−0,93	0,92	21,18	—	−0,6	0,4	1,5	64,5	−12,0	7,5
mF	0,7	2,1	−1,4	5,2	5,2	0,91	−1,18	0,92	78,07	1	−0,1	1,0	2,4	75,0	−7,0	11,5
mS	8,7	10,6	−1,9	3,2	2,9	0,79	−0,52	0,87	231,42	1	0,4	1,6	3,2	83,8	−4,5	8,0
mH	2,8	4,4	−1,6	4,8	4,8	0,89	−1,10	0,88	99,73	1	0,1	1,3	2,8	78,9	−5,5	10,0
mW	−5,2	−4,5	−0,7	5,7	5,8	0,90	−1,09	0,90	53,41	5	−0,7	0,5	1,7	64,2	−12,0	12,0
nF	−1,1	0,1	−1,2	5,0	4,8	0,89	−1,19	0,93	50,10	5	−0,2	0,8	2,1	71,7	−7,0	11,0
nS	7,3	9,2	−1,9	3,9	3,7	0,85	−0,94	0,90	257,60	1	0,4	1,6	3,1	83,5	−5,5	11,5
nH	2,6	4,4	−1,8	3,7	3,5	0,79	−1,18	0,85	58,63	1	0,1	1,6	3,2	79,1	−5,5	9,0
nW	−4,0	−3,3	−0,7	5,8	5,8	0,91	−1,02	0,91	69,62	1	−0,6	0,5	1,8	66,4	−12,0	12,0
Jahr	1,8	3,2	−1,4	6,9	7,2	0,95	−1,09	0,91	216,37	1	−0,1	1,1	2,6	75,5	−12,0	12,0

Tabelle 10.3.4.
Statistische Parameter der Tagesschwankung der Lufttemperatur
Brotterode, fiktive Bezugsstation, 1951/65

	Mittelwerte (°C)					Regression					HV der Differenzen Δ (K)					
	$\overline{Br}$	$\overline{BZ}$	d	σ_{Br}	σ_{BZ}	r	a	b	χ^2	α (%)	Quantile 25%	50%	75%	$P(\Delta \geqq 0{,}0\,K)$ (%)	Randklassen (KUG)	
Jan	5,6	5,5	0,1	3,6	3,1	0,61	1,59	0,72	44,65	—	−1,6	0,1	1,6	54,0	−11,5	9,5
Feb	6,9	6,2	0,7	4,1	3,6	0,64	2,34	0,74	42,23	—	−2,6	−0,4	1,2	44,8	−13,0	8,0
Mrz	8,7	7,3	1,4	4,9	3,7	0,67	2,33	0,88	71,63	5	−3,5	−1,1	0,8	34,0	−15,0	9,0
Apr	9,6	8,4	1,2	4,4	3,7	0,78	1,89	0,92	64,80	5	−3,0	−1,4	0,5	32,2	−14,5	7,5
Mai	10,4	8,7	1,7	4,2	3,5	0,73	2,80	0,88	93,23	1	−3,8	−1,8	−0,1	25,2	−10,0	6,5
Jun	10,7	9,3	1,4	4,3	3,7	0,75	2,52	0,89	96,16	1	−3,5	−1,7	0,2	29,3	−11,0	7,0
Jul	10,1	8,7	1,4	4,3	3,8	0,73	2,79	0,84	70,48	1	−3,3	−1,4	0,6	35,7	−14,5	9,0
Aug	10,5	9,1	1,4	4,3	3,4	0,73	2,12	0,93	67,97	1	−3,6	−1,4	0,3	31,2	−12,5	8,5
Sep	10,3	8,8	1,5	5,1	4,0	0,79	1,45	1,00	94,14	1	−3,8	−1,2	0,7	35,1	−10,0	7,5
Okt	8,6	7,6	1,0	4,8	4,0	0,74	1,87	0,89	79,88	1	−3,2	−1,0	0,9	38,7	−12,5	9,0
Nov	5,4	5,4	0,0	3,3	2,8	0,57	1,92	0,66	53,29	—	−1,6	0,0	1,5	51,3	−10,0	8,5
Dez	5,1	5,3	−0,2	3,2	2,8	0,57	1,65	0,66	37,74	—	−1,3	0,2	1,6	57,0	−13,0	12,0
mF	9,6	8,1	1,5	4,6	3,7	0,73	2,30	0,90	175,98	1	−3,4	−1,5	0,5	30,4	−15,0	9,0
mS	10,4	9,0	1,4	4,3	3,6	0,74	2,50	0,88	176,50	1	−3,5	−1,5	0,4	32,1	−14,5	9,0
mH	8,1	7,3	0,8	4,9	3,9	0,77	1,18	0,95	134,12	1	−3,0	−0,7	0,8	41,7	−12,5	9,0
mW	5,8	5,7	0,1	3,7	3,2	0,62	1,72	0,73	62,13	5	−1,7	0,0	1,5	52,1	−13,0	12,0
nF	9,1	7,8	1,3	4,6	3,7	0,72	2,15	0,90	119,15	1	−3,2	−1,2	0,7	33,1	−15,0	9,0
nS	10,4	8,9	1,5	4,5	3,7	0,75	2,32	0,91	295,45	1	−3,6	−1,6	0,4	31,3	−14,5	9,0
nH	8,6	7,6	1,0	4,8	4,0	0,74	1,87	0,89	79,88	1	−3,2	−1,0	0,9	38,7	−12,5	9,0
nW	5,7	5,6	0,1	3,6	3,1	0,61	1,75	0,71	79,33	1	−1,7	−0,1	1,5	51,9	−13,0	12,0
Jahr	8,5	7,5	1,0	4,7	3,8	0,75	1,49	0,93	408,55	1	−3,1	−0,8	0,9	39,0	−15,0	12,0

Tab. 10.4. Elgersburg, fiktive Bezugsstation

Tabelle 10.4.1
Statistische Parameter des Tagesmittels der Lufttemperatur
Elgersburg, fiktive Bezugsstation, 1951/65

	Mittelwerte (°C)					Regression					HV der Differenzen Δ (K)					
	$\overline{E}$	$\overline{BZ}$	d	σ_E	σ_{BZ}	r	a	b	χ^2	α (%)	Quantile 25%	50%	75%	P (Δ ≧ 0,0 K) (%)	Randklassen (KUG)	
Jan	−1,8	−2,1	0,3	4,8	4,8	0,95	0,21	0,96	22,58	—	−1,2	−0,3	0,5	43,4	−6,0	6,5
Feb	−1,5	−2,3	0,8	5,6	5,6	0,96	0,71	0,97	34,18	—	−1,6	−0,7	0,1	32,8	−7,5	4,5
Mrz	2,2	1,4	0,8	5,0	4,6	0,95	0,77	1,02	24,55	—	−1,8	−0,8	0,2	34,0	−6,5	4,0
Apr	6,8	6,5	0,3	4,4	4,4	0,96	0,67	0,95	23,08	—	−1,3	−0,5	0,4	36,7	−5,5	3,5
Mai	10,7	10,5	0,2	3,9	4,0	0,95	0,90	0,93	13,07	—	−1,1	−0,3	0,5	44,9	−4,5	3,5
Jun	14,4	14,5	−0,1	3,5	3,6	0,95	1,39	0,90	8,23	—	−0,9	−0,1	0,7	51,1	−4,0	3,5
Jul	15,9	15,6	0,3	3,7	3,6	0,95	0,90	0,96	12,92	—	−1,1	−0,4	0,3	39,1	−4,5	4,0
Aug	15,4	15,1	0,3	3,2	3,2	0,93	1,15	0,94	28,05	—	−0,6	−0,3	0,4	40,9	−3,5	4,5
Sep	12,7	12,3	0,4	3,8	3,6	0,94	0,69	0,98	14,88	—	−1,2	−0,4	0,3	36,4	−6,0	4,0
Okt	8,2	7,9	0,3	3,5	3,3	0,91	0,73	0,94	19,75	—	−1,1	−0,4	0,6	40,2	−6,5	4,0
Nov	3,4	3,0	0,4	3,8	3,8	0,93	0,50	0,95	27,52	—	−1,2	−0,4	0,4	38,2	−8,0	4,5
Dez	0,2	−0,3	0,5	4,7	4,7	0,95	0,43	0,95	22,37	—	−1,3	−0,4	0,3	37,6	−7,0	3,5
mF	6,6	6,1	0,5	5,6	5,7	0,97	0,72	0,96	20,11	—	−1,4	−0,5	0,4	38,6	−6,5	4,0
mS	15,3	15,1	0,2	3,5	3,5	0,94	1,06	0,94	20,54	—	−1,0	−0,3	0,5	43,6	−4,5	4,5
mH	8,1	7,8	0,3	5,3	5,2	0,97	0,48	0,98	34,15	—	−1,2	−0,4	0,4	38,3	−8,0	4,5
mW	−1,1	−1,6	0,5	5,1	5,1	0,96	0,44	0,96	40,79	—	−1,4	−0,4	0,3	38,1	−7,0	6,5
nF	4,5	3,9	0,6	5,2	5,2	0,96	0,70	0,97	26,24	—	−1,5	−0,6	0,3	35,3	−6,5	4,0
nS	13,8	13,6	0,2	4,1	4,1	0,96	0,87	0,95	26,23	—	−1,1	−0,3	0,5	42,5	−6,0	4,5
nH	8,2	7,9	0,3	3,5	3,3	0,91	0,73	0,94	19,75	—	−1,1	−0,4	0,6	40,2	−6,5	4,0
nW	0,1	−0,4	0,5	5,2	5,2	0,96	0,45	0,96	50,06	—	−1,3	−0,4	0,3	38,1	−8,0	6,5
Jahr	7,3	6,9	0,4	7,6	7,7	0,98	0,55	0,97	55,43	—	−1,2	−0,4	0,4	39,7	−8,0	6,5

Tabelle 10.4.2.
Statistische Parameter des Tagesmaximums der Lufttemperatur
Elgersburg, fiktive Bezugsstation, 1951/65

	Mittelwerte (°C)					Regression					HV der Differenzen Δ (K)					
	$\overline{E}$	$\overline{BZ}$	d	σ_E	σ_{BZ}	r	a	b	χ^2	α (%)	Quantile 25%	50%	75%	P (Δ ≧ 0,0 K) (%)	Randklassen (KUG)	
Jan	0,7	0,5	0,2	4,6	4,8	0,92	0,26	0,89	22,95	—	−1,4	−0,2	0,8	48,0	−8,0	6,0
Feb	1,7	0,9	0,8	5,7	5,6	0,93	0,79	0,95	29,56	—	−2,0	−0,8	0,6	34,7	−9,0	4,5
Mrz	6,2	5,5	0,7	5,8	5,6	0,93	0,88	0,97	46,27	5	−2,0	−0,8	0,4	35,9	−8,5	9,5
Apr	11,5	11,0	0,5	5,6	5,4	0,94	0,81	0,97	33,33	—	−1,9	−0,7	0,4	35,1	−6,0	6,0
Mai	15,6	15,0	0,6	4,8	4,8	0,92	1,58	0,93	31,06	—	−1,9	−0,8	0,4	34,8	−6,5	7,0
Jun	19,4	19,2	0,2	4,4	4,5	0,93	1,98	0,91	25,66	—	−1,5	−0,6	0,5	38,0	−6,5	6,0
Jul	20,7	20,3	0,4	4,7	4,7	0,92	2,02	0,92	26,20	—	−1,5	−0,4	0,8	43,4	−10,5	6,0
Aug	20,4	20,2	0,2	4,2	4,1	0,92	1,67	0,92	17,94	—	−1,4	−0,4	0,7	42,8	−5,0	6,5
Sep	17,7	17,4	0,3	4,8	4,7	0,93	1,45	0,94	18,97	—	−1,6	−0,5	0,6	40,2	−6,5	7,0
Okt	12,5	12,3	0,2	4,6	4,3	0,90	0,71	0,96	22,08	—	−1,5	−0,3	0,9	45,2	−9,5	7,5
Nov	6,0	6,0	0,0	4,2	4,2	0,89	0,73	0,88	18,44	—	−1,3	−0,1	0,9	50,0	−8,0	7,0
Dez	2,6	2,4	0,2	4,7	4,8	0,92	0,43	0,90	28,65	—	−1,3	−0,1	0,9	50,8	−7,5	5,0
mF	11,1	10,5	0,6	6,6	6,6	0,96	0,93	0,97	46,94	—	−1,9	−0,8	0,4	45,3	−8,5	9,5
mS	20,2	19,9	0,3	4,5	4,5	0,92	1,88	0,92	24,05	—	−1,5	−0,4	0,7	41,4	−10,5	6,5
mH	12,1	11,9	0,2	6,6	6,4	0,96	0,42	0,98	27,08	—	−1,5	−0,3	0,8	49,1	−9,5	7,5
mW	1,7	1,3	0,4	5,0	5,1	0,93	0,48	0,92	38,44	—	−1,5	−0,3	0,8	44,8	−9,0	6,0
nF	8,8	8,2	0,6	6,3	6,1	0,95	0,86	0,97	49,75	5	−1,9	−0,7	0,4	35,5	−8,5	9,5
nS	18,8	18,4	0,4	5,0	5,0	0,93	1,67	0,93	41,79	—	−1,6	−0,5	0,6	39,9	−10,5	7,0
nH	12,5	12,3	0,2	4,6	4,3	0,90	0,71	0,96	22,08	—	−1,5	−0,3	0,9	45,2	−9,5	7,5
nW	2,8	2,5	0,3	5,2	5,3	0,93	0,50	0,91	42,09	—	−1,4	−0,3	0,8	46,1	−9,0	7,0
Jahr	11,3	11,0	0,3	8,7	8,7	0,98	0,61	0,98	74,34	5	−1,6	−0,4	0,7	41,6	−10,5	9,5

Tabelle 10.4.3.
Statistische Parameter des Tagesminimums der Lufttemperatur
Elgersburg, fiktive Bezugsstation, 1951/65

	Mittelwerte (°C)					Regression					HV der Differenzen Δ (K)					
	$\overline{E}$	$\overline{BZ}$	d	σ_E	σ_{BZ}	r	a	b	χ^2	α (%)	Quantile 25%	50%	75%	$P(\Delta \geqq 0{,}0\,K)$ (%)	Randklassen (KUG)	
Jan	−4,2	−5,1	0,9	5,2	5,4	0,94	0,34	0,90	31,42	—	−1,9	−0,7	0,1	31,6	−8,5	5,0
Feb	−4,3	−5,3	1,0	6,1	6,5	0,95	0,46	0,90	40,56	—	−2,1	−0,8	0,2	31,4	−9,0	5,5
Mrz	−1,2	−1,9	0,7	4,9	4,6	0,91	0,57	0,96	42,44	5	−1,8	−0,6	0,5	38,3	−7,5	5,5
Apr	2,9	2,5	0,4	3,8	3,7	0,91	0,57	0,93	21,28	—	−1,5	−0,5	0,5	40,2	−6,5	8,5
Mai	6,3	6,2	0,1	3,6	3,5	0,90	0,64	0,92	13,98	—	−1,0	−0,1	0,8	50,1	−7,0	3,5
Jun	10,0	9,7	0,3	3,1	3,1	0,88	1,34	0,88	19,17	—	−1,2	−0,2	0,8	48,2	−6,0	3,5
Jul	11,9	11,4	0,5	2,9	2,8	0,88	1,44	0,91	16,26	—	−1,5	−0,5	0,4	37,4	−6,0	3,5
Aug	11,5	11,0	0,5	2,7	2,6	0,86	1,68	0,89	16,42	—	−1,5	−0,5	0,4	40,0	−5,0	3,5
Sep	8,8	8,4	0,4	3,5	3,5	0,89	1,27	0,90	17,04	—	−1,5	−0,6	0,5	38,7	−6,0	6,0
Okt	5,0	4,5	0,5	3,4	3,5	0,84	1,25	0,82	18,13	—	−1,8	−0,5	0,6	41,3	−8,0	5,5
Nov	0,9	0,6	0,3	3,9	3,8	0,89	0,40	0,91	21,30	—	−1,5	−0,4	0,5	42,4	−6,5	6,5
Dez	−2,1	−2,9	0,8	4,9	5,0	0,93	0,50	0,92	33,18	—	−1,8	−0,6	0,2	32,9	−9,5	6,5
mF	2,7	2,3	0,4	5,2	5,2	0,94	0,54	0,94	38,92	—	−1,4	−0,4	0,6	42,9	−7,5	8,5
mS	11,1	10,7	0,4	3,0	2,9	0,88	1,34	0,91	39,58	5	−1,4	−0,4	1,0	41,8	−6,0	3,5
mH	4,9	4,5	0,4	4,8	4,8	0,93	0,69	0,94	34,46	—	−1,6	−0,5	0,6	40,8	−8,0	6,5
mW	−3,5	−4,4	0,9	5,5	5,8	0,94	0,44	0,90	54,75	5	−1,9	−0,7	0,2	32,0	−9,5	6,5
nF	0,8	0,3	0,5	4,8	4,8	0,93	0,54	0,94	37,70	—	−1,5	−0,5	0,5	39,2	−7,5	8,5
nS	9,7	9,3	0,4	3,8	3,7	0,92	0,87	0,94	42,83	5	−1,4	−0,4	0,6	42,9	−7,0	6,0
nH	5,0	4,5	0,5	3,4	3,5	0,84	1,25	0,82	18,13	—	−1,8	−0,5	0,6	41,3	−8,0	5,5
nW	−2,4	−3,1	0,7	5,5	5,8	0,94	0,43	0,90	60,04	1	−1,8	−0,6	0,2	34,6	−9,5	6,5
Jahr	3,8	3,3	0,5	7,0	7,2	0,97	0,68	0,95	80,75	1	−1,5	−0,5	0,5	39,4	−9,5	8,5

Tabelle 10.4.4.
Statistische Parameter der Tagesschwankung der Lufttemperatur
Elgersburg, fiktive Bezugsstation, 1951/65

	Mittelwerte (°C)					Regression					HV der Differenzen Δ (K)					
	$\overline{E}$	$\overline{BZ}$	d	σ_E	σ_{BZ}	r	a	b	χ^2	α (%)	Quantile 25%	50%	75%	$P(\Delta \geqq 0{,}0\,K)$ (%)	Randklassen (KUG)	
Jan	5,0	5,6	−0,6	3,1	3,1	0,75	0,83	0,74	46,10	—	−0,7	0,5	1,9	63,2	−8,0	8,0
Feb	6,0	6,3	−0,3	3,4	3,6	0,76	1,53	0,71	28,00	—	−1,2	0,2	1,5	56,1	−9,0	7,5
Mrz	7,4	7,4	0,0	3,9	3,7	0,74	1,68	0,78	57,72	5	−1,7	−0,1	1,4	50,3	−10,0	9,5
Apr	8,6	8,5	0,1	3,9	3,7	0,81	1,32	0,86	44,78	—	−1,5	−0,3	1,3	46,4	−11,5	7,0
Mai	9,3	8,8	0,5	3,6	3,5	0,78	2,25	0,79	34,97	—	−2,1	−0,6	1,0	41,9	−6,5	7,5
Jun	9,5	9,4	0,1	3,6	3,7	0,82	2,04	0,79	41,75	—	−1,6	−0,2	1,2	48,7	−7,5	6,0
Jul	8,8	8,9	−0,1	3,4	3,8	0,80	2,40	0,72	42,86	—	−1,3	0,1	1,4	54,8	−11,5	6,5
Aug	8,9	9,2	−0,3	3,1	3,4	0,79	2,23	0,72	40,76	—	−1,3	0,2	1,7	57,0	−5,5	6,5
Sep	8,9	9,0	−0,1	4,1	4,0	0,84	1,17	0,86	39,10	—	−1,5	0,0	1,5	52,4	−7,5	8,5
Okt	7,5	7,8	−0,3	4,0	4,0	0,76	1,54	0,77	37,37	—	−1,4	0,2	1,8	55,7	−10,0	8,5
Nov	5,1	5,4	−0,3	3,0	2,8	0,63	1,46	0,67	43,34	—	−1,1	0,3	1,8	57,3	−11,0	9,0
Dez	4,7	5,3	−0,6	2,7	2,8	0,69	1,25	0,66	45,86	5	−0,7	0,5	1,7	63,7	−8,0	9,5
mF	8,4	8,2	0,2	3,9	3,7	0,78	1,67	0,82	50,65	—	−1,8	−0,3	1,2	46,2	−11,5	9,5
mS	9,0	9,2	−0,2	3,4	3,6	0,80	2,21	0,75	48,10	—	−1,4	0,1	1,4	53,6	−11,5	6,5
mH	7,2	7,4	−0,2	4,1	4,0	0,80	1,08	0,82	50,08	—	−1,3	0,2	1,7	55,2	−11,0	9,0
mW	5,2	5,7	−0,5	3,1	3,2	0,74	1,12	0,72	50,64	—	−0,9	0,4	1,7	61,2	−9,0	9,5
nF	8,0	7,9	0,1	4,0	3,8	0,78	1,49	0,82	57,28	—	−1,6	−0,2	1,3	48,4	−11,5	9,5
nS	9,1	9,1	0,0	3,6	3,7	0,81	1,99	0,78	45,70	—	−1,6	−0,1	1,3	51,0	−11,5	8,5
nH	7,5	7,8	−0,3	4,0	4,0	0,76	1,54	0,77	37,37	—	−1,4	0,2	1,8	55,7	−10,0	8,5
nW	5,2	5,8	−0,6	3,1	3,1	0,72	1,20	0,71	46,18	—	−0,9	0,4	1,7	60,2	−11,0	9,5
Jahr	7,5	7,6	−0,1	3,9	3,8	0,81	1,20	0,82	62,08	5	−1,3	0,1	1,5	54,0	−11,5	9,5

Tab. 10.5. Kaltennordheim, fiktive Bezugsstation

Tabelle 10.5.1.
Statistische Parameter des Tagesmittels der Lufttemperatur
Kaltennordheim, fiktive Bezugsstation, 1951/65

	Mittelwerte (°C)					Regression					HV der Differenzen Δ (K)					
	$\overline{K}$	$\overline{BZ}$	d	σ_K	σ_{BZ}	r	a	b	χ^2	α	Quantile			P (Δ ≧ 0,0 K)	Randklassen (KUG)	
										(%)	25%	50%	75%	(%)		
Jan	−2,8	−2,2	−0,6	4,7	4,9	0,93	−0,76	0,89	22,69	—	−0,6	0,3	1,4	63,6	−6,0	7,0
Feb	−2,1	−2,2	−0,1	5,2	5,6	0,96	−0,12	0,89	18,93	—	−1,2	−0,2	0,7	46,9	−8,0	5,5
Mrz	1,9	1,6	0,3	4,4	4,7	0,95	0,42	0,90	25,30	—	−1,2	−0,4	0,5	40,4	−6,0	4,5
Apr	6,7	6,7	0,0	4,0	4,4	0,95	0,97	0,85	18,90	—	−1,1	−0,2	0,8	46,9	−5,5	4,0
Mai	10,6	10,7	−0,1	3,8	4,0	0,94	0,97	0,90	14,31	—	−0,9	−0,1	0,9	50,8	−4,0	4,5
Jun	14,2	14,7	−0,5	3,3	3,6	0,93	1,78	0,84	17,66	—	−0,6	0,3	1,3	62,9	−4,0	5,5
Jul	15,5	15,8	−0,3	3,5	3,6	0,92	1,52	0,88	12,83	—	−0,7	0,2	1,1	61,9	−5,0	6,0
Aug	14,6	15,3	−0,7	2,9	3,2	0,92	1,60	0,85	18,74	—	−0,3	0,6	1,5	69,9	−3,0	6,0
Sep	11,9	12,5	−0,6	3,3	3,6	0,93	1,42	0,84	27,67	—	−0,5	0,4	1,3	64,7	−3,5	4,5
Okt	7,3	8,1	−0,8	3,1	3,3	0,91	0,43	0,85	25,64	—	−0,3	0,5	1,6	69,0	−4,5	5,0
Nov	2,6	3,2	−0,6	3,6	3,8	0,92	−0,15	0,87	35,16	5	−0,5	0,3	1,3	62,4	−4,5	6,0
Dez	−0,7	−0,1	−0,6	4,4	4,7	0,92	−0,57	0,88	24,10	—	−0,5	0,3	1,3	62,6	−6,0	6,0
mF	6,4	6,3	0,1	5,4	5,7	0,97	0,58	0,92	24,58	—	−1,1	−0,2	0,7	46,0	−6,0	4,5
mS	14,8	15,3	−0,5	3,3	3,5	0,92	1,55	0,87	29,48	—	−0,5	0,4	1,3	64,9	−5,0	6,0
mH	7,3	7,9	−0,6	5,0	5,2	0,96	−0,09	0,93	49,78	5	−0,4	0,4	1,4	65,4	−4,5	6,5
mW	−1,8	−1,5	−0,3	4,8	5,1	0,94	−0,50	0,88	31,83	—	−0,7	0,1	1,1	57,9	−8,0	7,0
nF	4,2	4,1	0,1	4,8	5,2	0,96	0,56	0,90	21,08	—	−1,1	−0,3	0,7	43,6	−6,0	4,5
nS	13,4	13,8	−0,4	3,8	4,1	0,94	1,17	0,88	46,02	5	−0,6	0,3	1,2	62,0	−5,0	6,0
nH	7,3	8,1	−0,8	3,1	3,3	0,91	0,43	0,85	25,64	—	−0,3	0,5	1,6	69,0	−4,5	5,0
nW	−0,7	−0,3	−0,4	4,9	5,2	0,95	−0,42	0,89	40,76	—	−0,7	0,2	1,1	59,1	−8,0	7,0
Jahr	6,7	7,1	−0,4	7,5	7,7	0,98	−0,02	0,95	56,85	—	−0,7	0,2	1,2	58,6	−8,0	7,0

Tabelle 10.5.2.
Statistische Parameter des Tagesmaximums der Lufttemperatur
Kaltennordheim, fiktive Bezugsstation, 1951/65

	Mittelwerte (°C)					Regression					HV der Differenzen Δ (K)					
	$\overline{K}$	$\overline{BZ}$	d	σ_K	σ_{BZ}	r	a	b	χ^2	α	Quantile			P (Δ ≧ 0,0 K)	Randklassen (KUG)	
										(%)	25%	50%	75%	(%)		
Jan	−0,2	0,5	−0,7	4,3	4,9	0,85	−0,64	0,75	28,49	—	−0,6	0,2	1,6	59,2	−6,5	12,5
Feb	1,0	1,1	−0,1	4,9	5,6	0,92	0,09	0,81	42,00	—	−1,3	−0,1	1,2	49,8	−6,5	10,5
Mrz	6,1	5,7	0,4	5,3	5,6	0,91	1,09	0,87	19,43	—	−1,7	−0,4	0,8	41,1	−9,0	8,0
Apr	11,5	11,3	0,2	5,1	5,4	0,93	1,62	0,88	42,76	5	−1,6	−0,4	0,9	45,3	−6,5	6,0
Mai	15,4	15,3	0,1	4,6	4,8	0,90	2,35	0,85	19,76	—	−1,4	−0,3	1,0	46,5	−7,0	6,5
Jun	19,1	19,4	−0,3	4,1	4,5	0,89	3,37	0,81	27,64	—	−1,1	0,1	1,4	54,7	−6,5	8,0
Jul	20,3	20,6	−0,3	4,5	4,7	0,89	3,12	0,84	15,89	—	−1,2	0,3	1,5	57,6	−10,5	8,0
Aug	19,8	20,5	−0,7	3,9	4,1	0,89	2,46	0,85	19,76	—	−0,7	0,5	1,8	63,7	−4,5	9,0
Sep	16,9	17,6	−0,7	4,3	4,7	0,90	2,49	0,82	37,89	5	−0,9	0,4	1,8	60,2	−4,5	9,5
Okt	11,5	12,5	−1,0	4,0	4,3	0,84	1,79	0,78	27,98	—	−0,6	0,7	2,2	65,6	−6,0	11,0
Nov	4,9	6,2	−1,3	3,7	4,2	0,83	0,43	0,73	52,75	1	−0,4	0,6	2,0	67,6	−5,0	12,0
Dez	1,6	2,6	−1,0	4,3	4,8	0,86	−0,45	0,78	43,58	5	−0,5	0,6	1,8	65,2	−6,0	10,0
mF	11,0	10,7	0,3	6,3	6,6	0,95	1,24	0,91	27,56	—	−1,6	−0,3	0,9	44,6	−9,0	8,0
mS	19,7	20,2	−0,5	4,2	4,5	0,89	2,98	0,83	28,66	—	−0,9	0,3	1,6	58,7	−10,5	9,0
mH	11,1	12,1	−1,0	6,3	6,4	0,94	−0,01	0,92	58,35	5	−0,6	0,6	2,0	64,5	−6,0	12,0
mW	0,8	1,4	−0,6	4,6	5,4	0,88	−0,34	0,78	60,14	1	−0,8	0,2	1,6	58,3	−6,5	12,5
nF	8,7	8,4	0,3	5,9	6,2	0,94	1,18	0,89	34,10	—	−1,7	−0,4	0,9	43,6	−9,0	8,0
nS	18,3	18,7	−0,4	4,7	5,0	0,91	2,48	0,85	43,32	—	−1,0	0,2	1,5	56,5	−10,5	9,5
nH	11,5	12,5	−1,0	4,0	4,3	0,84	1,79	0,78	27,98	—	−0,6	0,7	2,2	65,6	−6,0	11,0
nW	1,8	2,6	−0,8	4,7	5,3	0,89	−0,24	0,79	80,73	1	−0,7	0,3	1,7	60,6	−6,5	12,5
Jahr	10,8	11,2	−0,4	8,6	8,8	0,97	0,10	0,95	67,92	—	−1,0	0,2	1,5	56,5	−10,5	12,5

Tabelle 10.5.3.
Statistische Parameter des Tagesminimums der Lufttemperatur
Kaltennordheim, fiktive Bezugsstation, 1951/65

	Mittelwerte (°C)					Regression					HV der Differenzen Δ (K)					
	$\overline{K}$	$\overline{BZ}$	d	σ_K	σ_{BZ}	r	a	b	χ^2	α (%)	Quantile 25%	50%	75%	$P(\Delta \geqq 0{,}0\,K)$ (%)	Randklassen (KUG)	
Jan	−5,4	−5,2	−0,2	5,6	5,5	0,90	−0,62	0,91	15,88	—	−1,1	0,0	1,3	53,2	−17,5	9,0
Feb	−5,2	−5,2	0,0	6,3	6,5	0,93	−0,53	0,90	38,14	—	−1,4	−0,1	1,0	49,8	−8,5	9,5
Mrz	−1,9	−1,8	−0,1	4,8	4,6	0,89	−0,27	0,92	15,71	—	−1,1	−0,1	1,2	49,9	−8,5	9,0
Apr	2,1	2,6	−0,5	3,6	3,7	0,87	−0,12	0,83	28,39	—	−0,6	0,3	1,6	60,9	−5,5	7,5
Mai	5,2	6,3	−1,1	3,6	3,5	0,86	−0,33	0,89	29,87	—	−0,3	0,8	2,1	70,5	−4,5	7,5
Jun	8,8	9,9	−1,1	3,2	3,1	0,86	0,02	0,89	38,01	1	−0,1	0,9	2,0	75,1	−4,5	7,5
Jul	10,6	11,6	−1,0	3,0	2,8	0,85	0,17	0,91	34,81	5	−0,3	0,7	1,9	70,5	−3,5	5,0
Aug	10,0	11,1	−1,1	2,9	2,6	0,81	−0,05	0,90	44,97	1	−0,2	0,9	2,0	73,5	−4,0	7,0
Sep	7,5	8,5	−1,0	3,4	3,5	0,86	0,23	0,85	32,35	5	−0,3	0,7	2,0	70,2	−5,0	7,0
Okt	3,5	4,6	−1,1	3,7	3,5	0,85	−0,73	0,91	40,09	1	−0,3	0,8	2,1	71,6	−6,0	9,5
Nov	0,2	0,7	−0,5	3,9	3,8	0,87	−0,44	0,90	33,42	—	−0,6	0,3	1,5	63,3	−6,0	9,5
Dez	−3,1	−2,7	−0,4	4,9	5,0	0,91	−0,65	0,88	44,98	5	−0,9	0,1	1,3	56,6	−10,5	7,5
mF	1,8	2,4	−0,6	5,0	5,2	0,92	−0,31	0,88	40,52	—	−0,7	0,3	1,6	60,4	−8,5	9,0
mS	9,8	10,9	−1,1	3,1	2,9	0,85	−0,05	0,91	94,20	1	−0,2	0,8	1,9	73,0	−4,5	7,5
mH	3,7	4,6	−0,9	4,7	4,8	0,92	−0,47	0,91	46,97	5	−0,4	0,6	1,9	68,4	−6,0	9,5
mW	−4,5	−4,3	−0,2	5,7	5,8	0,92	−0,61	0,90	35,47	—	−1,1	0,0	1,2	53,3	−17,5	9,5
nF	0,1	0,4	−0,3	4,6	4,8	0,91	−0,30	0,88	30,26	—	−0,9	0,1	1,3	55,3	−8,5	9,0
nS	8,4	9,5	−1,1	3,8	3,7	0,89	−0,26	0,92	100,38	1	−0,3	0,8	2,0	72,0	−5,0	7,5
nH	3,5	4,6	−1,1	3,7	3,5	0,85	−0,73	0,91	40,09	1	−0,3	0,8	2,1	71,6	−6,0	9,5
nW	−3,3	−3,1	−0,2	5,7	5,8	0,92	−0,55	0,90	50,87	—	−1,0	0,1	1,3	55,8	−17,5	9,5
Jahr	2,8	3,5	−0,7	6,9	7,2	0,96	−0,41	0,92	104,75	1	−0,5	0,5	1,7	63,9	−17,5	9,5

Tabelle 10.5.4.
Statistische Parameter der Tagesschwankung der Lufttemperatur
Kaltennordheim, fiktive Bezugsstation, 1951/65

	Mittelwerte (°C)					Regression					HV der Differenzen Δ (K)					
	$\overline{K}$	$\overline{BZ}$	d	σ_K	σ_{BZ}	r	a	b	χ^2	α (%)	Quantile 25%	50%	75%	$P(\Delta \geqq 0{,}0\,K)$ (%)	Randklassen (KUG)	
Jan	5,2	5,7	−0,5	3,0	3,1	0,51	2,38	0,49	53,03	1	−1,1	0,3	1,8	58,5	−8,5	13,0
Feb	6,2	6,3	−0,1	3,7	3,6	0,68	1,71	0,71	32,07	—	−1,3	0,1	1,6	55,7	−10,5	9,0
Mrz	7,9	7,4	0,5	4,2	3,7	0,72	1,98	0,80	53,25	—	−2,3	−0,4	1,2	44,7	−10,5	11,0
Apr	9,4	8,6	0,8	4,3	3,7	0,80	1,29	0,94	62,73	5	−2,3	−0,9	0,8	38,7	−12,0	6,5
Mai	10,1	9,0	1,1	4,1	3,5	0,73	2,52	0,85	80,99	1	−3,0	−1,3	0,6	32,7	−11,5	7,0
Jun	10,3	9,6	0,7	4,2	3,7	0,78	1,89	0,88	63,69	1	−2,5	−1,0	0,8	36,9	−10,5	8,0
Jul	9,7	9,0	0,7	4,0	3,8	0,76	2,41	0,81	56,90	5	−2,3	−0,5	1,0	40,6	−14,0	9,5
Aug	9,8	9,4	0,4	3,9	3,4	0,75	1,67	0,87	39,90	—	−2,1	−0,4	1,1	45,2	−11,0	9,0
Sep	9,5	9,1	0,4	4,3	4,0	0,80	1,71	0,85	37,17	—	−2,2	−0,4	1,1	45,1	−8,0	9,0
Okt	8,0	7,9	0,1	4,3	4,0	0,72	1,92	0,78	49,93	—	−1,9	−0,2	1,5	48,6	−10,0	12,0
Nov	4,7	5,5	−0,8	2,5	2,8	0,46	2,54	0,40	56,24	1	−0,8	0,3	2,1	58,7	−8,5	12,0
Dez	4,6	5,3	−0,7	2,7	2,8	0,53	1,94	0,51	39,13	—	−0,9	0,4	1,9	62,2	−8,0	9,5
mF	9,1	8,3	0,8	4,3	3,7	0,76	1,82	0,88	121,96	1	−2,6	−0,9	0,8	38,7	−12,0	11,0
mS	9,9	9,3	0,6	4,0	3,6	0,76	2,01	0,85	94,41	1	−2,3	−0,6	1,0	40,9	−14,0	9,5
mH	7,4	7,5	−0,1	4,3	4,0	0,76	1,31	0,81	61,09	5	−1,6	−0,1	1,5	50,8	−10,0	12,0
mW	5,3	5,8	−0,5	3,2	3,2	0,60	1,85	0,60	43,28	—	−1,1	0,3	1,8	58,9	−10,5	13,0
nF	8,7	8,0	0,7	4,3	3,8	0,76	1,61	0,88	80,36	1	−2,4	−0,7	1,0	41,7	−12,0	11,0
nS	9,9	9,2	0,7	4,1	3,7	0,76	2,07	0,85	134,13	1	−2,4	−0,7	0,9	40,1	−14,0	9,5
nH	8,0	7,9	0,1	4,3	4,0	0,72	1,92	0,78	49,93	—	−1,9	−0,2	1,5	48,6	−10,0	12,0
nW	5,2	5,7	−0,5	3,0	3,1	0,57	1,97	0,56	59,63	5	−1,0	0,2	1,9	58,8	−10,5	13,0
Jahr	8,0	7,7	0,3	4,4	3,9	0,76	1,30	0,86	180,11	1	−1,9	−0,3	1,3	47,2	−14,0	13,0

Tab. 10.6. Sonneberg, fiktive Bezugsstation

Tabelle 10.6.1.
Statistische Parameter des Tagesmittels der Lufttemperatur
Sonneberg, fiktive Bezugsstation, 1951/65

	Mittelwerte (°C)					Regression					HV der Differenzen Δ (K)					
	$\overline{So}$	$\overline{BZ}$	d	σ_{So}	σ_{BZ}	r	a	b	χ^2	α	Quantile			$P(\Delta \geqq 0{,}0\,K)$	Randklassen (KUG)	
										(%)	25%	50%	75%	(%)		
Jan	−3,4	−2,6	−0,8	4,1	4,8	0,94	−1,31	0,81	46,49	1	0,0	0,8	1,7	77,0	−6,0	6,0
Feb	−2,9	−2,8	−0,1	5,0	5,6	0,96	−0,51	0,86	52,78	5	−0,7	0,2	1,0	60,4	−8,5	5,5
Mrz	1,2	0,9	0,3	4,6	4,6	0,96	0,38	0,96	15,21	—	−1,2	−0,3	0,4	44,3	−5,0	2,5
Apr	6,2	5,8	0,4	4,5	4,4	0,96	0,52	0,97	30,19	—	−1,3	−0,6	0,3	39,1	−5,0	3,0
Mai	10,2	9,8	0,4	4,2	4,0	0,95	0,40	1,00	20,93	—	−1,4	−0,6	0,4	35,5	−5,0	3,5
Jun	14,0	13,8	0,2	3,7	3,6	0,94	0,67	0,96	15,81	—	−1,2	−0,4	0,6	41,8	−4,0	3,5
Jul	15,2	15,0	0,2	4,0	3,6	0,95	−0,38	1,04	23,97	—	−1,3	−0,4	0,5	42,2	−5,0	3,0
Aug	14,6	14,5	0,1	3,5	3,2	0,93	−0,10	1,02	16,19	—	−1,2	−0,2	0,7	45,6	−4,0	4,5
Sep	12,0	11,7	0,3	3,9	3,6	0,92	0,47	0,98	14,49	—	−1,4	−0,2	0,7	48,0	−5,5	3,0
Okt	7,2	7,4	−0,2	3,4	3,3	0,91	0,33	0,93	28,64	—	−0,8	0,3	1,1	58,3	−5,5	4,0
Nov	1,9	2,5	−0,6	3,6	3,8	0,94	−0,39	0,91	35,02	5	−0,2	0,5	1,3	71,8	−6,0	5,5
Dez	−1,5	−0,8	−0,7	4,2	4,7	0,93	−0,83	0,84	36,23	—	−0,2	0,7	1,6	72,0	−8,5	5,0
mF	5,9	5,5	0,4	5,8	5,7	0,97	0,44	0,99	31,46	—	−1,3	−0,4	0,4	39,6	−5,0	3,5
mS	14,6	14,4	0,2	3,8	3,5	0,94	0,06	1,01	33,18	—	−1,2	−0,3	0,6	33,2	−5,0	4,5
mH	7,0	7,2	−0,2	5,5	5,2	0,96	−0,34	1,02	36,95	—	−0,8	0,2	1,1	59,3	−6,0	5,5
mW	−2,6	−2,0	−0,4	4,5	5,1	0,95	−0,89	0,84	78,88	1	−0,4	0,6	1,4	70,1	−8,5	6,0
nF	3,7	3,3	0,4	5,2	5,2	0,97	0,44	0,97	31,44	—	−1,2	−0,3	0,4	41,7	−5,0	3,0
nS	13,2	13,0	0,2	4,3	4,1	0,95	0,33	0,99	44,64	5	−1,3	−0,3	0,6	42,6	−5,5	4,5
nH	7,2	7,4	−0,2	3,4	3,3	0,91	0,33	0,93	28,64	—	−0,8	0,3	1,1	58,3	−5,5	4,0
nW	−1,5	−0,9	−0,6	4,7	5,2	0,95	−0,70	0,87	76,07	1	−0,3	0,6	1,4	70,5	−8,5	6,0
Jahr	6,3	6,3	0,0	7,9	7,6	0,98	−0,10	1,01	87,65	1	−1,0	0,0	0,9	53,0	−8,5	6,0

Tabelle 10.6.2.
Statistische Parameter des Tagesmaximums der Lufttemperatur
Sonneberg, fiktive Bezugsstation, 1951/65

	Mittelwerte (°C)					Regression					HV der Differenzen Δ (K)					
	$\overline{So}$	$\overline{BZ}$	d	σ_{So}	σ_{BZ}	r	a	b	χ^2	α	Quantile			$P(\Delta \geqq 0{,}0\,K)$	Randklassen (KUG)	
										(%)	25%	50%	75%	(%)		
Jan	−1,3	0,0	−1,3	4,0	4,8	0,89	−1,28	0,74	61,91	1	0,0	1,1	2,3	77,6	−7,5	12,5
Feb	−0,3	0,4	−0,7	5,0	5,6	0,93	−0,67	0,84	57,06	5	−0,5	0,7	1,8	65,3	−7,5	9,5
Mrz	4,8	4,8	0,0	5,3	5,6	0,94	0,49	0,90	26,85	—	−1,2	0,0	1,1	52,0	−7,5	4,5
Apr	10,7	10,2	0,5	5,4	5,4	0,95	1,07	0,95	38,42	—	−1,7	−0,7	0,4	36,9	−6,0	7,0
Mai	14,7	14,1	0,6	4,8	4,8	0,92	1,77	0,92	37,54	—	−1,9	−0,8	0,4	33,5	−7,0	7,0
Jun	18,5	18,3	0,2	4,4	4,5	0,92	2,06	0,90	14,56	—	−1,4	−0,3	0,9	45,8	−5,5	8,5
Jul	19,8	19,5	0,3	4,9	4,7	0,91	1,53	0,94	19,10	—	−1,6	−0,3	0,8	44,7	−10,0	4,5
Aug	19,2	19,4	−0,2	4,3	4,1	0,91	0,99	0,94	29,80	—	−1,1	0,0	1,2	52,0	−5,5	7,0
Sep	16,3	16,6	−0,3	4,7	4,7	0,92	1,11	0,91	30,81	—	−1,0	0,2	1,4	58,2	−6,0	9,0
Okt	10,8	11,6	−0,8	4,3	4,3	0,88	0,61	0,88	37,86	5	−0,7	0,5	2,0	63,0	−7,0	8,0
Nov	4,1	5,4	−1,3	3,9	4,2	0,89	−0,30	0,82	54,38	1	0,1	1,1	2,2	79,8	−6,5	11,5
Dez	0,5	1,9	−1,4	4,3	4,8	0,90	−1,00	0,80	49,60	5	0,1	1,2	2,3	79,6	−7,0	7,5
mF	10,1	9,7	0,4	6,6	6,5	0,96	0,66	0,97	49,84	—	−1,6	−0,5	0,7	40,9	−7,5	7,0
mS	19,2	19,1	0,1	4,6	4,5	0,91	1,54	0,93	22,70	—	−1,4	−0,2	1,0	47,5	−10,0	8,5
mH	10,4	11,2	−0,8	6,6	6,3	0,95	−0,61	0,98	63,08	1	−0,6	0,6	1,9	67,0	−7,0	11,5
mW	−0,4	0,8	−1,2	4,5	5,1	0,91	−0,99	0,80	89,30	1	−0,1	1,0	2,2	74,4	−7,5	12,5
nF	7,7	7,4	0,3	6,1	6,1	0,95	0,59	0,96	35,20	—	−1,4	−0,3	0,7	44,6	−7,5	7,0
nS	17,7	17,6	0,1	5,0	5,0	0,93	1,46	0,93	43,84	—	−1,4	−0,2	0,9	46,8	−10,0	9,0
nH	10,8	11,6	−0,8	4,3	4,3	0,88	0,61	0,88	37,86	5	−0,7	0,5	2,0	63,0	−7,0	8,0
nW	0,8	1,9	−1,1	4,8	5,3	0,92	−0,84	0,83	105,59	1	−0,1	1,0	2,2	75,8	−7,5	12,5
Jahr	9,9	10,2	−0,3	8,9	8,6	0,97	−0,43	1,01	88,02	1	−1,0	0,2	1,5	57,3	−10,0	12,5

Tabelle 10.6.3.
Statistische Parameter des Tagesminimums der Lufttemperatur
Sonneberg, fiktive Bezugsstation, 1951/65

	Mittelwerte (°C)					Regression					HV der Differenzen Δ (K)					
	$\overline{So}$	$\overline{BZ}$	d	σ_{So}	σ_{BZ}	r	a	b	χ^2	α (%)	Quantile 25%	50%	75%	$P(\Delta \geqq 0{,}0\,K)$ (%)	Randklassen (KUG)	
Jan	−5,4	−5,5	0,1	4,4	5,4	0,92	−1,26	0,75	45,99	5	−1,2	0,2	1,1	57,0	−8,5	5,5
Feb	−5,3	−5,7	0,4	5,3	6,5	0,94	−0,89	0,77	44,00	—	−1,3	0,0	0,8	51,7	−12,0	4,0
Mrz	−1,8	−2,3	0,5	4,5	4,6	0,91	0,19	0,88	31,79	—	−1,5	−0,1	0,7	49,0	−9,0	4,0
Apr	2,5	2,0	0,5	3,8	3,7	0,91	0,61	0,93	24,01	—	−1,6	−0,4	0,6	41,6	−7,0	3,0
Mai	6,1	5,7	0,4	3,6	3,5	0,89	0,80	0,94	23,09	—	−1,7	−0,2	0,7	46,5	−5,5	3,0
Jun	9,9	9,3	0,6	3,1	3,1	0,85	1,96	0,86	29,52	—	−1,9	−0,4	0,5	41,6	−6,5	4,5
Jul	11,4	11,0	0,4	3,1	2,8	0,86	0,96	0,95	28,00	—	−1,4	−0,2	0,6	47,5	−5,5	3,5
Aug	11,0	10,6	0,4	2,8	2,6	0,82	1,83	0,86	21,35	—	−1,5	−0,2	0,7	47,5	−5,5	3,0
Sep	8,6	8,1	0,5	3,4	3,5	0,83	2,08	0,81	23,02	—	−1,9	−0,3	0,8	46,0	−7,0	4,0
Okt	4,4	4,2	0,2	3,2	3,5	0,83	1,16	0,77	22,16	—	−1,4	0,1	1,2	54,4	−7,5	4,0
Nov	−0,1	0,1	−0,2	3,6	3,8	0,91	−0,23	0,87	21,36	—	−0,5	0,3	1,2	63,1	−5,5	5,5
Dez	−3,4	−3,3	−0,1	4,4	5,0	0,92	−0,79	0,80	31,72	—	−0,7	0,4	1,2	62,4	−13,0	5,5
mF	2,3	1,8	0,5	5,2	5,2	0,94	0,56	0,95	39,46	—	−1,6	−0,3	0,7	45,7	−9,0	4,0
mS	10,8	10,3	0,5	3,1	2,9	0,85	1,62	0,89	55,40	1	−1,6	−0,3	0,6	45,6	−6,5	4,5
mH	4,3	4,1	0,2	3,9	4,8	0,93	0,39	0,94	27,23	—	−1,2	0,1	1,1	54,5	−7,5	5,5
mW	−4,7	−4,8	0,1	4,8	5,8	0,93	−0,96	0,78	78,64	1	−1,0	0,2	1,1	57,2	−13,0	5,5
nF	0,3	−0,2	0,5	4,7	4,7	0,93	0,46	0,92	34,64	—	−1,5	−0,3	0,6	45,4	−9,0	4,0
nS	9,4	8,9	0,5	3,8	3,7	0,89	1,25	0,91	56,09	1	−1,7	−0,3	0,6	45,8	−7,0	4,5
nH	4,4	4,2	0,2	3,2	3,5	0,83	1,16	0,77	22,16	—	−1,4	0,1	1,2	54,4	−7,5	4,0
nW	−3,5	−3,6	0,1	4,9	5,7	0,94	−0,67	0,81	74,34	1	−0,9	0,2	1,1	58,6	−13,0	5,5
Jahr	3,2	2,9	0,3	7,2	7,2	0,97	0,43	0,96	99,07	1	−1,4	−0,1	0,8	50,7	−13,0	5,5

Tabelle 10.6.4.
Statistische Parameter der Tagesschwankung der Lufttemperatur
Sonneberg, fiktive Bezugsstation, 1951/65

	Mittelwerte (°C)					Regression					HV der Differenzen Δ (K)					
	$\overline{So}$	$\overline{BZ}$	d	σ_{So}	σ_{BZ}	r	a	b	χ^2	α (%)	Quantile 25%	50%	75%	$P(\Delta \geqq 0{,}0\,K)$ (%)	Randklassen (KUG)	
Jan	4,1	5,5	−1,4	2,2	3,1	0,63	1,70	0,44	78,27	1	−0,2	0,9	2,4	72,0	−5,0	12,5
Feb	4,9	6,1	−1,2	2,6	3,6	0,75	1,62	0,55	58,79	1	−0,6	0,7	2,3	67,7	−6,0	9,5
Mrz	6,6	7,1	−0,5	3,0	3,7	0,72	2,48	0,59	62,56	1	−1,3	0,2	1,8	55,5	−9,5	13,0
Apr	8,2	8,1	0,1	3,2	3,7	0,84	2,39	0,72	40,81	—	−1,5	−0,2	1,2	47,1	−8,0	5,5
Mai	8,6	8,4	0,2	2,8	3,5	0,75	3,61	0,59	63,83	1	−1,9	−0,4	1,3	45,8	−7,0	8,0
Jun	8,6	9,0	−0,4	2,8	3,7	0,81	2,97	0,63	70,41	1	−1,1	0,2	1,9	58,0	−6,0	6,0
Jul	8,4	8,5	−0,1	3,0	3,8	0,77	3,27	0,61	59,37	1	−1,5	0,0	1,6	52,9	−11,0	7,5
Aug	8,2	8,8	−0,6	2,8	3,4	0,78	2,62	0,64	53,73	1	−1,0	0,4	1,8	58,7	−7,0	8,0
Sep	7,7	8,5	−0,8	3,0	4,0	0,80	2,66	0,59	82,93	1	−0,9	0,7	2,3	62,9	−4,5	10,5
Okt	6,4	7,4	−1,0	3,0	4,0	0,74	2,33	0,55	79,15	1	−0,8	0,6	2,4	63,0	−6,0	10,5
Nov	4,3	5,3	−1,0	2,2	2,8	0,63	1,73	0,48	56,90	1	−0,5	0,6	2,1	64,9	−7,5	9,5
Dez	4,0	5,2	−1,2	2,2	2,8	0,62	1,44	0,49	73,29	1	−0,3	0,8	2,4	71,4	−6,0	12,0
mF	7,8	7,9	−0,1	3,1	3,7	0,77	2,67	0,65	104,35	1	−1,5	−0,1	1,5	49,5	−9,5	13,0
mS	8,4	8,8	−0,4	2,9	3,6	0,78	2,97	0,62	127,87	1	−1,2	0,2	1,7	56,5	−11,0	8,0
mH	6,1	7,1	−1,0	3,1	3,9	0,78	1,80	0,61	129,23	1	−0,7	0,6	2,3	63,6	−7,5	10,5
mW	4,3	5,6	−1,3	2,4	3,2	0,68	1,52	0,50	147,36	1	−0,3	0,8	2,4	70,5	−6,0	12,5
nF	7,4	7,6	−0,2	3,2	3,7	0,78	2,34	0,67	77,56	1	−1,4	0,0	1,6	51,4	−9,5	13,0
nS	8,3	8,6	−0,3	2,9	3,7	0,78	3,05	0,61	208,29	1	−1,3	0,2	1,7	55,6	−11,0	10,5
nH	6,4	7,4	−1,0	3,0	4,0	0,74	2,33	0,55	79,15	1	−0,8	0,6	2,4	63,0	−6,0	10,5
nW	4,3	5,5	−1,2	2,3	3,1	0,67	1,57	0,50	187,61	1	−0,4	0,8	2,3	69,1	−7,5	12,5
Jahr	6,7	7,3	−0,6	3,3	3,8	0,78	1,73	0,68	274,38	1	−1,0	0,4	2,0	60,0	−11,0	13,0

8.2. Abbildungen

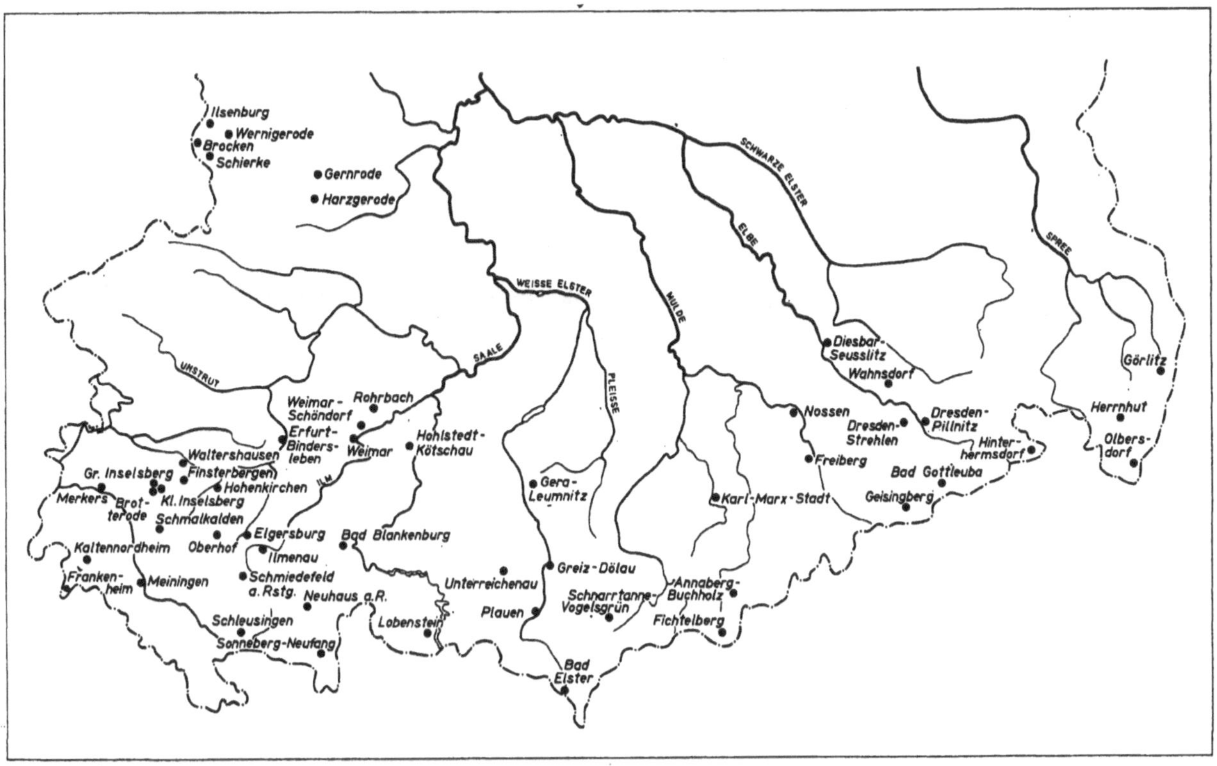

Abb. 1. Stationsübersicht

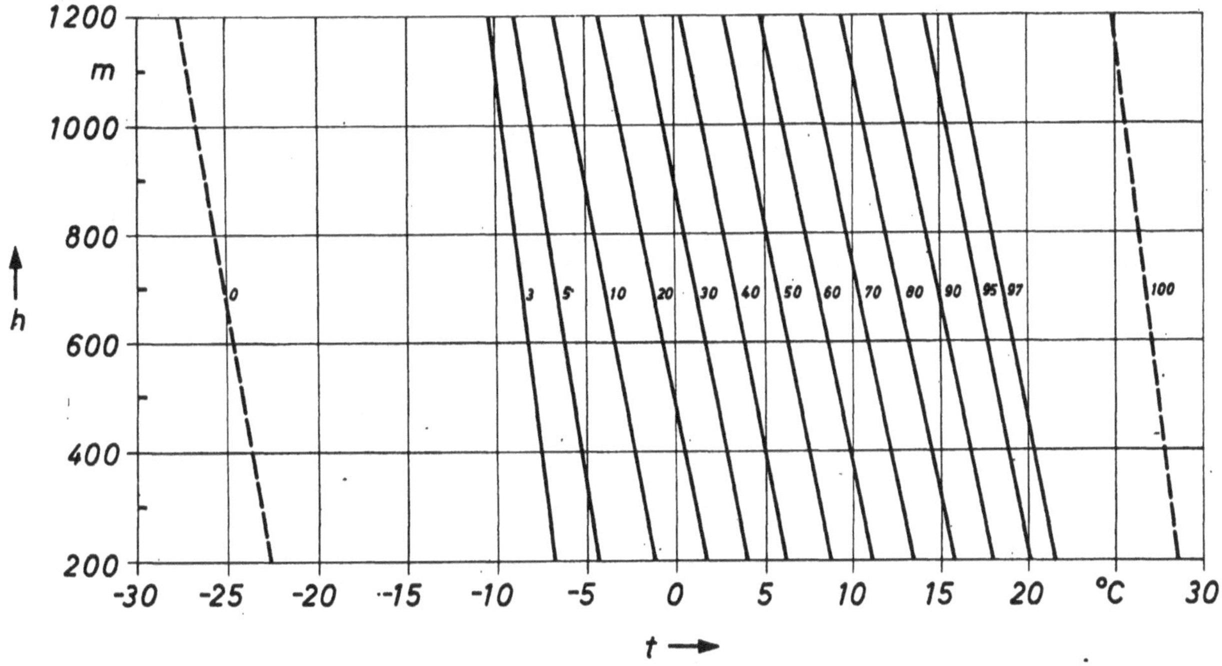

Abb. 2. Quantilwerte der relativen Summenhäufigkeit des Tagesmittels der Lufttemperatur (%), Regressionsgeraden, Jahr 1951/75

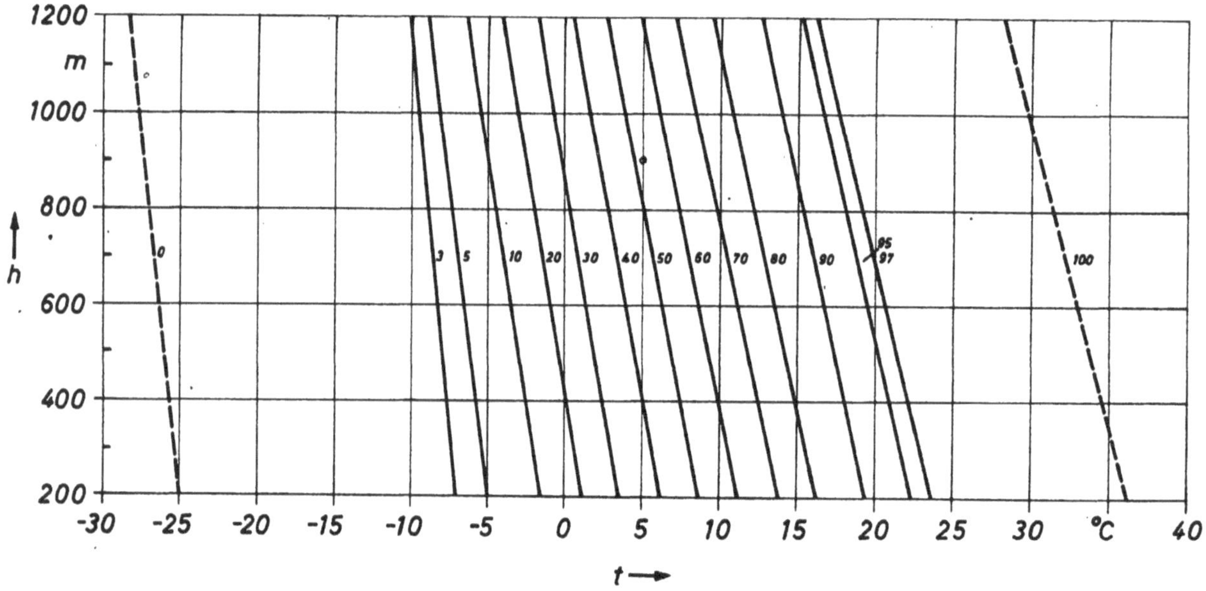

Abb. 3. Quantilwerte der relativen Summenhäufigkeit ausgewählter Stundenwerte (7, 14, 21 Uhr) der Lufttemperatur (%), Regressionsgeraden, Jahr 1951/75

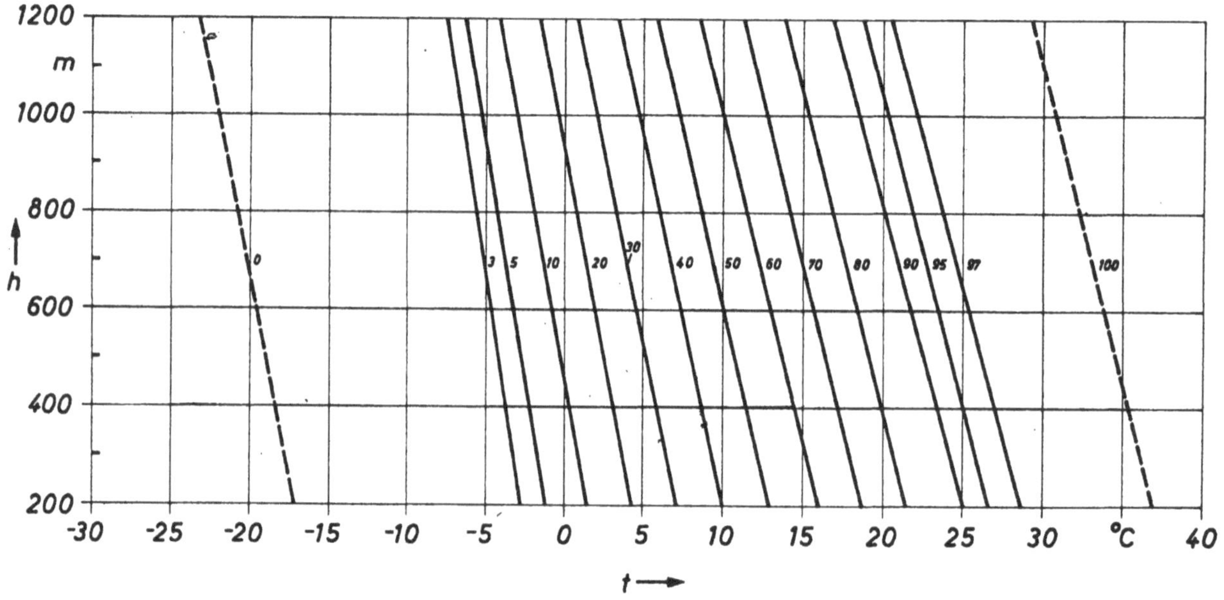

Abb. 4. Quantilwerte der relativen Summenhäufigkeit des Tagesmaximums der Lufttemperatur (%), Regressionsgeraden, Jahr 1951/75

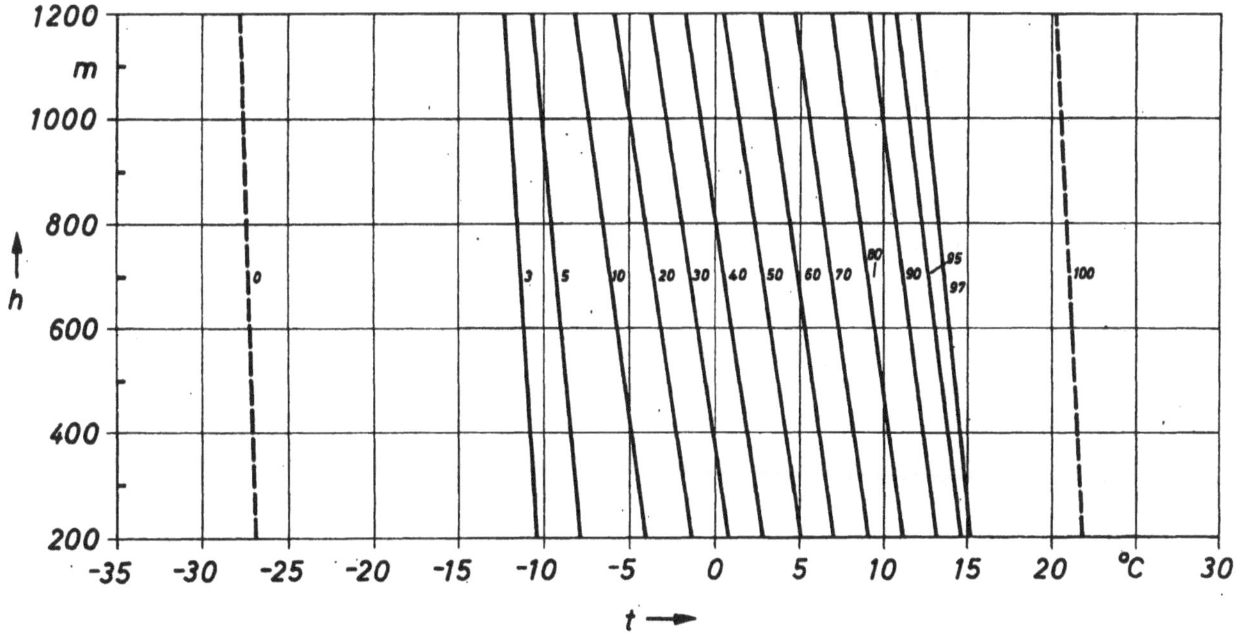

Abb. 5. Quantilwerte der relativen Summenhäufigkeit des Tagesminimums der Lufttemperatur (%), Regressionsgeraden, Jahr 1951/75

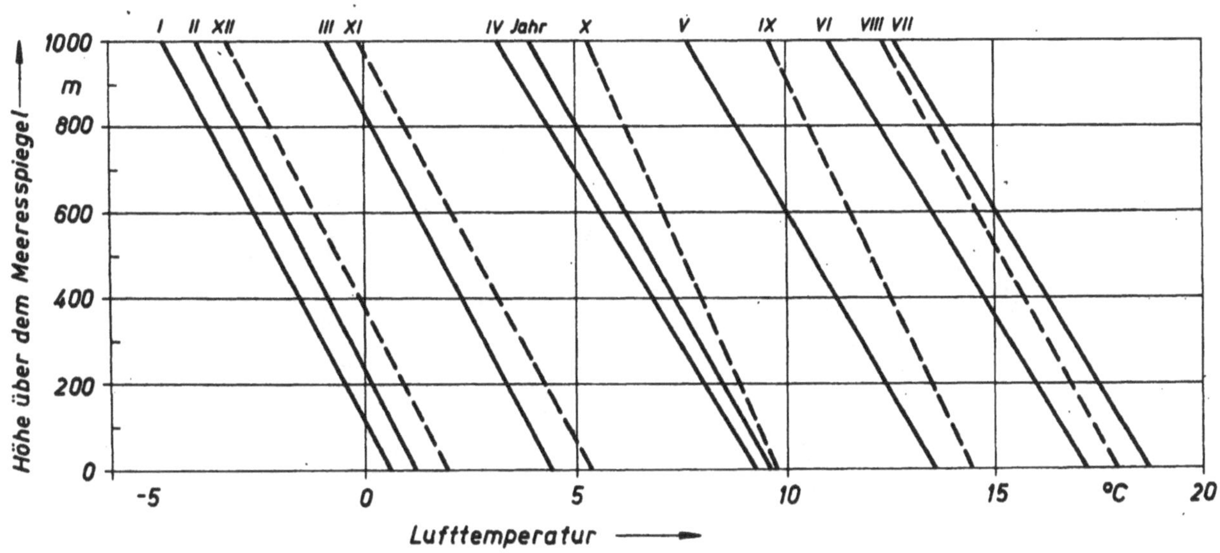

Abb. 6. Regressionsgeraden des mittleren Monats- und Jahresmittels der Lufttemperatur, $t = a + bh$ „Thüringische Mittelgebirge", 1951/75

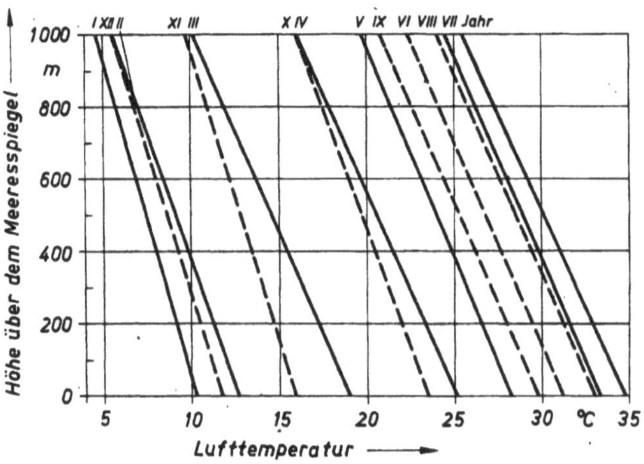

Abb. 7. Regressionsgeraden des mittleren Monats- und Jahresmaximums der Lufttemperatur, $t = a + bh$ „Thüringische Mittelgebirge", 1951/75

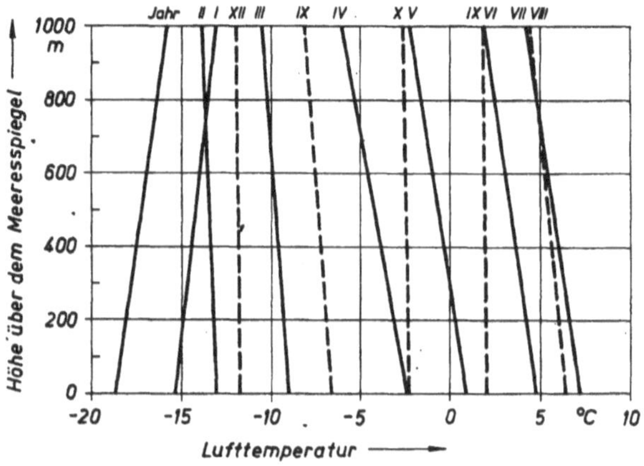

Abb. 8. Regressionsgeraden des mittleren Monats- und Jahresminimums der Lufttemperatur, $t = a + bh$ „Thüringische Mittelgebirge", 1951/75

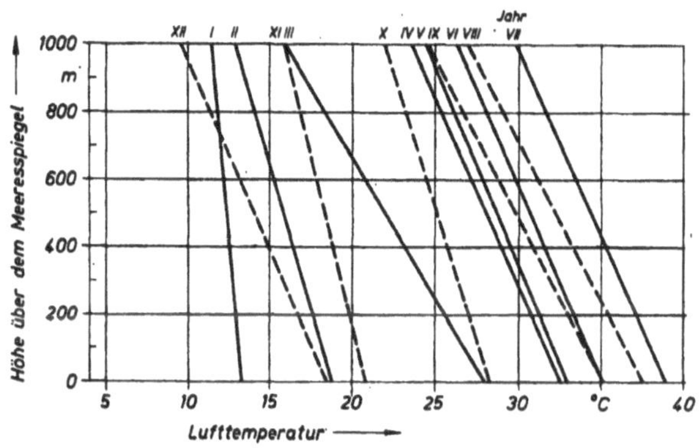

Abb. 9. Regressionsgeraden des höchsten Monats- und Jahresmaximums der Lufttemperatur, $t = a + bh$ „Thüringische Mittelgebirge", 1951/75

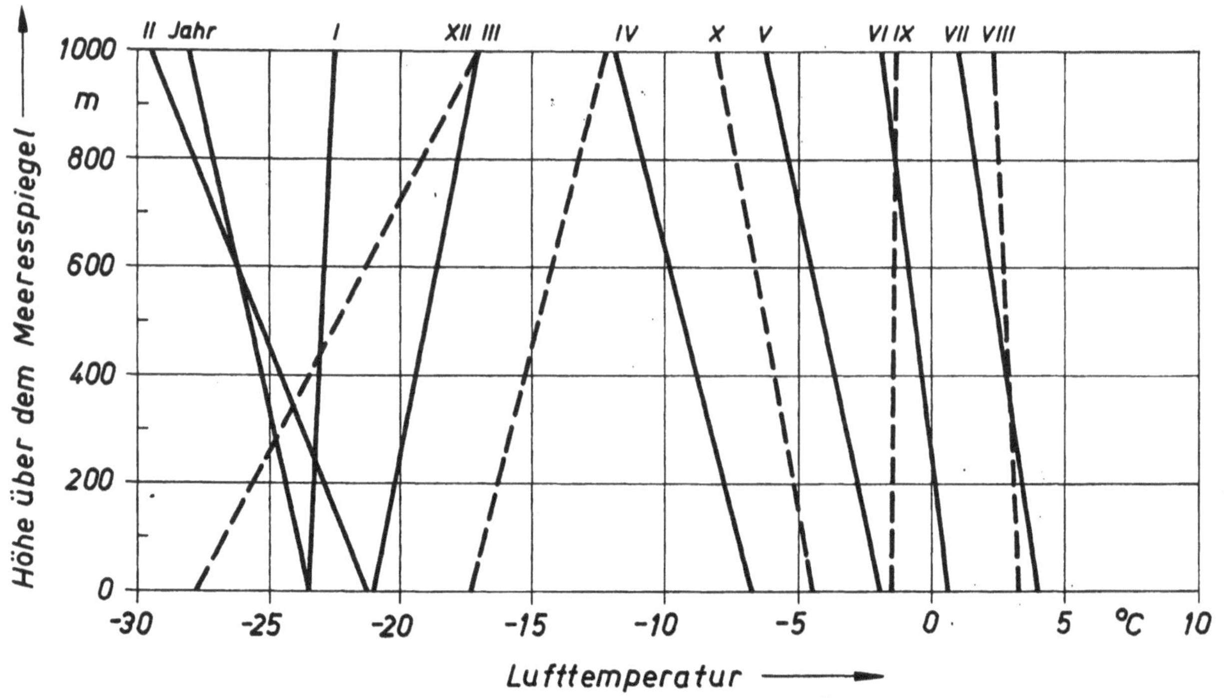

Abb. 10. Regressionsgeraden des tiefsten Monats- und Jahresminimums der Lufttemperatur, $t = a + bh$ „Thüringische Mittelgebirge", 1951/75

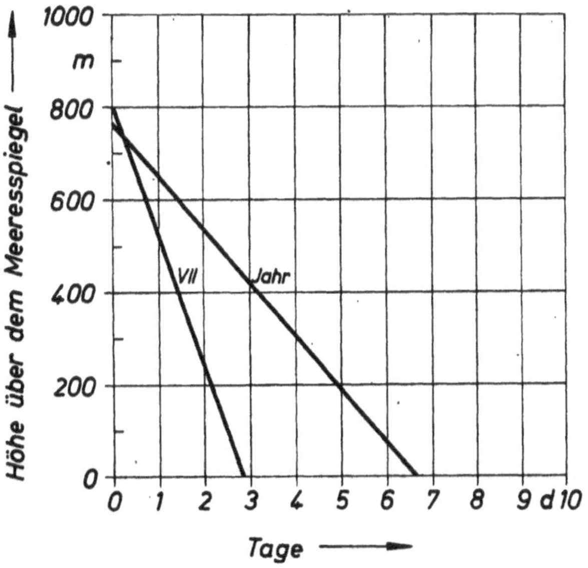

Abb. 11. Regressionsgeraden der mittleren Zahl der Tage mit einem Tagesmaximum der Lufttemperatur ≧30 °C (heiße Tage), $t = a + bh$
„Thüringische Mittelgebirge“, 1951/75

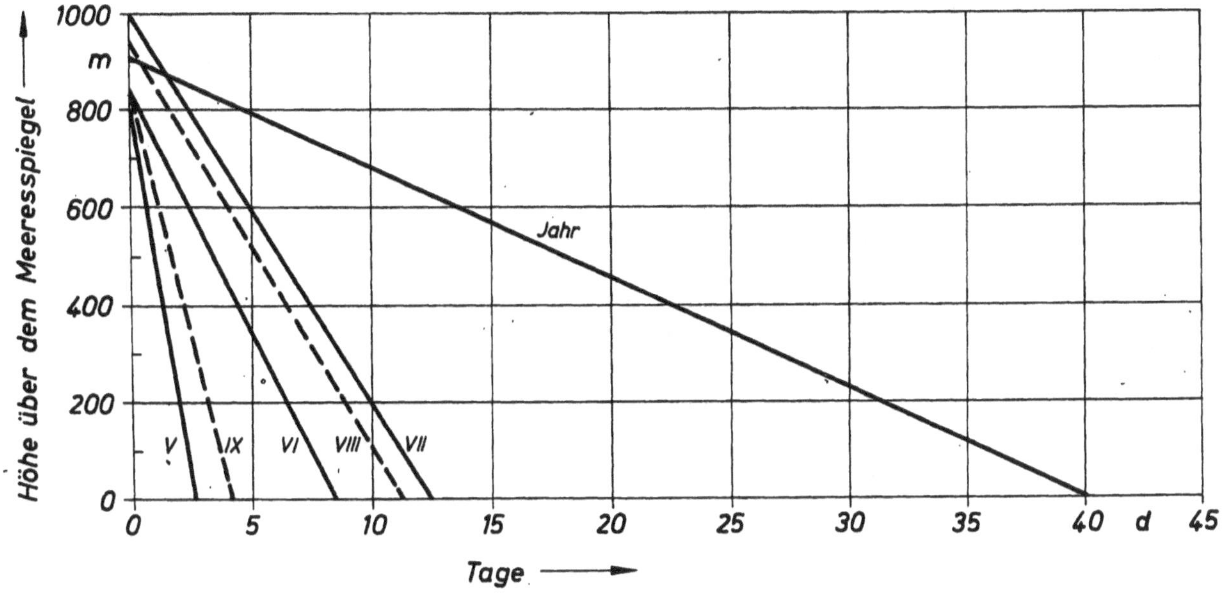

Abb. 12. Regressionsgeraden der mittleren Zahl der Tage mit einem Tagesmaximum der Lufttemperatur ≧25 °C (Sommertage), $t = a + bh$
„Thüringische Mittelgebirge“, 1951/75

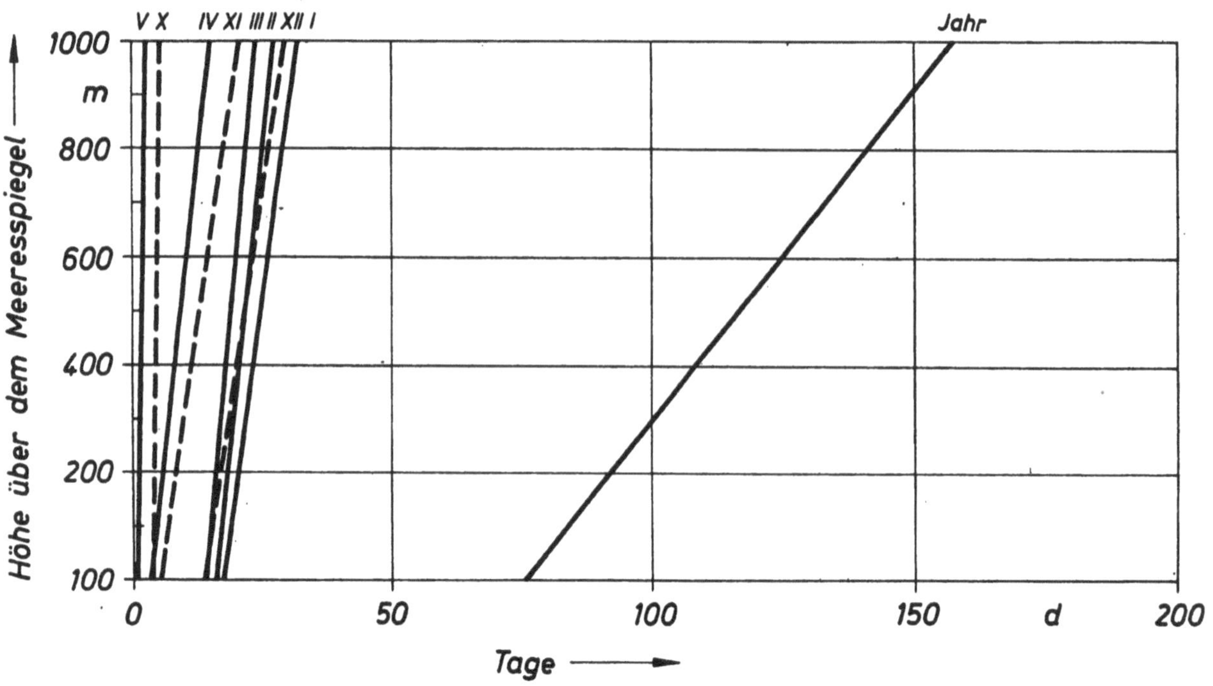

Abb. 13. Regressionsgeraden der mittleren Zahl der Tage mit einem Tagesminimum der Lufttemperatur <0 °C (Frosttage), $t = a + bh$ „Thüringische Mittelgebirge", 1951/75

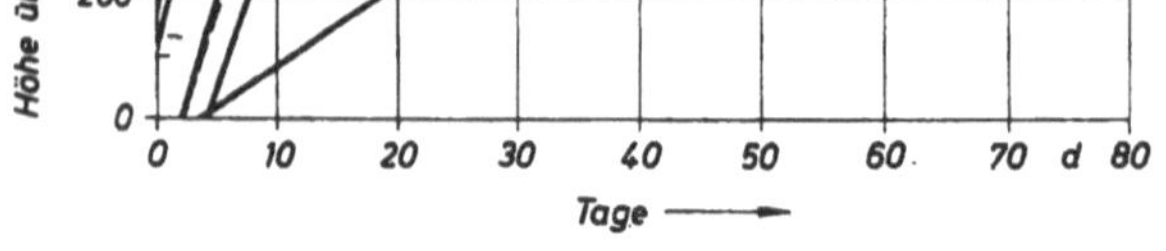

Abb. 14. Regressionsgeraden der mittleren Zahl der Tage mit einem Tagesmaximum der Lufttemperatur <0 °C (Eistage), $t = a + bh$ „Thüringische Mittelgebirge", 1951/75

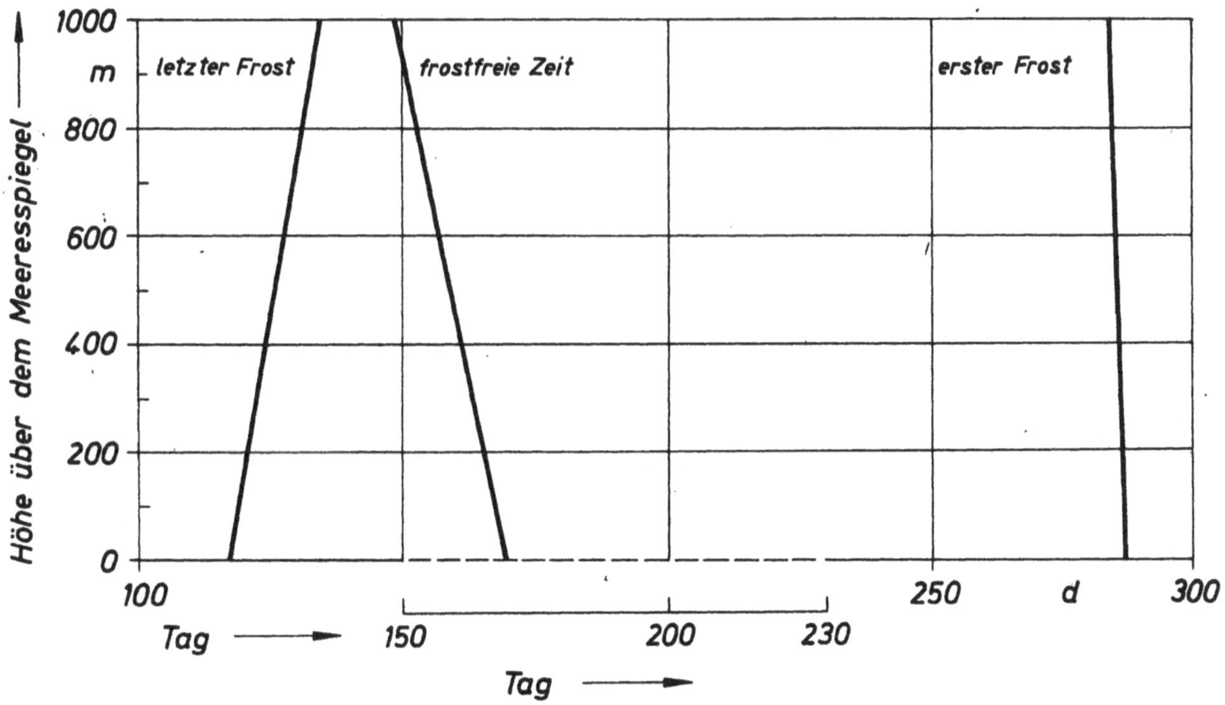

Abb. 15. Regressionsgeraden des mittleren letzten und ersten Eintrittsdatums eines Tagesminimums der Lufttemperatur <0 °C (letzter und erster Frost) sowie der mittleren Andauer eines Tagesminimums der Lufttemperatur $\geqq 0$ °C (frostfreie Zeit), $t = a + bh$
„Thüringische Mittelgebirge", 1951/75

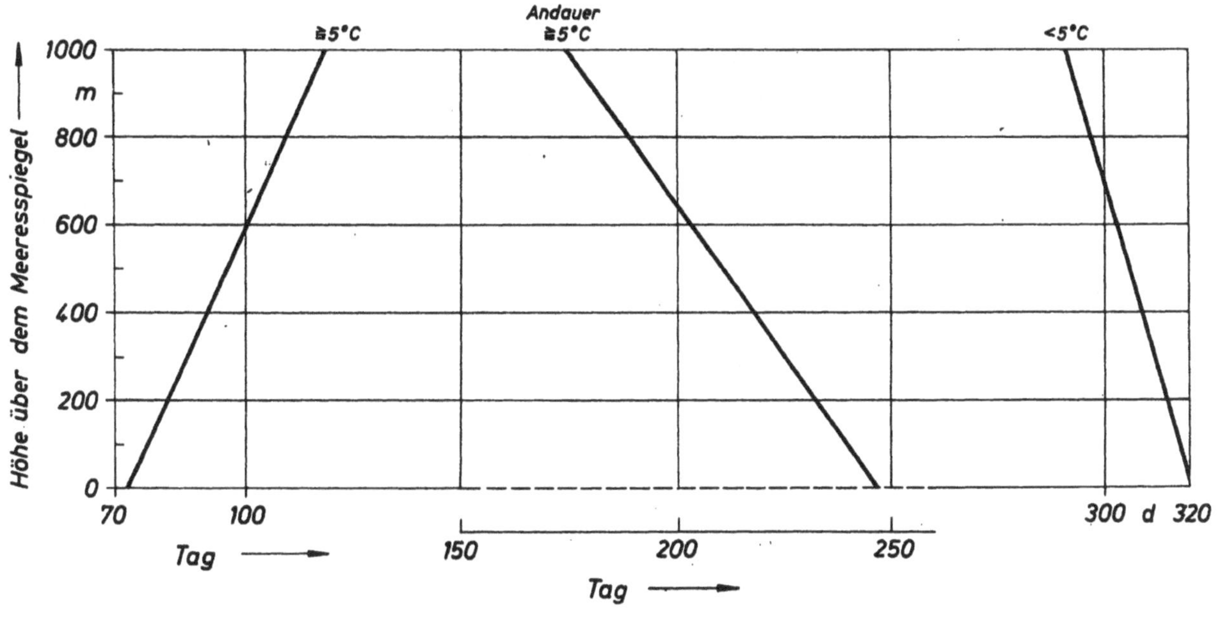

Abb. 16. Regressionsgeraden der mittleren Eintrittsdaten eines Tagesmittels der Lufttemperatur $\geqq 5$ °C bzw. <5 °C sowie mittlere Andauer eines Tagesmittels der Lufttemperatur $\geqq 5$ °C, $t = a + bh$
„Thüringische Mittelgebirge", 1951/75

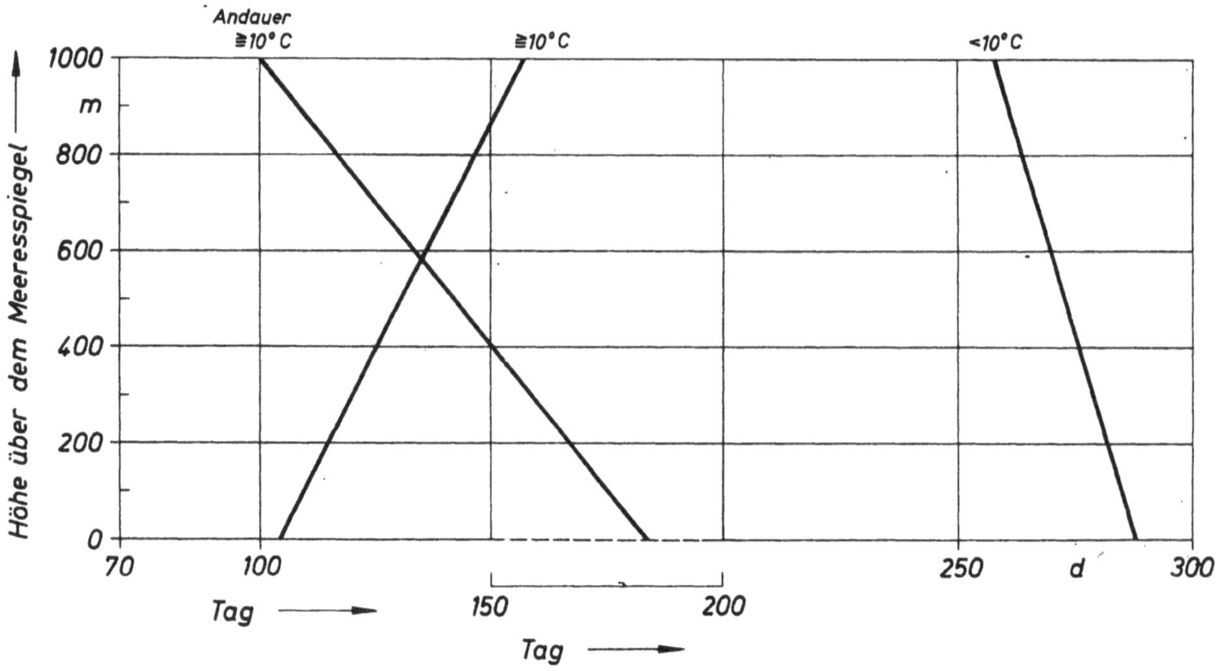

Abb. 17. Regressionsgeraden der mittleren Eintrittsdaten eines Tagesmittels der Lufttemperatur ≧ 10 °C bzw. < 10 °C sowie mittlere Andauer eines Tagesmittels der Lufttemperatur ≧ 10 °C, $t = a + bh$
„Thüringische Mittelgebirge", 1951/75

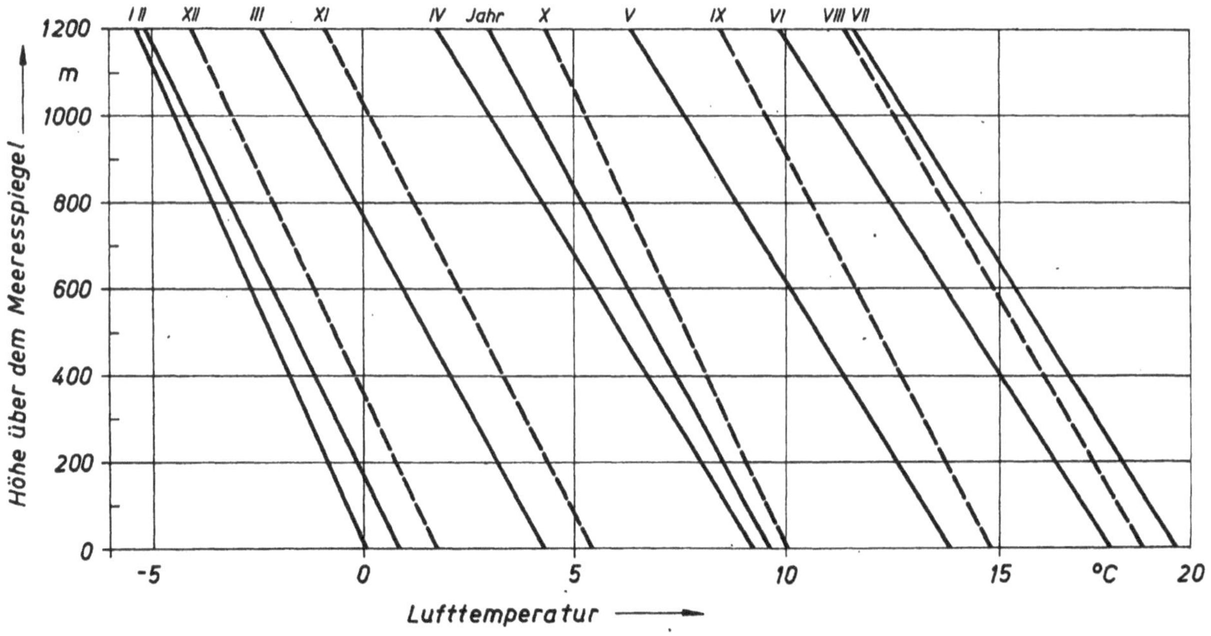

Abb. 18. Regressionsgeraden des mittleren Monats- und Jahresmittels der Lufttemperatur, $t = a + bh$
„Sächsische Mittelgebirge", 1951/75

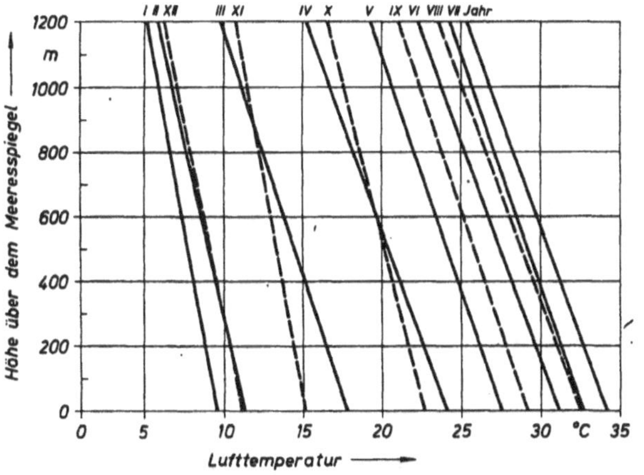

Abb. 19. Regressionsgeraden des mittleren Monats- und Jahresmaximums der Lufttemperatur, $t = a + bh$
„Sächsische Mittelgebirge“, 1951/75

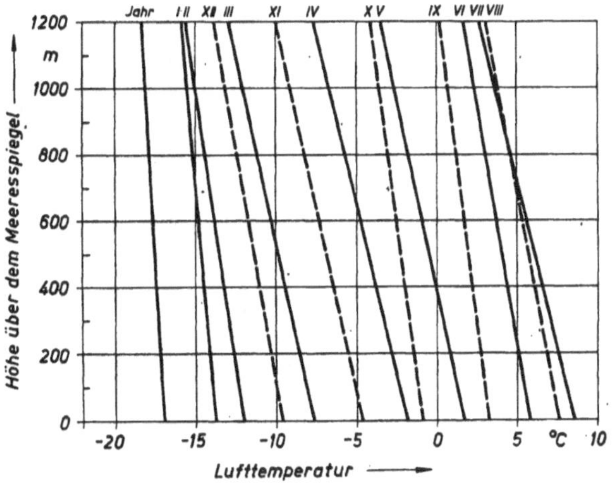

Abb. 20. Regressionsgeraden des mittleren Monats- und Jahresminimums der Lufttemperatur, $t = a + bh$
„Sächsische Mittelgebirge“, 1951/75

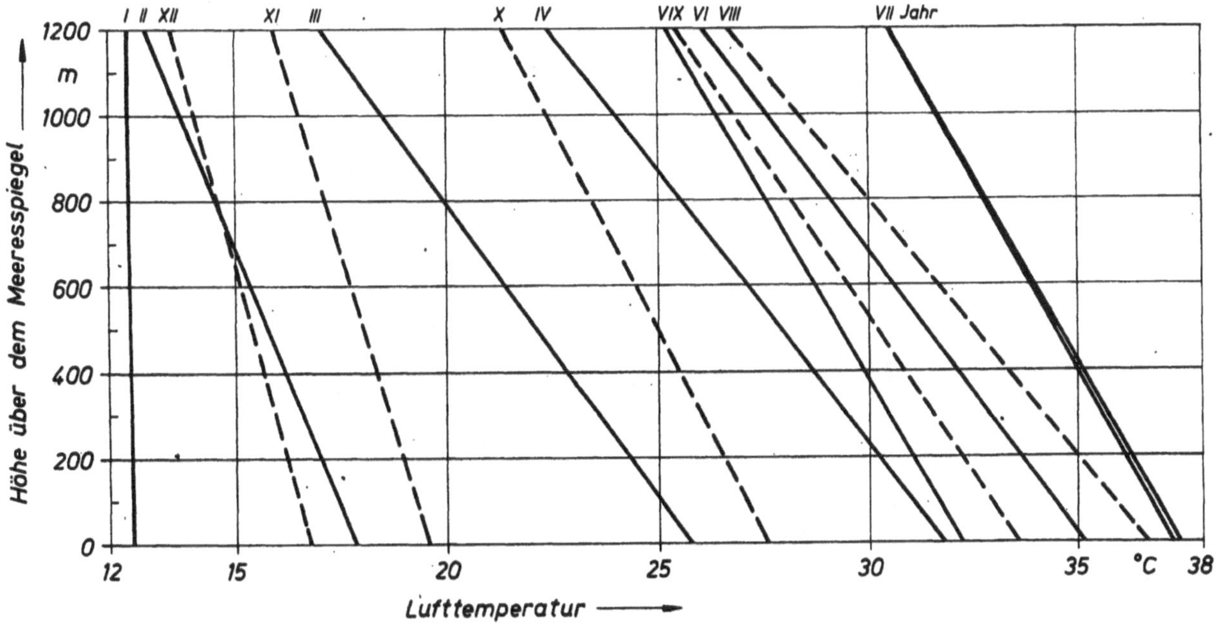

Abb. 21. Regressionsgeraden des höchsten Monats- und Jahresmaximums der Lufttemperatur, $t = a + bh$
„Sächsische Mittelgebirge“, 1951/75

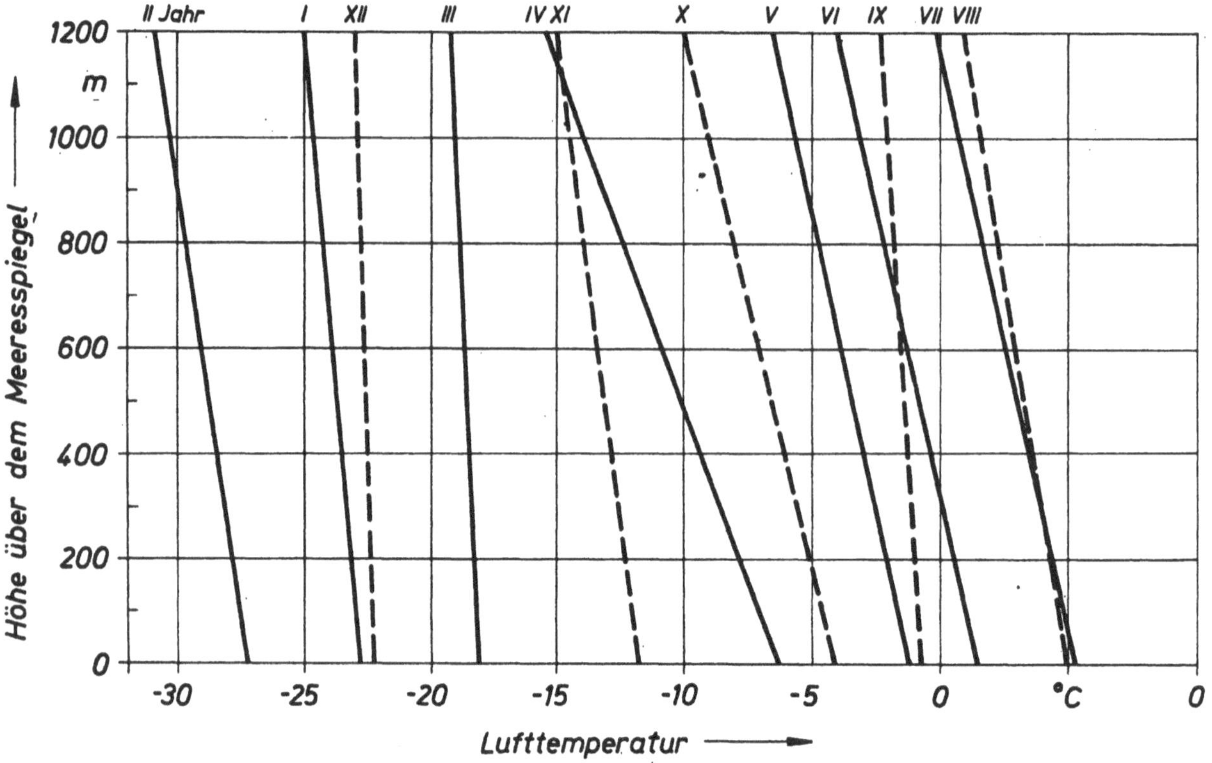

Abb. 22. Regressionsgeraden des tiefsten Monats- und Jahresminimums der Lufttemperatur, $t = a + bh$
„Sächsische Mittelgebirge", 1951/75

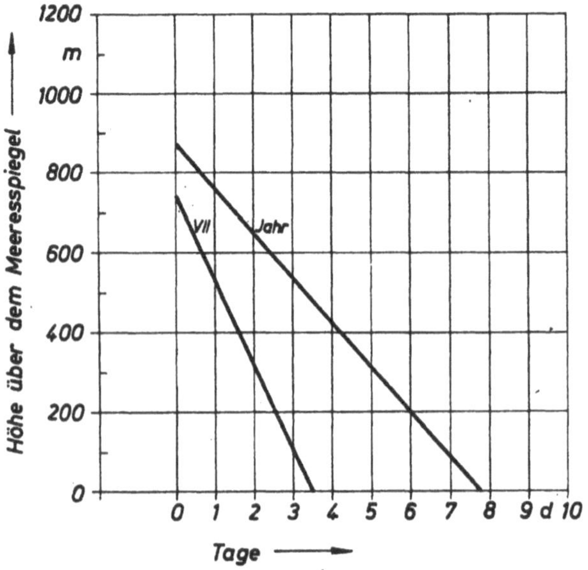

Abb. 23. Regressionsgeraden der mittleren Zahl der Tage mit einem Tagesmaximum der Lufttemperatur ≧30 °C (heiße Tage), $t = a + bh$
„Sächsische Mittelgebirge", 1951/75

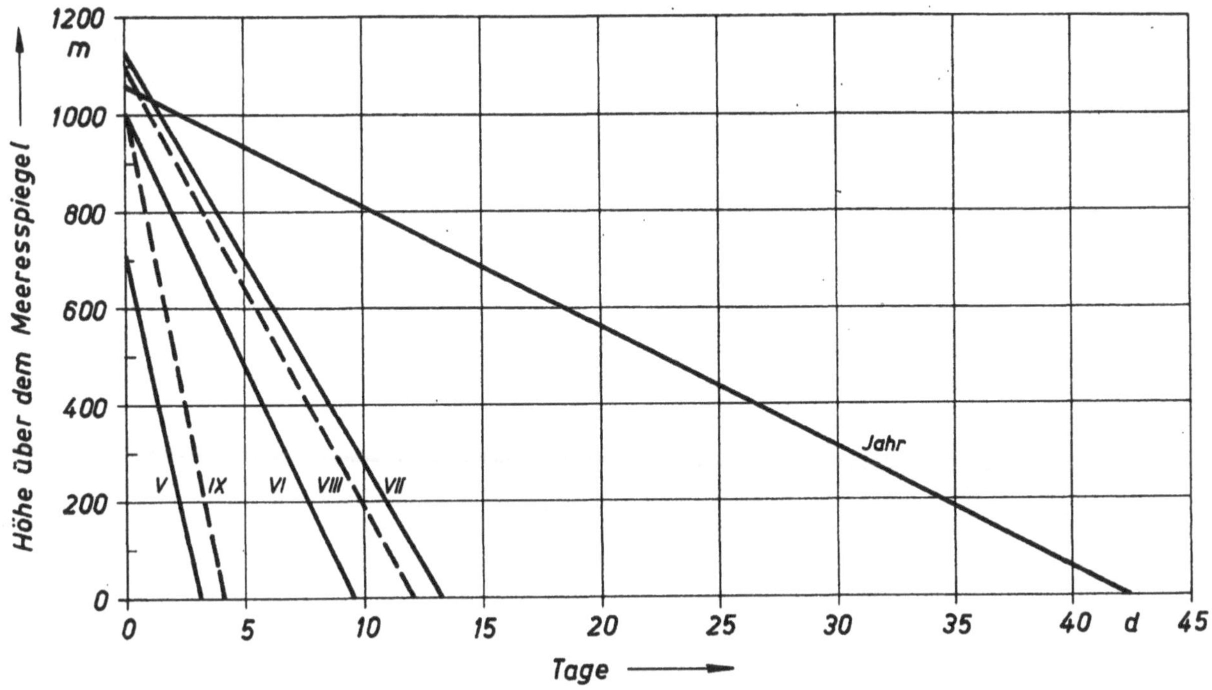

Abb. 24. Regressionsgeraden der mittleren Zahl der Tage mit einem Tagesmaximum der Lufttemperatur ≧25 °C (Sommertage), $t = a + bh$ „Sächsische Mittelgebirge", 1951/75

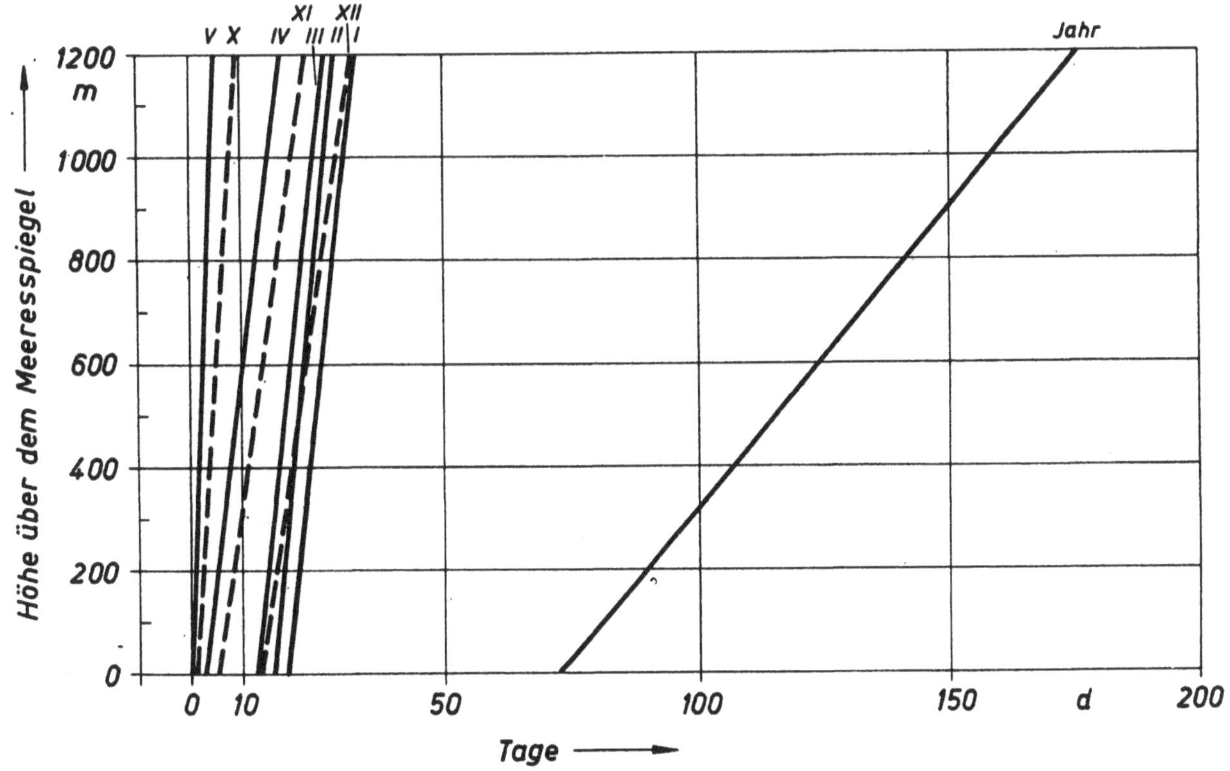

Abb. 25. Regressionsgeraden der mittleren Zahl der Tage mit einem Tagesminimum der Lufttemperatur <0 °C (Frosttage), $t = a + bh$ „Sächsische Mittelgebirge", 1951/75

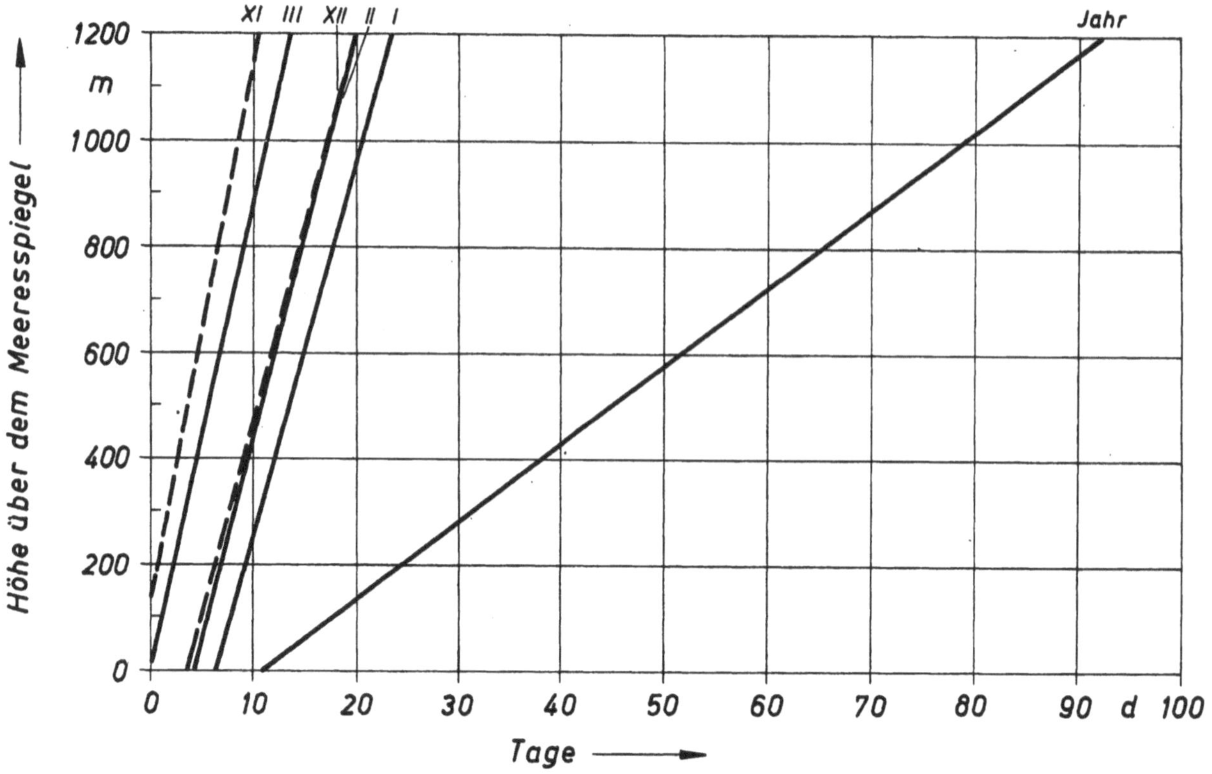

Abb. 26. Regressionsgeraden der mittleren Zahl der Tage mit einem Tagesmaximum der Lufttemperatur <0 °C (Eistage), $t = a + bh$ „Sächsische Mittelgebirge", 1951/75

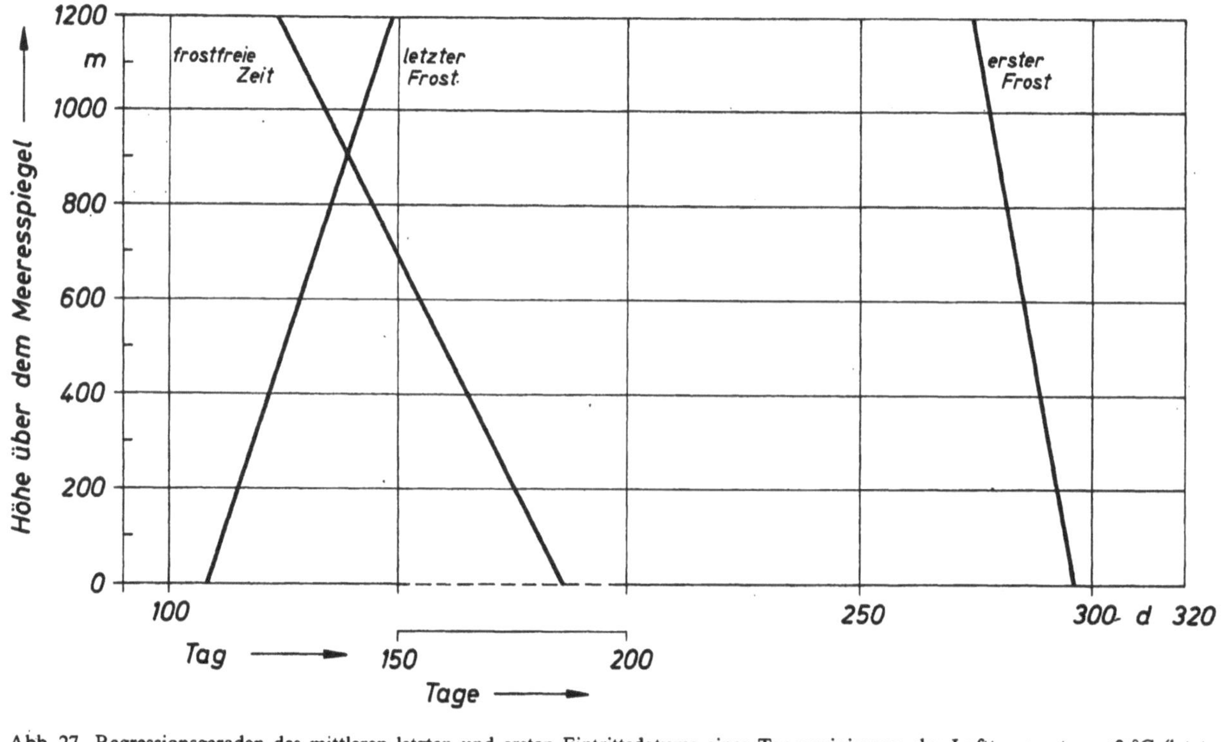

Abb. 27. Regressionsgeraden des mittleren letzten und ersten Eintrittsdatums eines Tagenminimums der Lufttemperatur <0 °C (letzter und erster Frost) sowie der mittleren Andauer eines Tagesminimums der Lufttemperatur ≧0 °C (frostfreie Zeit), $t = a + bh$ „Sächsische Mittelgebirge", 1951/75

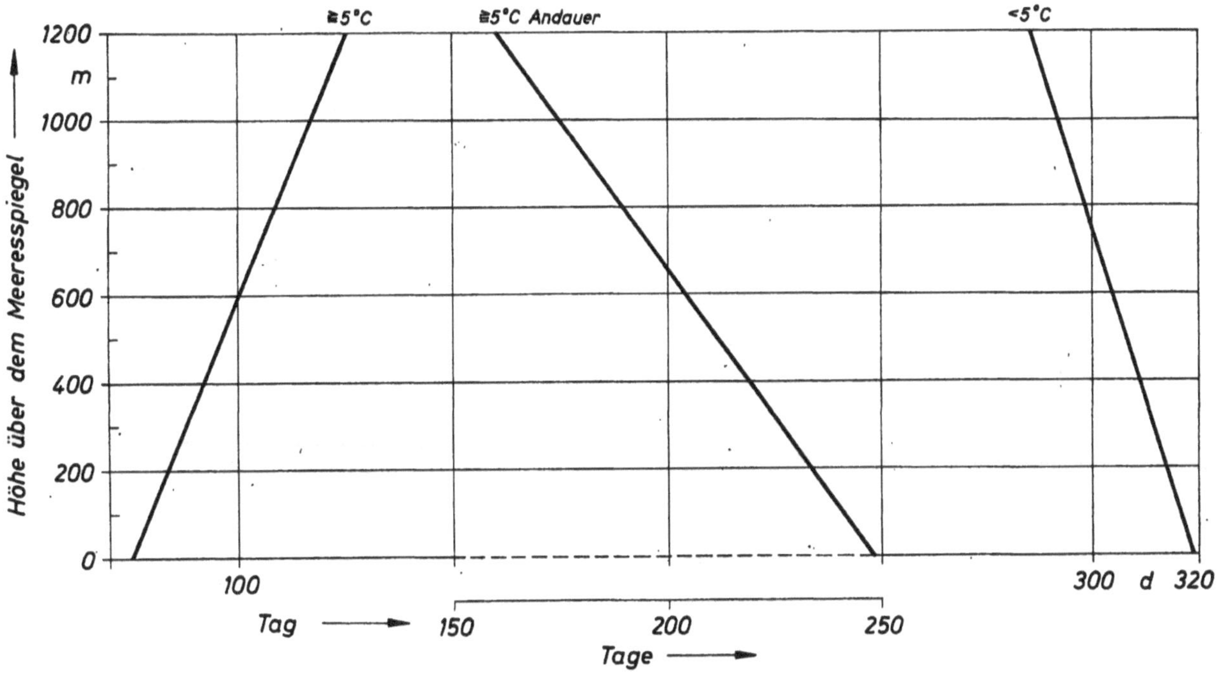

Abb. 28. Regressionsgeraden der mittleren Eintrittsdaten eines Tagesmittels der Lufttemperatur ≧5 °C bzw. <5 °C sowie mittlere Andauer eines Tagesmittels der Lufttemperatur ≧5 °C, $t = a + bh$
„Sächsische Mittelgebirge", 1951/75

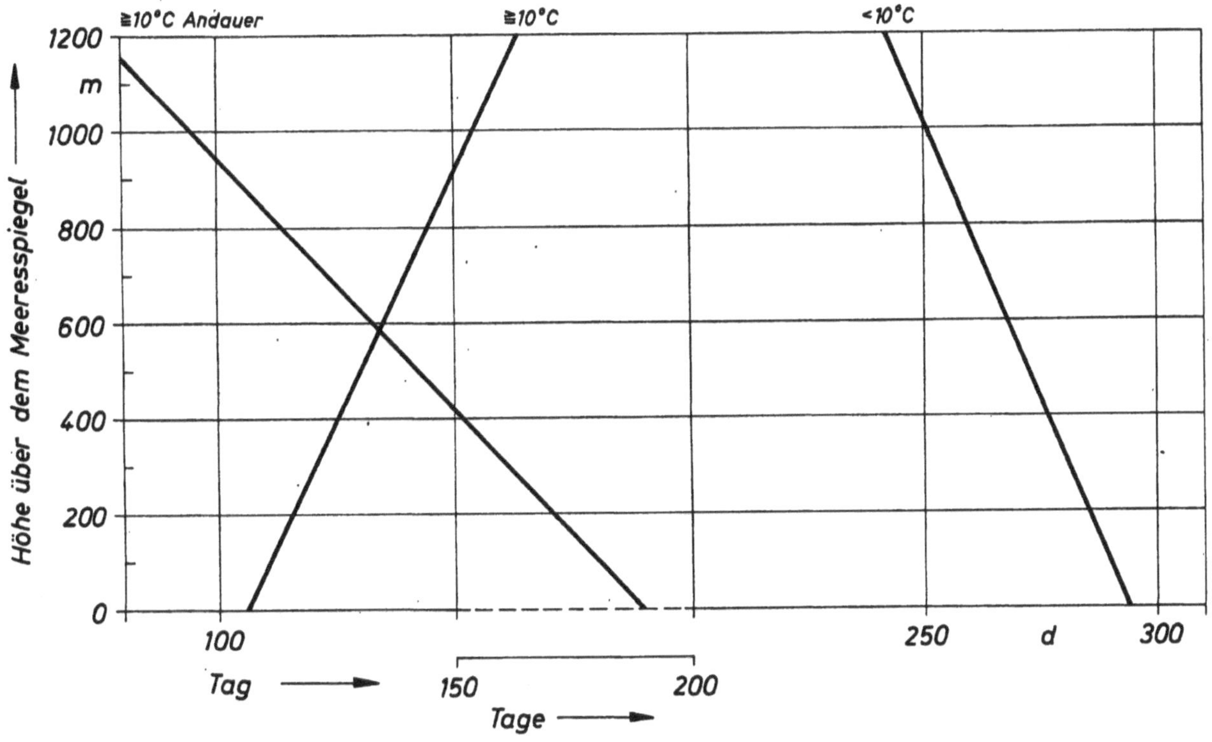

Abb. 29. Regressionsgeraden der mittleren Eintrittsdaten eines Tagesmittels der Lufttemperatur ≧10 °C bzw. <10 °C sowie mittlere Andauer eines Tagesmittels der Lufttemperatur ≧10 °C, $t = a + bh$
„Sächsische Mittelgebirge", 1951/75

8.3. Stationsübersicht nach Stationsnummern

Station	„Thüringische Mittelgebirge“	„Sächsische Mittelgebirge“	Höhenabhängigkeit der Häufigkeitsverteilungen
1	Gr. Inselsberg	Torgau	Fichtelberg
2	Neuhaus/Rwg	Diesbar-Seusslitz	Brocken
3	Oberhof	Dresden-Pillnitz	Gr. Inselsberg
4	Frankenheim	Dresden-Strehlen	Geisingberg
5	Kl. Inselsberg	Leipzig-Stadt	Schnarrtanne-Vogelsgrün
6	Schmiedefeld	Döbeln	Sonneberg-Neufang
7	Sonneberg-Neufang	Görlitz	Schierke
8	Brotterode	Dresden-Wahnsdorf	Brotterode
9	Elgersburg	Nossen	Elgersburg
10	Finsterbergen	Herrnhut	Kaltennordheim
11	Lobenstein	Karl-Marx-Stadt	Plauen
12	Kaltennordheim	Bad Gottleuba	Harzgerode
13	Ilmenau	Freiberg	Hinterhermsdorf
14	Unterreichenau	Hinterhermsdorf	Karl-Marx-Stadt
15	Schleusingen	Plauen	Herrnhut
16	Stadtilm	Bad Elster	Erfurt-Bindersleben
17	Hohenkirchen	Annaberg-Buchholz	Gera-Leumnitz
18	Waltershausen	Schnarrtanne-Vogelsgrün	Olbersdorf
19	Meiningen	Geisingberg	Ilsenburg
20	Weimar-Schöndorf	Fichtelberg	Dresden-Wahnsdorf
21	Erfurt-Bindersleben		Görlitz
22	Hohlstedt-Kötschau		Wernigerode
23	Gera-Leumnitz		Gernrode
24	Schmalkalden		
25	Greiz-Dölau		
26	Weimar		
27	Rohrbach		
28	Merkers		
29	Bad Blankenburg		

Kolibri 360 GmbH
Ferdinand-Jühlke-Straße 7
99095 Erfurt, Deutschland
produktsicherheit@kolibri360.de